Weltbild's
Mathematische Denkspiele

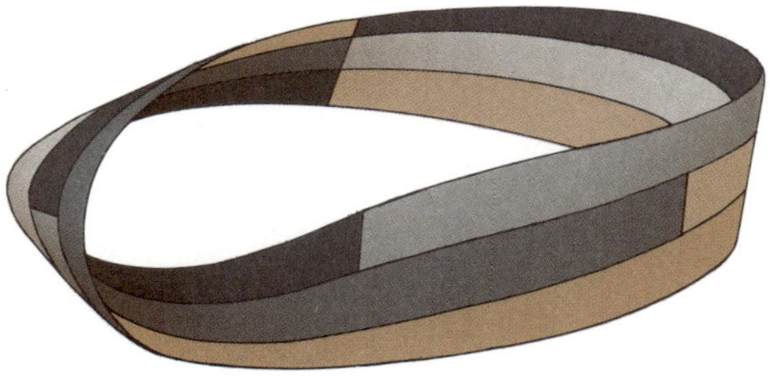

Weltbild's
Mathematische Denkspiele

FRANCO AGOSTINI

Genehmigte Lizenzausgabe für
Weltbild Verlag GmbH, Augsburg 1996

Aus dem Italienischen von Michael Koulen

Farbfotografien von
Stelvio Andreis und Elvio Lonardi, Deltaprint S.r.l., Verona
(außer S. 35 aus dem Archiv Mondadori und
S. 36 von Mario de Biasi)

Umschlaggestaltung: Peter Engel, München
Gesamtherstellung: Artes Graficas. Toledo
Printed in Spain
ISBN 3-89350-444-3
D.L.TO: 825-1996

INHALT

VORWORT

»Jeder, der Spiele nur für Spielerei hält und die Arbeit zu ernst nimmt, hat von beidem wenig begriffen.« Dies schrieb der deutsche Dichter Heinrich Heine vor über hundert Jahren. Dennoch kennzeichnet unsere Kultur immer noch eine Trennung zwischen Spiel und Arbeit. Dem Spiel haftet das alte Vorurteil an, eine Beschäftigung für Kinder zu sein, vielleicht nicht völlig überflüssig, aber doch bar jener Verantwortung und Ernsthaftigkeit der Arbeit der Erwachsenen. Heine hat intuitiv gespürt, was die moderne Psychologie seit langem bestätigt: Spielen ermöglicht die Erfahrung mit sich selbst und ist deshalb für die harmonische Entwicklung nicht nur des Kindes wichtig. Erwachsene verspüren diesen Drang ebenso, besonders wenn sie einer monotonen und wenig kreativen Arbeit nachgehen.

Der Begriff »Spiel« wird in diesem Buch sehr allgemein verwendet und umfaßt eine Reihe recht komplexer Aktivitäten. Jedoch erweisen sich hierbei Spiele mit mathematischem oder logischem Hintergrund als besonders anspruchsvoll und geistig stimulierend. Gerade die großen Mathematiker und Gelehrten der Vergangenheit haben ihre Fähigkeiten immer wieder an mathematischen oder logischen Spielen erprobt. Heute sind diese Beschäftigungen massenhaft verbreitet, wie die ständig wachsende Zahl der Leser von Rätselzeitschriften oder Büchern mit mathematischen Kopfzerbrechern zeigt.

Dieses Buch stellt eine Sammlung teils alter, teils moderner mathematisch-logischer Spiele dar. Wir wollten keine trockene, ungeordnete Aneinanderreihung mathematischer Zeitvertreibe und Merkwürdigkeiten bieten. Deshalb sind die Rätsel, mathematischen Aufgaben, Kopfzerbrecher, Paradoxien und Antinomien entsprechend dem Gebiet der Mathematik, dem sie zugeordnet werden können, in fünf Kapitel aufgeteilt. Innerhalb dieser Kapitel besteht das verbindende Prinzip manchmal in einem historischen Bezug, manchmal in einem gemeinsamen theoretischen Hintergrund. Der Leser braucht keinerlei spezielle Vorkenntnisse, denn alle elementaren Regeln werden ausführlich erklärt. Die Sammlung stützt sich auf einige der einfachsten und bekanntesten mathematischen Spiele. Damit der Einstieg in die Aufgaben erleichtert und der Text aufgelockert wird, finden sich immer wieder Hinweise auf historische Ereignisse oder Personen, die mit der Entstehung oder Lösung der Denkaufgaben zu tun hatten. Die geschichtslose Abstraktion, in der mathematische Fragen sonst angesiedelt ist, haben wir konsequent vermieden.

Falls zum Verständnis der Spiele mathematische Konzepte notwendig sind, die dem durchschnittlichen Leser unbekannt sein könnten, werden sie mit größtmöglicher Klarheit eingeführt. Kompliziertere Spiele wie Schach oder Dame haben wir ebenso vermieden wie den Gebrauch symbolischer Sprachen. Fachausdrücke kommen nur dort vor, wo sie absolut notwendig sind.

Die beiden letzten Kapitel zu Logik und Wahrscheinlichkeitstheorie sind die schwierigsten, weil sie einige abstrakte philosophische Fragen sowie neuere mathematische Konzepte berühren; der Leser wird jedoch durch die vorangehenden Kapitel kontinuierlich an die hier behandelten Fragen herangeführt. An kritischen Punkten der mathematischen Entwicklung wurden logische Probleme mit Hilfe von Spielen gelöst, an denen sich die Phantasie der Gelehrten erprobte. Wir hoffen, daß die beiden Kapitel zeigen, daß selbst die abstraktesten mathematischen Fragen und logischen Paradoxien sich auflösen, wenn sie in die Form von Spielen gekleidet werden.

Nur im Vorübergehen wollen wir darauf hinweisen, welchen Wert solche Spiele im Mathematikunterricht haben können. Ein mathematischer Trick, ein Rätsel oder ein Kopfzerbrecher können das Interesse eines Kindes viel nachhaltiger wecken als ein praktischer Anwendungsfall, vor allem dann, wenn solche Beispiele mit der Erfahrungswelt des Kindes nichts zu tun haben.

Das vorletzte Kapitel möchte dem nicht weiter vorbelasteten Leser einige der elementaren Konzepte und Methoden der modernen Mathematik und Logik nahebringen. Die unterhaltsame, durch Rätsel und Spiele aufgelockerte Einführung macht ihn mit dem ersten Fachgebiet der Logik bekannt, das für die moderne Alltagswelt bedeutsam geworden ist. Das letzte Kapitel baut darauf auf. Es beginnt mit einigen bekannten Wahrscheinlichkeitsspielen, um die Bedeutung der Wahrscheinlichkeitstheorie für die Analyse objektiver und subjektiver Tatsachen zu erklären. Eine Sammlung konkreter Aufgaben, Beispiele und Rätselfragen sowie deren Lösung ergänzt diese beiden Kapitel, damit der Leser sein Verständnis der theoretischen Einführung überprüfen kann.

ZAHLENSPIELE

So merkwürdig es auch scheint,
die Stärke der Mathematik liegt in der Vermeidung jedes
überflüssigen Gedankens und in der wunderbaren Sparsamkeit
ihrer geistigen Operationen.

(Lord Kelvin)

Eine historische Vorbemerkung

Seit unseren ersten Schultagen hat man uns beigebracht, mit ganzen Zahlen, Brüchen oder negativen Zahlen umzugehen. Aber vermutlich haben nur die wenigsten sich je gefragt, was Zahlen überhaupt sind oder darstellen. Zahlen entstanden mit dem Menschen und haben sein Leben seit den Anfängen der Zivilisation geprägt. Auch wenn es etwas übertrieben scheint, könnte man sagen, daß die moderne Welt ihre Wurzeln in den Zahlen hat. In einer ersten Annäherung läßt sich folgende Definition aufstellen: Zahlen sind Symbole, die der Mensch für verschiedene Zwecke erfunden hat; der unmittelbarste war vielleicht, die Elemente verschiedener Gruppen von Objekten zu zählen. Die »2« konnte »zwei Schafe« bedeuten, aber auch jede andere Ansammlung von zwei Objekten: zwei Esel, zwei Steine etc. »2 + 3« konnte, falls man »3« als »drei Esel« interpretierte, für die Summe »zwei Schafe und drei Esel« stehen oder für jede andere Gruppierung von zwei Objekten der einen und drei Objekten der anderen Art. In anderen Worten: Zahlen sind geistige Konstrukte, die materielle Gegenstände bezeichnen können ohne irgendwelchen Bezug auf ihre besonderen Eigenschaften. Es sind Instrumente, mit denen wir auf einfache, synthetische Weise schnelle Berechnungen anstellen und quantitative Ausdrücke bilden können.

Im Lauf der Geschichte haben verschiedene Völker unterschiedliche Symbole verwendet, um Zahlen und Rechenoperationen grafisch darzustellen. Die alten Römer zum Beispiel schrieben »zwei« als »II« und »drei« als »III«; das »V« als Zeichen für »fünf« symbolisierte den Umriß einer gespreizten Hand, und »X« bedeutete zwei Hände übereinander, also »zehn«. Später wurden bei uns diese Symbole von Zeichen indisch-arabischen Ursprungs abgelöst. Warum? Sieht es nicht auf den ersten Blick so aus, als wären die späteren Symbole viel komplizierter? Lassen sich I, II, III und V nicht einfacher begreifen als 1, 2, 3 und 5? Und doch haben die indisch-arabischen Ziffern die römische Schreibweise völlig verdrängt. Das Verdienst daran gebührt den italienischen Kaufleuten des Mittelalters, insbesondere dem Pisaner Mathematiker Fibonacci. Er wurde 1179 geboren und hieß eigentlich Leonardo da Pisa, wurde aber Fibonacci genannt, weil er »Figlio di Bonaccio«, der Sohn des Bonaccio war, eines bekannten Kaufmanns und Funktionärs der Republik Pisa im 12. Jahrhundert. Der Vater unterhielt Handelsbeziehungen mit den arabischen Ländern Nordafrikas und des Nahen Ostens. Weil der Sohn ihn auf seinen häufigen Reisen begleitete, konnte er die muselmanischen Schulen besuchen und die mathematischen Techniken lernen, in denen die Araber Meister waren. Es war nur natürlich, daß Leonardo dabei auch das System der indisch-arabischen Ziffern erlernte. Später faßte er seine arithmetischen, algebraischen und geometrischen Kenntnisse in seinem Buch *Liber Abaci* (1202) zusammen, in dem er auch die Vorzüge der Einfachheit und Praktikabilität des neuen Zahlsystems verteidigte.

Griechisches Zahlensystem

α' = 1	τ' = 300
β' = 2	υ' = 400
γ' = 3	φ' = 500
δ' = 4	χ' = 600
ε' = 5	ψ' = 700
ϛ' = 6	ω' = 800
ζ' = 7	ϡ' = 900
η' = 8	,α = 1000
θ' = 9	,η = 8000
ι' = 10	,ξ = 60.000
κ' = 20	,ϟ = 90.000
λ' = 30	,ϱ = 100.000
μ' = 40	etc.
ν' = 50	ιβ' = 12
ξ' = 60	μθ' = 49
ο' = 70	ϱλα' = 131
π' = 80	ωε' = 805
ϟ' = 90	,αυκ' = 1420
ϱ' = 100	,ι,γϱα' = 13.101
σ' = 200	etc.

Römisches Zahlensystem

I = 1	M = 1000
II = 2	LX = 60
III = 3	DC = 600
IV = 4	XL = 40
V = 5	XC = 90
VI = 6	CD = 400
VII = 7	CM = 900
VIII = 8	MM = 2000
IX = 9	$\overline{II}$ = 2000
X = 10	$\overline{C}$ = 100.000
L = 50	$\boxed{X}$ = 1.000.000
C = 100	1983 = MCMLXXXIII
D = 500	

Das griechische Zahlensystem, bestehend aus den 24 Buchstaben des Alphabets sowie den Zeichen *Stigma* (ϛ') für 6, *Koppa* (ϟ') für 90 und *Sampi* (ϡ) für 900. Es war ein Dezimalsystem mit den Zeichen α' bis θ' für die Einer, ι' bis ϟ' für die Zehner und ϱ' bis ϡ für die Hunderter.

Im Westen wurde dieses System nicht sofort wohlwollend aufgenommen. Es gab viele Wissenschaftler, Händler und Gelehrte, die sich der »neuen Mode« widersetzten. In Florenz zum Beispiel wurde den Bankiers durch die Statuten des Geldwechsels der Gebrauch arabischer Ziffern verboten. Die Menschen widersetzten sich den neuen Ziffern, weil es jetzt schwieriger war, die Rechnungsbücher der Händler zu verstehen.

Langsam, aber unaufhaltsam setzte sich jedoch die »neue Mode« durch, und die Gründe dafür lagen im Wesen der Mathematik selbst, speziell in ihrer Einfachheit und Sparsamkeit. Ein System aus genau zehn Ziffern (0, 1, 2, 3, 4, 5, 6, 7, 8, 9) erlaubt die Darstellung jeder beliebig großen oder kleinen Zahl, weil sich die Bedeutung der Ziffern je nach ihrer »Position« verändert. So haben in der Zahl 373 die beiden Ziffern 3 verschiedene Bedeutung, obwohl sie mit demselben Zeichen dargestellt werden: Die erste zeigt die Hunderter an, die zweite aber die Einer, während die 7 die Zehner markiert. Es gibt in der Kulturgeschichte kein anderes Zahlensystem, das so einfach und effektiv funktioniert.

Die Römer, wie vor ihnen schon die Ägypter, Hebräer und Griechen, benutzten ein sehr schwerfälliges Zahlensystem, das nur auf dem Prinzip der Addition beruhte. Die römische Zahl XXVIII beispielsweise bedeutete: zehn + zehn + fünf + eins + eins + eins. Offenbar wußten aber schon die Chaldäer und Babylonier Mesopotamiens, wie man Zahlen mit wenigen Symbolen ausdrücken konnte, deren Bedeutung von ihrer Position abhing. Diese Idee wurde von den Hindus weiterentwickelt, die sie den Arabern übermittelten, die sie ihrerseits den Mathematikern des mittelalterlichen Europa überlieferten.

Die Einführung der indisch-arabischen Ziffern mit ihrer positionellen Bedeutung hatte großen Einfluß auf die weitere Entwicklung der Mathematik. Sie vereinfachte die mathematischen Konzepte und befreite sie von Hemmnissen, die in der Natur einer umständlichen grafischen Darstellung der Operationen lagen. Noch die Griechen und Römer bedienten sich bei der Multiplikation komplizierter geometrischer Systeme. Daher konnten sie auch das Konzept der Potenzbildung einer Zahl (der mehrmaligen Multiplikation mit sich selbst) in seiner Einfachheit nicht völlig begreifen; dies galt vor allem dann, wenn eine Zahl zu mehr als ihrer dritten Potenz erhoben werden sollte. Ein Beispiel (Abb. 1): Mit der Zahl 3 kann eine Strecke von drei Einheiten Länge gemeint sein, mit $3^2 = 3 \times 3$ eine Fläche und mit $3^3 = 3 \times 3 \times 3$ ein Würfel; was aber stellen $3^4 = 3 \times 3 \times 3 \times 3$ oder $3^5 = 3 \times 3 \times 3 \times 3 \times 3$ dar? In der indisch-arabischen Schreibweise sind es einfach nur Zahlen.

Gegenüberliegende Seite, rechts:
Auch das römische Zahlensystem war dezimal, doch es brauchte weniger Zeichen: I, V, X, L, C, D und M für 1, 5, 10, 50, 100, 500 und 1.000. Bei Vielfachen von 1, 10, 100 oder 1.000 wurden die Zeichen bis zu viermal hintereinandergeschrieben (z. B. 3 = III, 200 = CC). Eine Zahl rechts von einer größeren Zahl wird addiert, z. B. LX = 60 oder DCC = 700. Eine Zahl links von einer größeren wird subtrahiert, z. B. XL = 40. Ein Strich über einer Zahl multipliziert sie mit 1.000, z. B. $\overline{C}$ = 100.000. Eine Zahl unter dem Kasten ⎡⎤ wird mit 100.000 multipliziert, z. B. $\overline{|X|}$ = 1.000.000. Dieses System verbreitete sich in der ganzen römisch besetzten Welt und verschwand erst im 13. Jahrhundert, als es vom indisch-arabischen System verdrängt wurde.

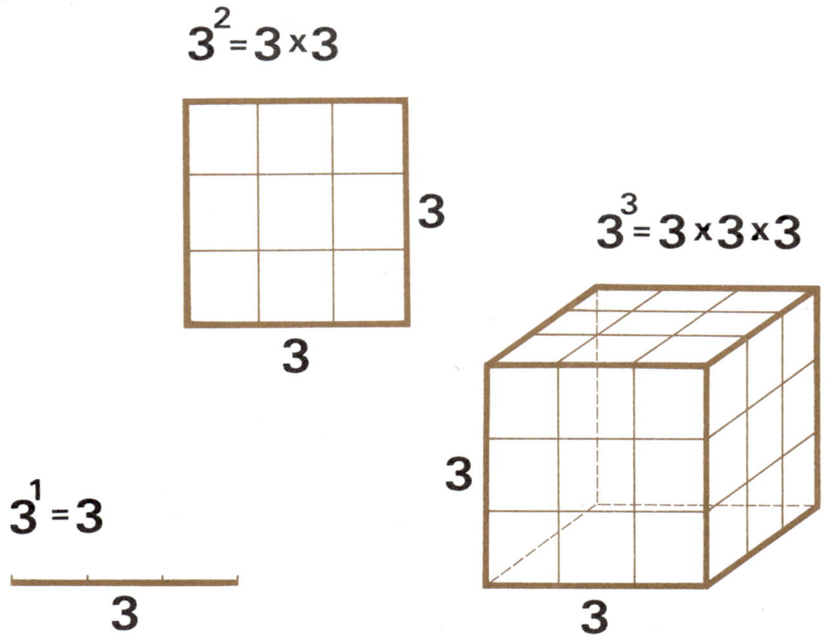

Abb. 1

Eine erste Merkwürdigkeit

Sicherlich dienten Zahlen dem Menschen zunächst dazu, seine praktischen Probleme schneller zu lösen, aber wir können uns gut vorstellen, daß er an ihnen auch ein geistiges Vergnügen fand. Unter dieser Voraussetzung wollen wir jetzt ein erstes Spielchen vorstellen, das nichts weiter als die Kenntnis der vier Grundrechenarten voraussetzt.

Gegeben sei der Satz der Ziffern 1, 2, 3, 4, 5, 6, 7, 8 und 9. Sie sollen durch Rechenzeichen so verbunden werden, daß das Ergebnis 100 herauskommt. Die Reihenfolge darf nicht verändert werden. Hier ist eine mögliche Lösung:

$$1 + 2 + 3 + 4 + 5 + 6 + 7 + (8 \times 9) = 100$$

Im letzten Teil des Ausdrucks wurde eine Multiplikation ausgeführt. Das Spiel wird aber interessanter, wenn man sich nur auf Addition und Subtraktion beschränkt. Dies ist eine Möglichkeit:

$$12 + 3 - 4 + 5 + 67 + 8 + 9 = 100$$

Man kann die Reihenfolge der Zahlen auch umkehren (9, 8, 7, 6, 5, 4, 3, 2, 1) und die Bedingung stellen, das Ergebnis 100 mit der geringsten Anzahl der Zeichen »+« und »−« zu erreichen. Hier ist eine Lösung:

$$98 - 76 + 54 + 3 + 21 = 100$$

Finden Sie noch eine andere Lösung?

Wer mit der Eigenschaft von Zahlen vertraut ist, mag das folgende Spiel versuchen. Finden Sie drei positive ganze Zahlen, deren Summe gleich ihrem Produkt ist. Dies ist eine Lösung:

$$1 \times 2 \times 3 = 1 + 2 + 3 = 6$$

Man beachte: 1, 2, 3 sind Faktoren von 6, und 6 ist ihre Summe. Das Spiel geht weiter mit der Suche nach der nächstgrößeren Zahl, die zugleich die Summe ihrer Faktoren bildet. Die gesuchte Zahl heißt 28. Ihre Faktoren sind 1, 2, 4, 7 und 14 und ergeben in der Summe

$$1 + 2 + 4 + 7 + 14 = 28.$$

Derartige Zahlen bilden eine Reihe (nach 28 kommt 496) und werden »perfekte Zahlen« genannt.

Es war der Mathematiker Euklid, berühmt wegen seiner *Elemente* der Geometrie, der während seiner aktivsten Jahre

Die Spirale des Archimedes (unten) wie auch natürliche Spiralen (links eine Nautilusschnecke im Querschnitt) lassen sich mit Fibonacci-Zahlen ausdrücken.

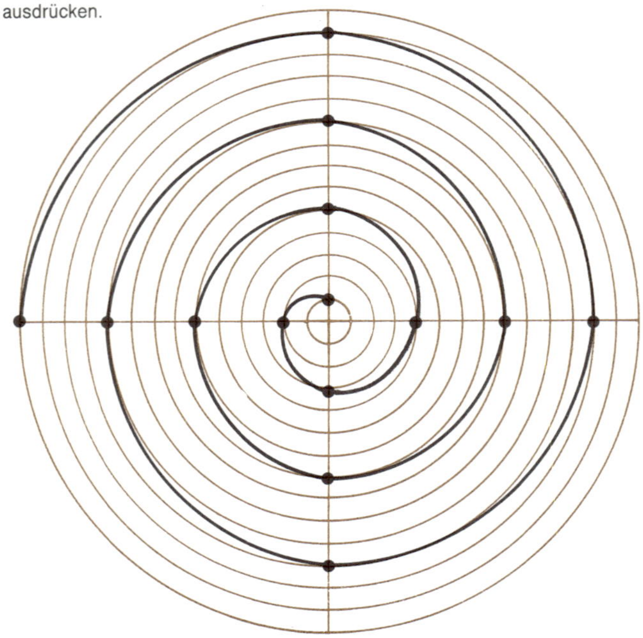

in Alexandria (306–283 v. Chr.) als erster die Strukturformel der sogenannten perfekten Zahlen entdeckte:

$$N = 2^{n-1} \cdot (2^n - 1)$$

In dieser Formel muß der zweite Faktor, also $(2^n - 1)$, eine Primzahl sein, also eine Zahl, die nur durch sich selbst oder durch 1 geteilt werden kann. Darum darf *n* nur solche Werte annehmen, daß $2^n - 1$ eine Primzahl wird. Man sieht leicht, daß dies nur dann der Fall ist, wenn *n* selbst eine Primzahl ist. Versuchen Sie doch einmal, mit dieser Formel die nächste perfekte Zahl nach 496 zu finden. Danach werden die Berechnungen allerdings etwas kompliziert. Hier ist eine Tabelle der ersten neun perfekten Zahlen:

	n	2^{n-1}	$2^n - 1$	Perfekte Zahlen
1	2	2	3	6
2	3	4	7	28
3	5	16	31	496
4	7	64	127	8128
5	13	4096	8191	33550336
6	17	65536	131071	8489869056
7	19	262144	524287	137438691328
8	31	1073741824	2147483647	2305843008139952128
9	61	–	–	2658455991569831744654692615953842176

Wir können feststellen, daß Euklids Formel stets gerade Zahlen produziert, die entweder auf 6 oder 8 enden.

Fibonacci-Zahlen

Von den zahlreichen arithmetischen und algebraischen Problemen, mit denen sich Fibonacci beschäftigte, verdient das der *Reihen* besondere Aufmerksamkeit, weil sie die Grundlage für das *Problem der Kaninchen* bilden. Angenommen, man steckt in einen Käfig ein Paar fortpflanzungsfähiger Kaninchen, das jeden Monat ein Paar von Nachkommen zeugt, welches seinerseits nach zwei Monaten fortpflanzungsfähig wird und dann pro Monat ein Paar von Nachkommen erzeugt, das sich ebenfalls nach zwei Monaten wieder vermehren kann, und so weiter. Wenn keins der Tiere stirbt, wie viele Paare Kaninchen hat man am Ende des Jahres? Das Lösungsprinzip erkennen Sie in Abb. 2.

Wir beginnen im Januar mit dem ursprünglichen Paar A. Im Februar gibt es zwei Paare, nämlich A und seine Nachkommen B. Im März wird von A das dritte Paar C produziert. Im April wird es schon komplizierter: Auch B kann sich jetzt fortpflanzen. A produziert das neue Paar D und B das Paar E. Im Mai wird es noch komplizierter. A produziert F, B produziert G, und die inzwischen erwachsenen C produzieren H. Die sich auf diese Weise ergebende Reihe lautet also:

1, 2, 3, 5, 8, 13...

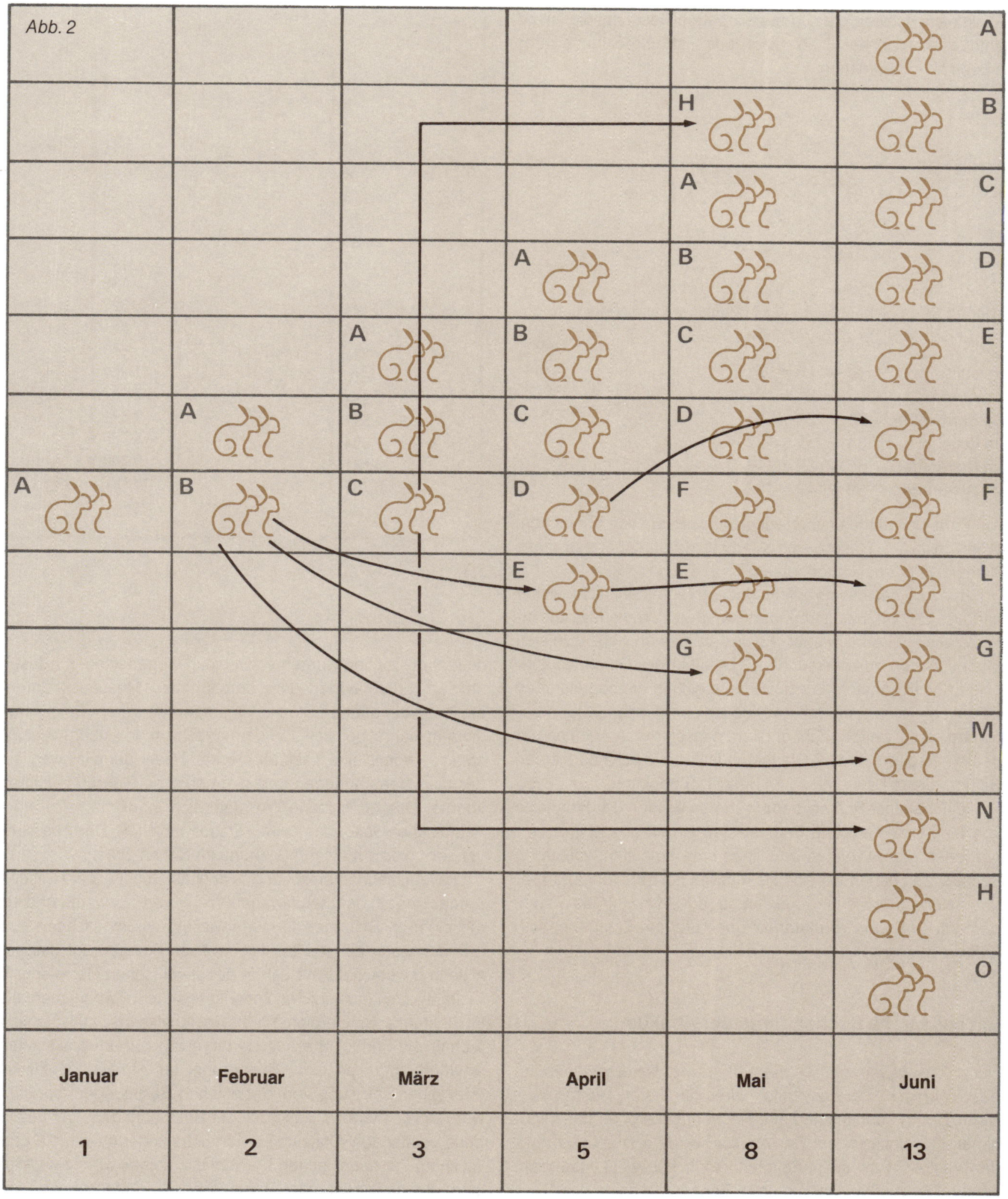
Abb. 2
A
H
B
A
C
A
B
D
A
B
C
E
A
B
C
D
I
A
B
C
D
F
F
E
E
L
G
G
M
N
H
O
Januar
Februar
März
April
Mai
Juni
1
2
3
5
8
13

Es ist nicht schwer, die zugrundeliegende Gesetzmäßigkeit zu entdecken. Von der 3 ab bildet jede Zahl die Summe ihrer beiden Vorgängerinnen.

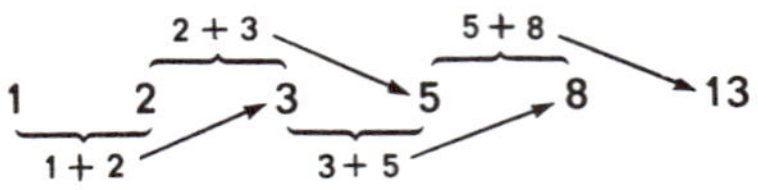

Jetzt ist es nicht schwer, die Anzahl der Kaninchenpaare der folgenden Monate zu berechnen:

im Juli:	8 + 13 = 21
im August:	13 + 21 = 34
im September:	21 + 34 = 55
im Oktober:	34 + 55 = 89
im November:	55 + 89 = 144
im Dezember:	89 + 144 = 233

Am Ende des Jahres haben wir also 233 Paare von Kaninchen. Wenn man das Gesetz einmal entdeckt hat, kann man diese Reihe also unendlich fortsetzen.

Fibonacci hat das Problem der Zahlenreihen nicht weiter verfolgt. Erst im 19. Jahrhundert wandten sich die Mathematiker diesem Thema wieder zu und begannen, ihre formalen Eigenschaften zu untersuchen. Vor allem der Gelehrte François Edouard Anatole Lucas vertiefte sich in die sogenannten *Fibonacci-Reihen,* die mit zwei beliebigen ganzen Zahlen beginnen. Jede weitere Zahl entsteht danach durch Addition der beiden vorangehenden. Die folgende Tabelle zeigt die beiden Reihen, die mit den Zahlen 1, 1 und 1, 3 beginnen.

1	1
1	3
2	4
3	7
5	11
8	18
13	29
21	47
34	76
55	123
89	199
144	322
233	521
377	843
610	1 364
987	2 207
1 597	3 571
2 584	5 778
4 181	9 349
6 765	15 127

Die Fibonacci-Reihen haben immer wieder die Phantasie von Mathematikern und Enthusiasten angeregt, die ihre verborgenen Eigenschaften und Theoreme enthüllen wollten. In neuerer Zeit haben sie sich als nützlich bei der Computerprogrammierung erwiesen, speziell bei der Auswahl von Daten, dem Wiederfinden von Informationen und der Erzeugung von Zufallszahlen.

Ein seltsames Rechengerät: der Abakus

Der Mensch war immer bemüht, seine Berechnungen zu beschleunigen. Die Babylonier waren die ersten, die mit Markierungen in Tontäfelchen ihre Rechenoperationen beschleunigten und präzisierten. Der Abakus wurde erst später erfunden, vielleicht im alten Ägypten, doch das weiß man nicht genau. Der Abakus war die erste Rechenmaschine des Menschen; die Zahlen wurden von kleinen Gegenständen (Kieselsteinen, Fruchtkernen oder durchbohrten Muscheln) dargestellt, die auf dünnen Stöckchen aufgereiht waren. Sein Name stammt wahrscheinlich von dem griechischen Ausdruck *abax, abakos,* womit eine »staubbedeckte Tafel« gemeint war, auf der man Berechnungen und geometrische Figuren zeichnen konnte. Das griechische Wort läßt sich möglicherweise vom hebräischen *abaq,* das heißt »Staub«, ableiten. Der Ausdruck verweist also auf eine Entstehung im Nahen Osten.

Obwohl die Mathematiker des antiken Griechenland mit den Entdeckungen der mediterranen Völker vertraut waren und sie mit eigenen Beiträgen fortzuentwickeln wußten, fanden ihre Erkenntnisse keinerlei praktische Auswirkungen auf das soziale und wirtschaftliche Leben der griechischen Gesellschaft. Vielmehr hielt man solche Gedankengänge für wenig mehr als intellektuelle Spielereien. Selbst naturwissenschaftliche und technische Fortschritte orientierten sich kaum an praktischen Anwendungen, an einer Steigerung der Arbeitsproduktivität oder einer Befreiung von körperlichen Belastungen, sondern wurden vor allem als Ausdruck der Erfindungsgabe der Intelligenz verstanden. Dasselbe Vorurteil behinderte auch die Entwicklung der griechischen Mathematik, so daß wir die wichtigsten algebraischen und arithmetischen Entdeckungen den

Abb. 3

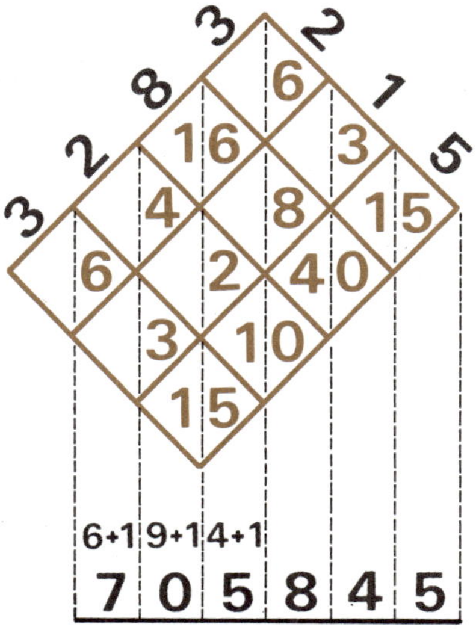

Abb. 4

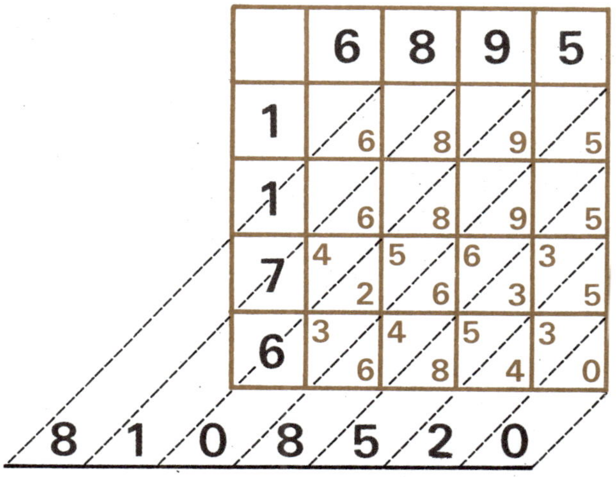

indischen und arabischen Mathematikern der Zeit zwischen 400 und 1200 n. Chr. verdanken. Nach Italien, und damit in den Westen, gelangte dieses Wissen durch die Kaufleute der Seerepubliken.

Ihre stärkste Verbreitung erfuhr die Mathematik nach der protestantischen Reformation und der Erfindung von Papier und Buchdruck. Es war Martin Luther, der neben der Vervielfältigung der Bibel die Drucklegung arithmetischer Textbücher verlangte. Die Inder und nach ihnen die Araber hatten die Vorteile des positionellen Zahlensystems erkannt. Händler und Kaufleute zogen aus dieser Vereinfachung besonderen Nutzen, und sie brachten auch den Abakus in die Länder des Westens. In manchen Restaurants und Geschäften Rußlands, Chinas und Japans wird er noch heute benutzt, und auch die mit bunten Kügelchen bestückten Rechenhilfen der Erstkläßler stammen davon ab.

Die Form des Abakus variiert je nach Volk und Zeitstufe. Die Version mit Holzperlen auf dünnen Stäbchen (siehe S. 18–19) stellt nur einen Typ dar, der vermutlich von den Chinesen erfunden wurde. Die Araber entwickelten andere Konstruktionen, beispielsweise in der Form eines schräg angeordneten Gitters (Abb. 3). Wir wollen es mit der Multiplikation etwa der Zahlen 3283 und 215 erklären. Das rechteckige Gitter enthält so viele Kästchen, wie die zu multiplizierenden Zahlen Ziffern haben, in unserem Fall also 4×3. Die Quadrate werden durch senkrechte Diagonale geteilt, die nach unten auf eine Basislinie geführt werden. Die beiden Zahlen schreibt man an den Rand und multipliziert sie dann Ziffer für Ziffer. Das Kästchen rechts außen z. B. enthält das Ergebnis der Operation $5 \times 3 = 15$, das Kästchen ganz links die Operation $2 \times 3 = 6$. Einer stehen rechts der senkrechten Teilungslinien, Zehner links davon. Wenn das Gitter voll ist, werden die Zwischenergebnisse auf der Basislinie addiert. Die Richtigkeit des Ergebnisses 705 845 kann der Leser ja mit dem bei uns üblichen Verfahren überprüfen.

Abb. 4 zeigt einen ähnlichen Abakus, auf dem die Multiplikation 1176×6895 demonstriert wird. In der obersten Reihe steht das Produkt von 1×6895, in der zweiten folgt 1×6895, in der dritten 7×6895 und in der vierten 6×6895. In jedem Kästchen schreibt man eventuelle Zehner links oben, die Einer aber rechts unten. Addiert wird zum Schluß diagonal von

(weiter auf Seite 20)

Was sind Zahlen?

Das Foto (links) zeigt drei Münchner Bierdeckel. Für jedes Bier macht der Kellner einen Strich. Zum Schluß multipliziert er den Preis des Getränks mit der Anzahl der Markierungen. Derartige Zählmethoden reichen bis in die mythischen Anfänge der Mathematik zurück.

Jeder Markierung entspricht also eine Zahleneinheit: zwei Zeichen — zwei Einheiten, fünf Zeichen — fünf Einheiten usw. Als Vereinfachung entstanden daraus symbolische Zahlzeichen, die *Ziffern.* Sie bezeichneten zunächst die positiven ganzen Zahlen, die man auch »natürliche« nennt, weil sie vor jeder abstrakten Mathematik als praktische Hilfsmittel beim Tausch eines Gegenstands gegen einen anderen verwendet wurden.

Aus den natürlichen Zahlen und der elementaren Operation der Addition hat der Mensch nach und nach das gesamte Zahlensystem und die anderen Rechenoperationen entwickelt.

Eine Methode, mittels einfacher Zeichen auch komplexe Operationen darzustellen, zeigt das Objekt auf der gegenüberliegenden Seite. Es handelt sich um eine Art Gesellschaftsvertrag unter mehreren analphabetischen sizilianischen Hirten. Es wurde in den 50er Jahren zwischen Catania und Siracusa entdeckt. Seine Kerben markieren für jeden Teilhaber die Anzahl und Art der eingebrachten Tiere, die Zahl der neugeborenen Tiere, die produzierten Käse und dergleichen. Dieser »Kalender« wurde jedes Jahr wieder neu beschlossen und galt vom 1. September bis zum 31. August. Dazu baten die Hirten einen Schreibkundigen, den Stock jedes Besitzers mit dessen Namen zu versehen. Die Markierungen hatten folgende Bedeutung:

Anzahl der Tiere eines Teilhabers

Neugeborene Tiere

Männliche Tiere

Käse und andere Molkereiprodukte

Während die Zahl der erwachsenen Tiere im Verlauf eines Jahres beinahe konstant blieb, schwankte die Menge der Käse und die Zahl der Neugeborenen (männliche Tiere wurden verkauft, weibliche wurden behalten), so daß das Register einmal im Monat ergänzt wurde.

Offenbar steht bei diesem Instrument die Beziehung zwischen Zeichen und Gegenständen auf einem recht entwickelten Niveau, obwohl seine Benutzer weder lesen noch schreiben konnten. Obwohl dieses spezielle Objekt nicht besonders alt ist, steht fest, daß derartige Instrumente den Beginn des logischen und mathematischen Denkens bilden.

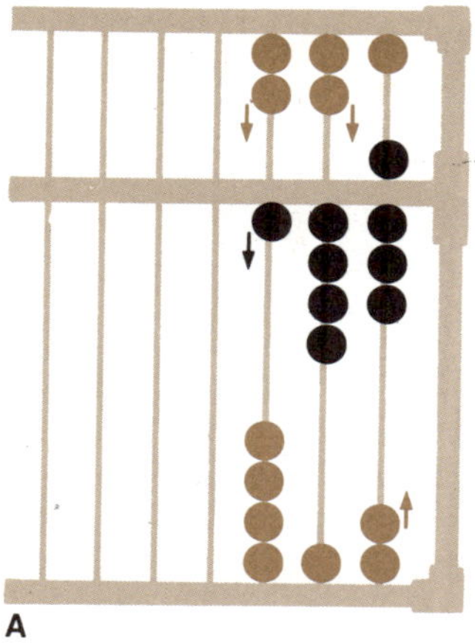

A

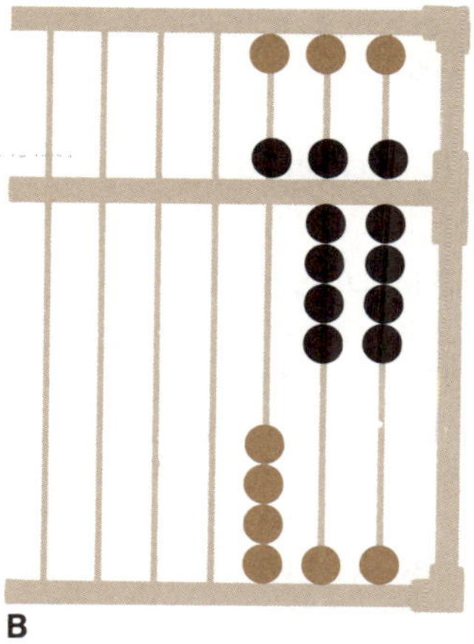

B

C

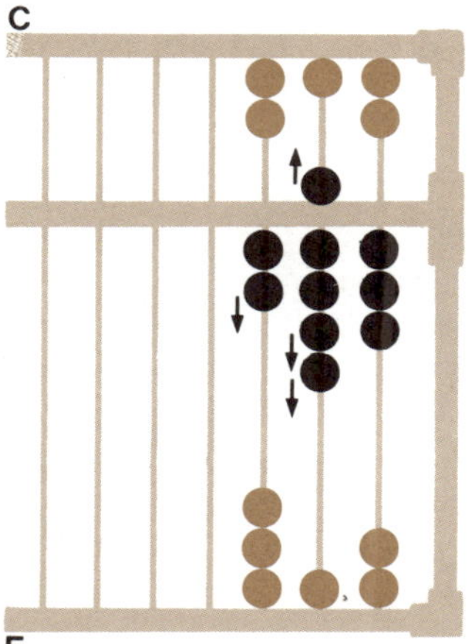

D

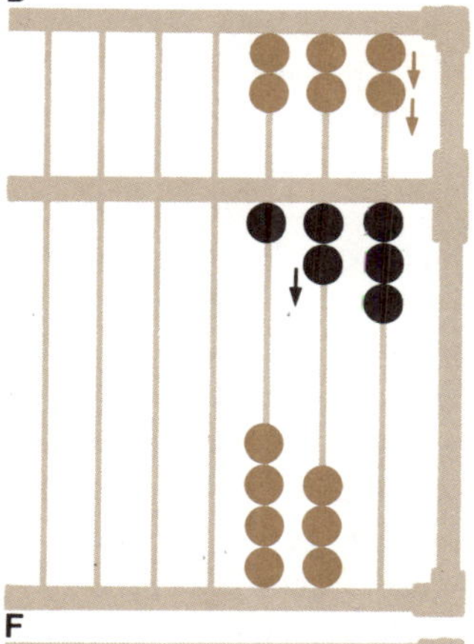

E

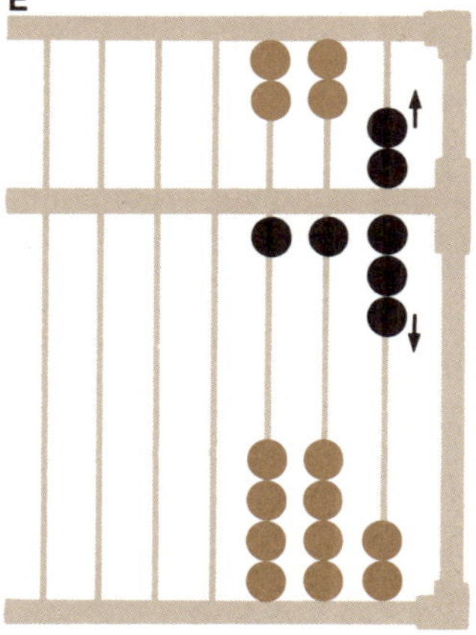

F

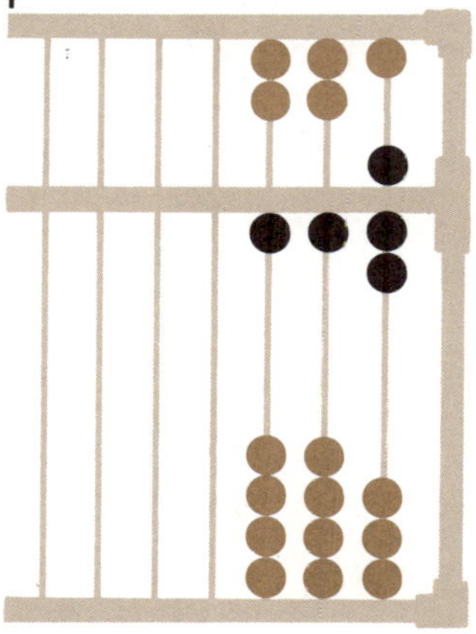

Addition und Subtraktion mit dem Abakus

Links sehen Sie einen Abakus, wie er noch heute in China in Gebrauch ist. Jede senkrechte Perlenreihe repräsentiert eine bestimmte Position des Dezimalsystems, d. h.: von rechts nach links die Einer, Zehner, Hunderter usw. Jede Perle unter dem Querbalken gilt entsprechend als 1, 10, 100, usw. Eine Perle über dem Balken repräsentiert 5 Einheiten, also 5 Einer, 5 Zehner usw. Im Moment wird die Zahl 173 dargestellt.

Bei der *Addition* beginnt man ganz rechts und schiebt die benötigten Perlen zum Querbalken hin. Unser Beispiel sei die Addition 148 + 451 (siehe die Abbildungen rechts). Man stellt die 148 ein (A) und addiert dann einen Einer, fünf Zehner (eine Zehnerperle von oben) und vier Hunderter (die Hunderterperle unten weg und eine 500er Perle oben dazu). Das Ergebnis ist 599 (B).

Bei der *Subtraktion* arbeiten wir von links nach rechts. Unser Beispiel sei 293 – 176, und wir stellen die erste Zahl ein (C). Nun nehmen wir eine Einheit bei den Hundertern und sieben bei den Zehnern (eine 5er und zwei 1er) weg. In der Einerspalte sind keine sechs Perlen mehr, darum borgt man oben 10 Punkte, wofür bei den Zehnern eine Perle abgezogen wird (D). Nun können wir sechs Punkte abziehen (E), und das Ergebnis ist 117 (F).

rechts nach links, wobei Zehner in der bekannten Weise übertragen werden. Ein Schema dieser Art schwebte vierhundert Jahre später Pascal und Leibniz vor, als sie an die Entwicklung der ersten Rechenmaschinen dachten.

Die Wurzeln der Algebra

Der Begriff »Algebra« stammt vom arabischen *al-jebr,* womit der Mathematiker Al-Khuwarismi das Verfahren zur Lösung jener Ausdrücke bezeichnete, die wir heute »Gleichungen« nennen. Später erweiterte sich der Ausdruck und umfaßt heute ein sehr weites und vielfältiges Gebiet der Mathematik.

Der arabische Astronom und Mathematiker Mohammed Ibn Musa Al-Khuwarismi (gestorben 850 n. Chr.) arbeitete im »Haus der Weisheit« in Bagdad, einem Kulturzentrum, das der Kalif Al-Mamun um 825 gegründet hatte. Er verfaßte mehrere Bücher über Arithmetik, Geometrie und Astronomie und gelangte auch im Abendland zu großer Berühmtheit. In seiner Arithmetik benutzte er das indische Zahlensystem. Obwohl der ursprüngliche arabische Text hierüber, vermutlich eine Überarbeitung eines indischen Werks, verschollen ist, überlebte eine lateinische Übersetzung aus dem 12. Jahrhundert mit dem Titel *Algorithmi: De numero indorum.* Hier erklärt der Autor das neue Zahlensystem so genau, daß sich in Europa die irrige Ansicht verbreitete, es wäre eine Erfindung der Araber gewesen. Vom lateinischen Titel stammt der moderne Begriff »Algorithmus« ab — offenbar eine Verballhornung des Namens des Autors. Heute dient er allgemein zur Bezeichnung von Rechen- oder Operationsverfahren.

Al-Khuwarismis bedeutendstes Werk jedoch war das *Al-jebr wa'l muqabalah,* wörtlich »Wissenschaft des Reduzierens und Vergleichens«. Dieser Text, von dem, wie gesagt, das Wort »Algebra« abstammt, ist uns in zwei Versionen erhalten, einer arabischen und einer lateinischen mit dem Titel *Liber algebrae et almocabula.* Er enthält eine Abhandlung über lineare und quadratische Gleichungen.

Diese Arbeiten waren von größter Bedeutung für die Geschichte der Mathematik. Neben der endgültigen Durchsetzung der arabischen Ziffern beschrieb *al-jebr* einige Umformungen zur Beschleunigung und Vereinfachung von Berechnungen. Wir wollen für den Augenblick zu dem zurückkehren, was wir in der Schule gelernt haben, und eine schlichte Gleichung ersten Grades mit einer Unbekannten untersuchen:

$$5x + 1 = 3(2x - 1)$$

Eine Gleichung ist allgemein eine Gleichsetzung von Ausdrücken mit einer oder mehreren Unbekannten. Sie ist die Übersetzung eines Problems in Zahlen, dessen Lösung darin besteht, jene Wert für x zu finden, die die Gleichung wahr machen, so daß links vom Gleichheitszeichen dasselbe steht wie rechts davon.

Al-Khuwarismis Bücher enthalten all jene Verfahren, die wir (oft so mechanisch) in der Schule gelernt haben, um Ausdrücke zu vereinfachen oder von einer Seite auf die andere zu transportieren. Wir gehen also an die Lösung unseres Beispiels:

$$5x + 1 = 6x - 3$$

Auf beiden Seiten wird -1 und $-6x$ addiert:

$$5x + 1 - 1 - 6x = 6x - 6x - 1 - 3$$

Wir streichen entgegengesetzte Ausdrücke und erhalten:

$$5x - 6x = -1 - 3$$

Dies läßt sich vereinfachen zu:

$$-1x = -4$$

Durch Multiplikation mit -1 werden die Vorzeichen herumgedreht, und man erhält:

$$(-1)(-1x) = (-1)(-4) \text{ bzw.}$$
$$x = 4$$

Dies ist die gesuchte Lösung, die wir dadurch gefunden haben, daß wir die ursprüngliche Gleichung durch identische Umformungen auf beiden Seiten immer weiter vereinfacht haben. Das Ergebnis läßt sich dadurch überprüfen, daß wir in eine beliebige dieser Gleichungen 4 für x einsetzen und ein wahres Ergebnis erhalten, z. B.:

$$5(4) + 1 = 3(2 \cdot 4 - 1)$$
$$20 + 1 = 3(8 - 1)$$
$$21 = 21$$

SYSTEM DER ZAHLEN

positive oder natürliche
(z. B. +1, +2, +3, . . .)

negative
(z. B. −1, −2, −3, . . .)

} **ganze**

Brüche
(z. B. $\frac{1}{2}$, $\frac{1}{3}$, . . .)

} **rationale**

irrationale
(z. B. $\sqrt{2}$, π, . . .)

} **reale**

imaginäre
(z. B. $\sqrt{-1} = i$, $\sqrt{-4} = 2i$, . . .)

} **komplexe**

Algebraische Spiele

Algebra und ihre Gesetze sind immer wieder Quelle von Tricks und Spielen gewesen, die etwas Magisches an sich zu haben scheinen und doch mit Hilfe genau dieser Gesetze erklärt werden können. Angenommen, man bittet jemand, mit uns dieses Spiel zu spielen:

1) Denke dir eine Zahl aus.
2) Addiere 3.
3) Multipliziere mit 2.
4) Ziehe 4 ab.
5) Teile durch 2.
6) Ziehe die ursprüngliche Zahl ab.

Was auch immer die Ausgangszahl sein mag, das Ergebnis ist stets 1. Überraschend? Nicht, wenn man die einfachen, aber tiefen Prinzipien der Algebra kennt. In unserem Spielchen hängt das Ergebnis nicht von einer bestimmten Zahl ab, sondern es funktioniert mit jeder beliebigen Zahl, zum Beispiel der Anzahl der Kugeln in einer Urne; sie kann eine einzige Kugel enthalten oder sehr viele. In der Algebra kann der Ausdruck »jede beliebige Zahl« zwei verschiedene Dinge meinen: entweder eine *Variable,* die alle möglichen Werte annehmen kann, oder eine *Konstante,* deren Wert nur einfach nicht festgelegt ist. Es besteht die Übereinkunft, Variablen mit den letzten Buchstaben des Alphabets (x, y, z . . .), Konstanten jedoch mit den ersten (a, b, c . . .) zu bezeichnen. Wenn man beispielsweise für die Variable des Ausdrucks 3 + x nur ganze Zahlen einsetzt, ergibt sich etwa:

$$\text{für } x = -1: \quad 3 + (-1) = 2$$

für x = 0 : 3 + 0 = 3
für x = 1 : 3 + 1 = 4

Die Variable in einer Gleichung, zum Beispiel *x* in $6 = 5 + x$, wird zu einer *Unbekannten,* deren Wert man erst herausfinden muß, damit die Gleichung wahr wird. Doch kehren wir zu unserem Spielchen zurück:

1) eine Zahl ausdenken:	x
2) 3 addieren:	$x + 3$
3) mit 2 multiplizieren:	$2(x + 3)$
4) 4 abziehen:	$2(x + 3) - 4$
5) durch 2 teilen:	$\frac{2(x + 3) - 4}{2}$
6) die ursprüngliche Zahl abziehen:	$\frac{2(x + 3) - 4}{2} - x$

Dieser letzte Ausdruck bildet die Zusammenfassung der verbalen Anweisungen.

Für jeden Wert von *x* gilt nun, daß dieser Ausdruck gleich 1 ist. Wir schreiben daher:

$$\frac{2(x + 3) - 4}{2} - x = 1$$

In der Algebra nennt man das eine *identische Gleichung.* Im vorigen Kapitel haben wir bereits eine Gleichung kennengelernt, die dieser hier sehr ähnlich war. Und doch besteht ein entscheidender Unterschied zwischen der Gleichung

$$\text{(A)} \quad \frac{2(x + 3) - 4}{2} - x = 1$$

und dem Ausdruck

$$\text{(B)} \quad 5x + 1 = 3(2x - 1)$$

Den wollen wir jetzt untersuchen, indem wir zunächst Gleichung (A) durch Multiplikation von 2 und Addition von 2x vereinfachen zu:

$$\text{(A)} \quad 2(x + 3) - 4 = 2x + 2$$

und in beide Gleichungen für *x* die Werte 0, 1, 2, 3 ... einsetzen. Wir erhalten:

für x = 0	in Gleichung (A):	2 = 2	in Gleichung (B):	1 ≠ −3
für x = 1	in Gleichung (A):	4 = 4	in Gleichung (B):	6 ≠ 3
für x = 2	in Gleichung (A):	6 = 6	in Gleichung (B):	11 ≠ 9
für x = 3	in Gleichung (A):	8 = 8	in Gleichung (B):	16 ≠ 5
für x = 4	in Gleichung (A):	10 = 10	in Gleichung (B):	21 = 21
für x = 5	in Gleichung (A):	12 = 12	in Gleichung (B):	26 ≠ 27

Und so weiter. Man erkennt in Gleichung (A) für jeden Wert von *x* eine Übereinstimmung der beiden Seiten, während in (B) die beiden Seiten in der Regel ungleich sind (≠), mit Ausnahme von $x = 4$. Man nennt daher (A) eine *identische Gleichung,* (B) hingegen eine *Bestimmungsgleichung,* wo der die Gleichung erfüllende Wert für *x* erst gefunden werden muß. Daß (A) eine identische Gleichung ist, läßt sich beweisen, indem man sie so lange umformt, bis beide Gleichungshälften übereinstimmen:

$$\frac{2x + 6 - 4}{2} - x = 1$$

$$\frac{2x + 2}{2} - x = 1$$

$$\frac{2(x + 1)}{2} - x = 1$$

$$x + 1 - x = 1$$

$$1 = 1$$

Wir verstehen nun, wie man diese einfachen Grundregeln der Algebra anwenden kann, um ein eigenes Spiel zu erfinden, bei dem das Ergebnis z. B. immer 5 ist:

1) Denke dir eine Zahl aus: (z. B.: 6)	x
2) Addiere die darauf folgende Zahl: (hier: 6 + 7 = 13)	$x + (x + 1)$
3) Addiere 9: (hier: 13 + 9 = 22)	$x + (x + 1) + 9$
4) Teile durch 2: (hier: 22 : 2 = 11)	$\frac{x + (x + 1) + 9}{2}$
5) Ziehe die ursprüngliche Zahl ab: (hier: 11 − 6 = 5)	$\frac{x + (x + 1) + 9}{2} - x$

Bei jedem beliebigen *x* ist das Ergebnis 5, wie die Auflösung der identischen Gleichung zeigt:

$$\frac{x+(x+1)+9}{2}-x=5$$

$$\frac{2x+10}{2}-x=5$$

$$\frac{2(x+5)}{2}-x=5$$

$$x+5-x=5$$

$$5=5$$

Das Spiel ist eigentlich ein Bluff. Die vielen Anweisungen dienen zu nichts anderem, als die Sache kompliziert zu machen. Der Trick besteht darin, die ursprüngliche Zahl verschwinden zu lassen, also in der Subtraktion $x-x$. Indem man die ganze Operation von hinten beginnt, lassen sich zahllose Spielchen dieser Art konstruieren, zum Beispiel eins, bei dem immer 13 herauskommt. Für 13 gibt es viele identische Entsprechungen, z. B. $13=7+6$. Da $x-x$ gleich 0 ist, läßt sich dieses Glied ohne Veränderung des Ergebnisses auf der rechten Seite addieren:

$$13=7+6+x-x$$

Dies läßt sich umformen zu:

$$13=\frac{2(7+6+x)}{2}-x$$

Einen Ausdruck mit einer Zahl zu multiplizieren und ihn zugleich durch dieselbe Zahl zu dividieren, verändert ihn nicht. Eine weitere Verkomplizierung ergibt sich durch die Umformungen:

$$13=\frac{14+12+2x}{2}-x$$

und:

$$13=\frac{2(x+7)+12}{2}-x$$

Das fertige Spiel lautet jetzt so:

1) Wähle eine beliebige Zahl: (z. B.: 10)	x
2) Addiere 7: (hier: $10+7=17$)	$x+7$
3) Multipliziere mit 2: (hier: $2\cdot17=34$)	$2(x+7)$
4) Addiere 12: (hier: $34+12=46$)	$2(x+7)+12$
5) Teile durch 2: (hier: $46:2=23$)	$\frac{2(x+7)+12}{2}$
6) Ziehe die ursprüngliche Zahl ab: (hier: $23-10=13!$)	$\frac{2(x+7)+12}{2}-x$

Die Regeln der Algebra lassen es so aussehen, als ob wir Gedanken lesen könnten. Versuchen Sie dieses ähnliche Spiel:

1) Wähle eine beliebige Zahl: (unser Opfer wählt 6)	x
2) Verdopple sie: (hier: 12)	$2x$
3) Addiere 4: (hier: $12+4=16$)	$2x+4$
4) Teile durch 2: (hier: $16:2=8$)	$\frac{2x+4}{2}$
5) Addiere 13: (hier: $8+13=23$)	$\frac{2x+4}{2}+13$

Wir fragen den Mitspieler nach dem Ergebnis, hier also 21, und verkünden ihm sofort, daß seine ursprüngliche Zahl die 6 war. Wir wissen nämlich, daß sich der Ausdruck von Schritt 5) vereinfachen läßt zu $x+15$. Wenn daher z. B. $x+15=21$, dann rechnen wir kurz: $x=21-15$ und erhalten die Ausgangszahl 6. Das Ganze hat also weniger mit Gedankenlesen, als mit einer Kenntnis der einfachen Grundregeln der Algebra zu tun. Auch von diesem Spiel lassen sich unendlich viele Variationen bilden. Es ist wichtig, daß zum Schluß die Differenz zwischen Ausgangszahl und Ergebnis nicht zu klein ist; 20 ist ungefähr angemessen. Für den ersten Schritt $x+20$ gibt es wieder unendlich viele Entsprechungen, zum Beispiel:

$$x+20=x+6+14$$

$$x+20=\frac{3(x+6)}{3}+14$$

$$x+20=\frac{3x+18}{3}+14$$

Unser Spiel nimmt daher diesen Verlauf:

1) Wähle eine beliebige Zahl: (z. B.: 8)	x
2) Multipliziere mit 3: (hier: $8\cdot3=24$)	$3x$

3) Addiere 18: $3x + 18$
(hier: $24 + 18 = 42$)

4) Teile durch 3: $\frac{3x + 18}{3}$
(hier: $42 : 3 = 14$)

5) Addiere 14: $\frac{3x + 18}{3} + 14$
(hier: $14 + 14 = 28$)

6) Wenn das Ergebnis 28 genannt wird, rechnen wir im Kopf: $x = 28 - 20$
und erhalten die Ausgangszahl.

Gerade und ungerade Zahlen

Seit unseren ersten Gehversuchen in der Arithmetik kennen wir den Unterschied zwischen geraden und ungeraden Zahlen. Die ersteren lassen sich ja bekanntlich durch 2 teilen.

Wir wollen nun die algebraische Schreibweise der Zahlen und ihre Eigenschaften untersuchen. Wenn man eine beliebige Zahl x nimmt, stellt der Ausdruck 2x auf jeden Fall eine gerade Zahl dar. 7 ist ungerade, aber $2 \cdot 7$ gleich 14 ist gerade.

Wenn 2x gerade ist, stellt $2x + 1$ eine ungerade Zahl dar. $2 \cdot 7 + 1 = 15$ ist ungerade.

Daraus läßt sich ein amüsantes Spiel machen. Wir bitten einen Freund, in der einen Hand eine gerade, in der anderen aber eine ungerade Anzahl von Münzen zu verbergen. Nun soll er die Zahl der Münzen der linken Hand verdoppeln und die der rechten Hand verdreifachen. Wir lassen uns die Summe der beiden Zahlen sagen und können sofort angeben, in welcher Hand die gerade und in welcher die ungerade Anzahl verborgen ist. Die Regel dazu lautet:

1) Wenn die Summe ungerade ist, befindet sich die ungerade Zahl von Münzen in der *rechten* Hand.

2) Wenn die Summe gerade ist, befindet sich die ungerade Zahl von Münzen in der *linken* Hand.

Ein Beispiel: In der linken Hand sind drei und in der rechten sechs Münzen. Die Summe aus $2 \cdot 3 + 3 \cdot 6 = 24$ ist gerade, also befindet sich die ungerade Zahl von Münzen in der linken Hand. Was ist der Trick? Analysieren wir die Operation Schritt für Schritt. Es gibt zwei verschiedene Möglichkeiten: 1) die ungerade Anzahl befindet sich in der linken Hand, und 2) die gerade Anzahl befindet sich in der linken Hand. Wir wollen mit *L* und *R* die Anzahl der Münzen in der linken bzw. rechten Hand bezeichnen.

1) *Ungerade Zahl in der linken Hand:* $L = 2x + 1$, $R = 2y$. x und y sind Unbekannte, deren tatsächlicher Wert uns nicht interessiert. Die zu überprüfende Summe ist $2L + 3R = 4x + 2 + 6y = 2(2x + 1 + 3y)$. Dieser letzte Ausdruck läßt sich offensichtlich durch 2 teilen.

2) *Gerade Anzahl in der linken Hand:* $L = 2x$, $R = 2y + 1$. Die Summe lautet $2L + 3R = 4x + 6y + 3 = 2(2x + 3y + 1) + 1$. Das Ergebnis ist ungerade, denn es läßt sich nicht durch 2 teilen.

Die nächste Zahl

Selbst solche algebraischen Ausdrücke, die zunächst sehr simpel aussehen, können uns zu unterhaltsamen Spielereien anregen. Auf jede Zahl folgt eine nächste. Auf x folgt $x + 1$; $x + 2$ ist der Nachfolger von $x + 1$, und so weiter.

Wenn man fünf aufeinanderfolgende Zahlen addiert:

$$x + (x + 1) + (x + 2) + (x + 3) + (x + 4)$$

ergibt sich die Formel

$$5x + 10 \quad \text{bzw.} \quad 5(x + 2).$$

Daraus entsteht das nächste kleine Spiel.

1) Jemand soll sich eine Zahl ausdenken: x (z. B.: 252)

2) Nun soll er hierzu die nächsten vier Zahlen addieren:
$5(x + 2)$ (hier: $252 + 253 + 254 + 255 + 256 = 1270$)

3) Man fragt nach dem Ergebnis und kann daraus die ursprüngliche Zahl »erraten«. Dazu braucht man nichts weiter zu tun, als das Ergebnis durch 5 zu teilen und 2 zu subtrahieren
(hier: $1270 : 5 = 254$; $254 - 2 = 252$)

Multiplikation per Abkürzung

Das Feld der Zahlen ist weit und steckt voller Möglichkeiten. Mit etwas Erfindungsgeist lassen sich manche neuen Spiele einfach dadurch entdecken, daß man kürzere Rechenwege ausfindig macht für Operationen, die sonst sehr lang und umständlich wären.

Bei dieser Vorführung brauchen Sie zwei Mitspieler. Jeder soll eine vierstellige Zahl notieren, beispielsweise 1223 und 1887. Nun bitten Sie einen der Mitspieler, die beiden Zahlen in der üblichen Weise zu multiplizieren:

```
1223·1887
 1223
  9784
   9784
    8561
 2307801
```

In der Zwischenzeit subtrahieren Sie 1887 von 10.000 und 1 von 1223 mit den Ergebnissen:

$$10.000 - 1887 = 8113 \text{ und}$$

$$1223 - 1 = 1222$$

Der zweite Mitspieler soll jetzt diese beiden Zahlen multiplizieren ($8113 \cdot 1222 = 9.914.086$). Zum Schluß bitten Sie Ihre Freunde, die beiden Produkte zu addieren. Während sie noch rechnen, verkünden Sie Ihnen bereits das Endergebnis 12.221.887 ($2.307.801 + 9.914.086 = 12.221.887$).

Wir wollen jetzt untersuchen wie das geht, indem wir die ganze Operation in ihre einzelnen algebraischen Schritte zerlegen. Die beiden vierstelligen Zahlen nennen wir x und y.

1) Der erste Spieler errechnet $x \cdot y$
2) Der zweite Spieler rechnet
   $(10.000 - x) \cdot (y - 1) = 10.000y - 10.000 - xy + x$
3) Die Addition der Zwischenergebnisse ergibt:
   $xy + 10.000y - 10.000 - xy + x = 10.000(y - 1) + x$

Der letzte Ausdruck erklärt den Trick. Eine Zahl mit 10.000 zu multiplizieren heißt einfach, ihr vier Nullen anzuhängen (z. B.: $13 \cdot 10.000 = 130.000$). Der Ausdruck $(y - 1)$ verrät uns also sofort die ersten vier Stellen des Endergebnisses, die Zahl x liefert die letzten vier. In unserem Beispiel war $x = 1887$ und $y - 1 = 1222$. Das Ergebnis lautete 12.221.887.

Wie viele Münzen hast du im Portemonnaie?

Einen Buchstaben, z. B. x (aber auch a, b, c...), für eine Zahl einzusetzen sieht wie eine elementare geistige Operation aus. Und doch stellt dies eine der größten Entwicklungen in der Mathematik dar, weil es dazu beigetragen hat, die formalen Eigenschaften der Zahlen zu erhellen und die Analysis auf ein abstrakteres Niveau zu heben. Wenn wir »652« erblicken, denken wir automatisch an eine Zahl. Bei einem algebraischen Ausdruck wie $10x + 9$ scheint es weniger klar, daß das auch eine Zahl ist.

Wir wissen, daß in der Algebra x jeden beliebigen Wert annehmen kann. Beim Wert 4 für x bedeutet der vorige Ausdruck 49, bei x gleich 1 ist das Ergebnis 19, und so weiter. Auf dieser schlichten Tatsache beruht das nächste Spielchen, das auf den ersten Blick sehr verblüffend wirkt. Wenn man im vorigen Beispiel für x verschiedene Werte einsetzt, erkennt man eine Regelmäßigkeit:

bei $x = 1$ ist das Ergebnis 19
bei $x = 4$ ist das Ergebnis 49
bei $x = 20$ ist das Ergebnis 209

Die Werte von x geben stets die Anzahl der Zehner des Ergebnisses an.

Wir wetten mit einem Freund, daß wir die Anzahl der Münzen in seiner Tasche erraten können, wenn er für uns folgende Berechnungen ausführt:

1) Zähle die Münzen in deiner Tasche: m (z. B.: 35)
2) Multipliziere mit 2: 2m (hier: 70)
3) Addiere 3: $2m + 3$ (hier: $70 + 3 = 73$)
4) Multipliziere mit 5: $5(2m + 3) = 10m + 15$ (hier: $5 \cdot 73 = 365$)
5) Ziehe 6 ab: $10m + 15 - 6$ (hier: 359)

Wir fragen ihn nach dem Ergebnis, streichen die Einerstelle durch und erhalten die unbekannte Ausgangszahl 35.

Nach diesem Prinzip lassen sich mit einem beliebigen x zahlreiche weitere Spiele erfinden, zum Beispiel dieses:

1) Denke dir eine Zahl aus: x
2) Addiere 2: $x + 2$
3) Verdoppele: $2x + 4$
4) Ziehe 2 ab: $2x + 2$
5) Teile durch 2: $\frac{2x + 2}{2} = x + 1$
6) Ziehe die ursprüngliche Zahl ab: $x + 1 - x = 1$

Es kommt immer 1 heraus! Der fünfte Schritt gibt uns den entscheidenden Hinweis: Man muß nur 1 abziehen, um das unbekannte x herauszufinden.

Wie rät man ein Geburtsdatum?

In den vorigen algebraischen Ausdrücken gab es jeweils nur eine Unbekannte, und die Spiele drehten sich immer darum, sie herauszufinden. In derselben Weise lassen sich algebraische Ausdrücke mit zwei Unbekannten bilden, die man herausfinden muß.

Hier ist eine kleine Übung, mit der man das Geburtsdatum eines Freundes herausfinden kann. Die Variable m mit Werten von 1 bis 12 bezeichnet den Monat, die Variable t den gesuchten Tag.

Diese Anweisungen müssen befolgt werden:

1) Multipliziere die Zahl des Monats mit 5: 5m
   (Wir wollen annehmen, unser Freund sei am 13. Juni geboren. Also: $5 \cdot 6 = 30$)
2) Addiere 7: $5m + 7$ (hier: $30 + 7 = 37$)
3) Mit 4 multiplizieren: $20m + 28$ (hier: $4 \cdot 37 = 148$)

4) Addiere 13: $20m + 41$ (hier: $148 + 13 = 161$)
5) Mit 5 multiplizieren: $100m + 205$ (hier: $5 \cdot 161 = 805$)
6) Addiere den Geburtstag: $100m + 205 + t$ (hier: $805 + 13 = 818$)
7) 205 abziehen: $100m + t$ (hier: $818 - 205 = \mathit{613}$)

Wir lassen uns das Ergebnis nennen. Die Hunderterstelle (hier: 6) verrät uns den Monat, der Rest den Tag der Geburt.

Hier ist ein anderes Verfahren. Diesmal soll der Tag des Sturms auf die Bastille (14. Juli 1789) erraten werden, an dem die Französische Revolution begann und der noch heute der französische Nationalfeiertag ist.

1) Multipliziere die Zahl des Monats mit 5: $5m$ (hier: $5 \cdot 7 = 35$)
2) Ziehe 3 ab: $5m - 3$ (hier: 32)
3) Verdoppeln: $10m - 6$ (hier: 64)
4) Mit 10 multiplizieren: $100m - 60$ (hier: 640)
5) Den Tag addieren: $100m - 60 + t$ (hier: 654)

Wenn man dieses Ergebnis erfahren hat, addiert man 60, und es bleibt $100m + t$ (hier: $654 + 60 = 714$). Die 14 liefert uns den Wert von t, die Hunderterstelle 7 gibt uns den Monat. Damit sich die beiden Zahlen nicht überlappen, muß t kleiner als 100 bleiben. Das beschränkt das Spiel auf Geburtsdaten, Schuhgrößen und so weiter.

Alter und Schuhgröße raten

Hier ist ein ähnliches Spiel, bei dem jedoch die Situation absichtlich durch einige überflüssige Elemente verwirrt wird. Wir wollen gleichzeitig die Schuhgröße und das Alter unseres Freundes herausfinden. Das geht so:

1) Die Altersjahre mit 20 multiplizieren: $20j$ (Wenn er 20 Jahre alt ist, rechnen wir $20 \cdot 20 = 400$)
2) Das Datum des heutigen Tages addieren: $20j + t$ (angenommen, es sei der 9. eines beliebigen Monats. Also $400 + 9 = 409$)
3) Mit 5 multiplizieren: $100j + 5t$ (hier: $5 \cdot 409 = 2.045$)
4) Die Schuhgröße s addieren: $100j + 5t + s$ (Bei Schuhgröße 39 macht das: $2045 + 39 = \mathit{2084}$)

Von diesem Zwischenergebnis ziehen wir im Kopf 5t, das Fünffache des Tagesdatums, ab, und es bleibt $100j + s$, also $2084 - 45 = 2039$

Die Hunderter und Tausender zeigen uns das gesuchte Alter (20), der Rest gibt die Schuhgröße an (39).

Wo steckt der Fehler?

Hinter vielen mathematischen Spielen steckt ein Trick. Sie beruhen darauf, daß unser Opfer nicht in der Lage ist, die einzelnen algebraischen Schritte nachzuvollziehen. Hier folgt nun eine subtile Spielerei, bei der in den Rechenschritten selbst eine kleine Teufelei steckt. Wir gehen von zwei beliebigen Zahlen x und y aus und beweisen, daß $1 = 2$ ist!

1) $x = y$
2) Mit y multiplizieren: $xy = x^2$
3) y^2 subtrahieren: $xy - y^2 = x^2 - y^2$
4) In die Faktoren zerlegen: $y(x - y) = (x + y)(x - y)$
5) Durch $(x - y)$ teilen: $y = x + y$
6) Da laut 1) $x = y$, ersetzen wir: $x = x + x$ bzw. $x = 2x$
7) Durch x teilen: $1 = 2$

Jeder Schritt scheint korrekt zu sein, und doch steckt irgendwo ein Fehler, eine unlogische Operation. Wenn in der Mathematik ein Widerspruch auftaucht, sucht man den Fehler entweder in den Prämissen oder im Verfahren. Wenn uns ein Spiel irritiert, ist es entweder selbst nicht in Ordnung (die Prämissen sind falsch), oder ein Spieler hält sich nicht an die Regeln (das Verfahren). In unserem Beispiel steckt der Fehler in Schritt 5. Da $x = y$, ist $x - y = 0$. Und in der Mathematik ist es nicht erlaubt, eine Zahl durch 0 zu teilen. Der Widerspruch wurde also durch einen Fehler im Verfahren hervorgerufen.

In den folgenden Gleichungen verbergen sich zwei Fehler, die der Leser finden soll:

1) $2 + 1 - (-1) = 4$
2) $6 : \frac{1}{3} = 2$

3) $(3+\frac{1}{5})(3+\frac{1}{8}) = 10$

4) $18-(-8) = 26$

5) $-32 \cdot (27-27) = -32$

Auflösung: Fehlerhaft sind Nr. 2 (eine Division durch ⅓ entspricht einer Multiplikation mit 3) und Nr. 5 (27 – 27 gleich 0, und eine Multiplikation mit 0 ergibt 0).

Die positionelle Bedeutung der Ziffern

Wie schon auf Seite 10 beschrieben, wurde diese Methode von den Indern erfunden und während des Mittelalters von den Arabern nach Europa gebracht. Damals bedeutete das für die Mathematik einen enormen Fortschritt. Heute hingegen haben wir uns an die arabische Schreibweise so gewöhnt, daß wir kaum noch ihre Vorteile wahrnehmen. Doch es genügt, sich an das römische Ziffernsystem zu erinnern, das nicht nur lang und umständlich war, sondern leicht zu Fehlern führte. Die arabischen Ziffern sind weniger anschaulich, doch haben sie von vornherein Eigenschaften gezeigt, die für den Fortschritt des mathematischen Denkens unentbehrlich waren: Einfachheit und Allgemeinheit.

Nehmen wir eine arabische Zahl, zum Beispiel 6245. Hier bezeichnet 6 die Tausender, 62 die Hunderter, 624 die Zehner und die gesamte 6245 die Einer. Dieselbe Zahl läßt sich auch so ausdrücken:

$$6(1000) + 2(100) + 4(10) + 5(1)$$

oder so:

$$624(10) + 5(1)$$

Machen wir nun einen Sprung in die Algebra und betrachten wir eine beliebige Zahl mit vier Ziffern, die wir x_3, x_2, x_1 und x_0 nennen. Jede vierstellige Zahl kann auch so geschrieben werden:

$$x_3(1000) + x_2(100) + x_1(10) + x_0(1)$$

$x_3(1000)$ bezeichnet die Ziffer mit dem positionellen Wert der Tausender,
$x_2(100)$ bezeichnet die Ziffer mit dem positionellen Wert der Hunderter,
$x_1(10)$ bezeichnet die Ziffer mit dem positionellen Wert der Zehner, und
$x_0(1)$ bezeichnet die Einer.

In dieser Schreibweise kann die Zahl weiter zerlegt werden in die folgenden Bestandteile:

$$x_3(999+1) + x_2(99+1) + x_1(9+1) + x_0$$

Daraus folgt:

$$x_3(999) + x_3 + x_2(99) + x_2 + x_1(9) + x_1 + x_0$$

und:

$$x_3(999) + x_2(99) + x_1(9) + x_3 + x_2 + x_1 + x_0$$

und:

$$9[x_3(111) + x_2(11) + x_1(1)] + x_3 + x_2 + x_1 + x_0$$

Folgen Sie nun den Anweisungen, wobei x_3 nach wie vor die Tausender, x_2 die Hunderter, x_1 die Zehner und x_0 die Einer markiert.

1) Eine vierstellige Zahl ausdenken (z. B.: 3.652)
2) Die Tausender aufschreiben (hier: 3)
3) Die Hunderter aufschreiben (hier: 36)
4) Die Zehner aufschreiben (hier: 365)
5) Die drei Zahlen addieren (hier: $3 + 36 + 365 = 404$)
6) Mit 9 multiplizieren (hier: $404 \cdot 9 = 3636$)
7) Die Summe der Ziffern $x_3 + x_2 + x_1 + x_0$ bilden (hier: $3 + 6 + 5 + 2 = 16$)
8) Zur vorigen Summe addieren (hier: $3636 + 16 =$ *3652*)

Wir haben es also geschafft, nach all diesen Schritten wieder bei der ursprünglichen Zahl anzukommen!

Ein fauler Apfel kann den ganzen Korb verderben

Im Kapitel »Wo steckt der Fehler?« sind wir mit paradoxen oder widersprüchlichen Ergebnissen konfrontiert worden. Sie rührten von einer Division durch Null her, die sich durch unklare algebraische Operationen einschmuggeln konnte. Wir wollen jetzt die Null in ihren verschiedenen mathematischen und philosophischen Bedeutungen etwas näher untersuchen.

Wir kennen alle den *reziproken Bruch* einer Zahl; für 6 ist es $\frac{1}{6}$, für 12 ist es $\frac{1}{12}$, und so weiter. Je größer eine Zahl, desto kleiner ist ihr reziproker Bruch und umgekehrt. Daher werden die Ausdrücke der Reihe $\frac{1}{2}$, $\frac{1}{3}$, $\frac{1}{4}$, $\frac{1}{5}$, $\frac{1}{6}$... immer kleiner. Nun könnte jemand glauben, auf diese Weise schließlich bei der kleinsten Zahl des Universums anzukommen. Es ist nicht unwahrscheinlich, daß sich dieser Jemand mit dem geistigen Salto die Frage stellt: Was bedeutet eigentlich die Division durch Null, etwa in $\frac{1}{0}$? Mit $\frac{28}{7}$ drückt man eine Zahl aus, nämlich 4; aber drückt $\frac{1}{0}$ ebenfalls eine Zahl aus?

Daß die Gleichung $28 : 7 = 4$ stimmt, überprüft man mit der umgekehrten Rechenoperation: $7 \cdot 4 = 28$. Angenommen, es würde nun jemand behaupten, das Ergebnis von $1 : 0$ sei eine bestimmte Zahl x. Wir überprüfen die Behauptung, indem wir die Gleichung herumdrehen: $0 \cdot x = 1$. Doch das ist offensichtlich falsch, denn $0 \cdot x$ ist Null, und die Gleichung liefe auf den Widerspruch $0 = 1$ hinaus. Dasselbe passiert bei der Division jeder anderen Zahl durch Null!

Doch es gibt eine einzige Ausnahme: Der Division von 0 durch 0 kann jeder beliebige Wert zugeordnet werden. Hier ist der Beweis:

$$0 : 0 = 12 \quad \text{denn:} \quad 0 \cdot 12 = 0$$
$$0 : 0 = 1128 \quad \text{denn:} \quad 0 \cdot 1128 = 0$$

Was haben wir davon? Nichts. Aus diesem Grund wurde die Division durch Null in der Mathematik ausgeschlossen.

Überlegungen solcher Art mögen wie intellektuelle Spielerei aussehen, doch erkennen wir in unserem Fall ein wichtiges Prinzip der Logik, also der Wissenschaft vom korrekten Argumentieren: *Ex absurdis sequitur quodlibet,* sagten die Logiker des Mittelalters, aus absurden Voraussetzungen kann man jeden Schluß ziehen.

Die Division durch Null kann zu einem Widerspruch, die Teilung der Null durch sich selbst zu jedem beliebigen Ergebnis führen. Wenn man in der Gleichung

$$18 \cdot 0 = 3 \cdot 0$$

beide Seiten durch Null teilt, erhält man den offenen Widerspruch $18 = 3$.

Entdecken Sie den Fehler in der folgenden Operation? Wenn gilt: $x = 1$, dann kann man schreiben:

$$x^2 - x = x^2 - 1$$

daraus folgt:	$x(x - 1) = (x + 1)(x - 1)$
Division durch $(x - 1)$:	$x = x + 1$
Ersetzen von x durch 1:	$1 = 2$

Die Division durch $(x - 1)$ war unerlaubt, weil $(x - 1)$ hier gleich Null ist. Diese Art von Fehler passiert so leicht, daß selbst Einstein einmal unabsichtlich darauf hereingefallen ist.

Das Symbol der 0 (Null) erreichte den Westen mit den indisch-arabischen Zahlen. Es ist eins der nützlichsten, aber auch der zweideutigsten und widersprüchlichsten Symbole.

Wie die anderen Zahlen hat auch die Null eine positionelle Bedeutung. In 432 hat die 2 eine andere Bedeutung als in 423. Das gilt auch für 430 und 403, wo die Null einmal die Abwesenheit von Einern und einmal die von Zehnern bezeichnet. Das Konzept der Null ist nicht nur in der Mathematik, sondern auch in der Philosophie und im religiösen Denken ausgelotet worden. Wenn wir an Null denken, denken wir an Nichts, doch was bedeutet das? Grob gesprochen meint man mit *Nichts* die Abwesenheit von Existenz, etwas, das nicht ist. Aber weil man daran denken kann, muß da doch irgend etwas sein. Kurz, wir haben es hier mit einem äußerst schwammigen Begriff zu tun, der zu vielen Paradoxien Anlaß gibt.

Ursprünglich war der Begriff des Nichts der griechischen Philosophie fremd, die nichts als seiend akzeptierte, was wesensmäßig nicht existierte. In der Tat kam die Null im griechischen und römischen Zahlensystem nicht vor. Es war vermutlich der Philosoph Zenon (336–264 v. Chr.), ein Phönizier aus Zypern und Begründer des Stoizismus, der dieses nichtgriechische Konzept in die antike Philosophie einführte.

Alltagssprache und mathematische Sprache

Viele von uns halten die Mathematik einfach für ein praktisches Instrument zum Zählen und Messen. Wer Erfahrungen auf anderen wissenschaftlichen Gebieten gesammelt hat, kennt darüber hinaus vielleicht einige mathematische Analyseverfahren, die dazu beitragen, daß unsere Erkenntnisse verallgemeinerbar, wissenschaftlicher und sicherer werden. Häufig verkennt man aber einen entscheidenden Aspekt der Mathematik: daß sie eine Sprache ist. Eine besondere Sprache vielleicht, aber immerhin!

Beim Wort »Sprache« denken wir normalerweise an so etwas wie unsere Alltagssprache, mit der wir Informationen austauschen. Sprache hat jedoch noch andere Aufgaben: Sie organisiert unsere Erkenntnisleistungen, klärt Begriffe und stellt Ergebnisse dar. Diese Aufgaben erfüllt die Mathematik mit ihren abstrakten Symbolen in idealer Weise. Aber in der Schulzeit erworbene Angewohnheiten, eine zu mechanische und wenig bewußte Auffassung von der Mathematik, lassen uns diese Materie wie eine Welt für sich erscheinen, losgelöst von der Alltagssprache und von einer scheinbar eigenen Rationalität geleitet. Diese Idee ist absurd und künstlich. Noch absurder ist es anzunehmen, auf der Basis zweier verschiedener Arten von Sprache existierten auch zwei verschiedene Kulturen, zwei entgegengesetzte Formen der Beschäftigung mit der Wirklichkeit. Natürlich ist die mathematische Sprache besonders geeignet zur verallgemeinernden Beschreibung und Lösung bestimmter Arten von Problemen, aber das rechtfertigt keine Spaltung des Wissens.

Die algebraischen Zahlenspiele dieses Abschnitts haben uns gezwungen, mathematische und Alltagssprache in Beziehung zu bringen und in einander zu übersetzen. Das beweist, daß es keine an sich isolierten Gebiete sind, auch wenn die Symbole der Alltagssprache unschärfer und mehrdeutiger sind und sich zur Beschreibung bestimmter Situationen, etwa persönlicher und individueller Wahrnehmungen, besser eignen. Mathematische Symbole hingegen und ihre Beziehungen stellen abstrakte und synthetische geistige Konstruktionen dar, die im Unterschied zur Alltagssprache spezifisch und unzweideutig sind. Die Übersetzung von der einen in die andere Sprache bietet sich, besonders in der Schule, als nützliche geistige Übung an.

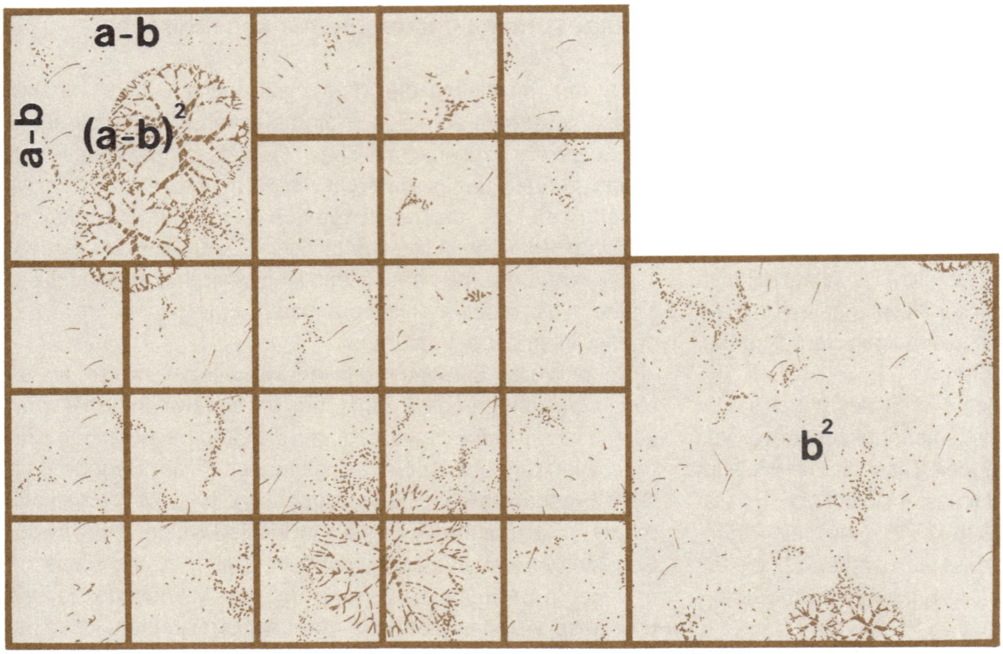

Zu oft halten wir die Regeln der Algebra für rein abstrakt und vergessen, daß die Mathematik etwas mit sehr praktischen und konkreten Aufgaben zu tun hat. Die Regel des *Produkts zweier Binome* versteht man viel leichter, wenn man sie mit dem Problem der Teilung eines Grundstücks verbindet.

Links: Eine geometrische Darstellung des Ausdrucks $(a-b)^2$. Aus der Algebra wissen wir, daß $(a-b)^2 = a^2 - 2ab + b^2$. In der Abbildung entspricht diesem Produkt das kleine Quadrat oben links.

$$(a-b)^2 = a^2 + b^2 - 2ab$$

Wie würden Sie z. B. die folgende Gleichung umgangssprachlich ausdrücken?

$$\frac{x}{3} + 5 = \frac{x}{2} + 6$$

Ein Drittel einer Zahl plus fünf ist gleich der Hälfte derselben Zahl plus sechs. Das mathematische Ergebnis dieser Bestimmungsgleichung lautet −6.

Wie lautet die Übersetzung der folgenden Gleichung?

$$\frac{x-2}{4} = \frac{5-x}{6}$$

Ein Viertel einer um zwei verminderten Zahl ist gleich einem Sechstel der Differenz von fünf und dieser Zahl.

Schließlich möge der Leser diesen Ausdruck übersetzen: AB = AC. Wenn AB und AC zwei Strecken beschreiben, kann man das so ausdrücken: »Die Strecke von A nach B ist genauso lang wie die Strecke von A nach C.« Falls ABC ein Dreieck festlegt, bedeutet AB = AC: »Das Dreieck ABC ist ein gleichschenkliges Dreieck.« Außerdem liegt der Punkt A senkrecht über der Mitte von BC (Abb. 5, 6, 7).

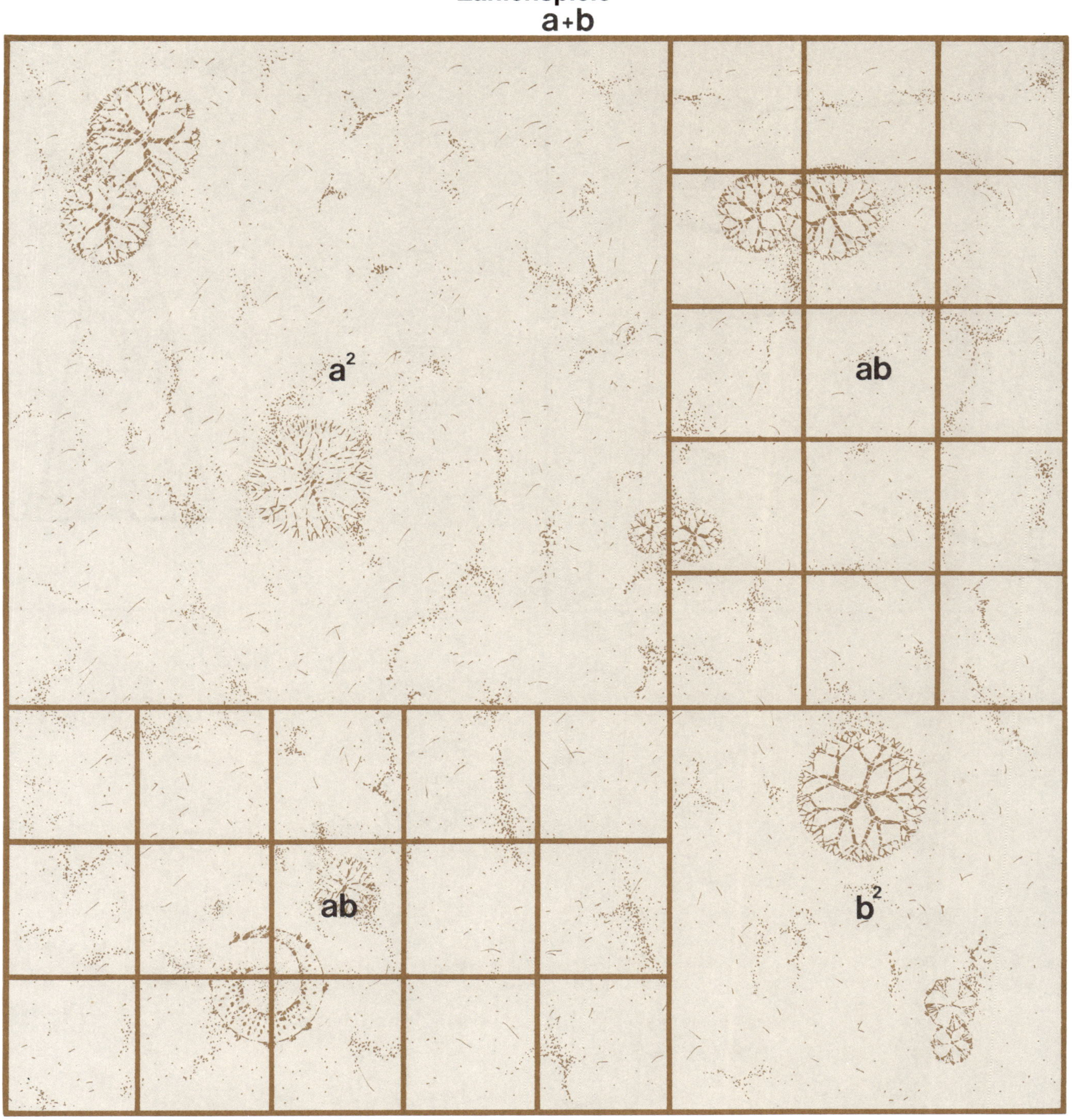

$$(a + b)^2 = a^2 + 2ab + b^2$$

In diesem Diagramm ist die Verbindung zwischen algebraischem und geometrischem Ausdruck einfacher zu verstehen. Wenn wir $(a + b)$ mit sich selbst multiplizieren, erhalten wir: $(a + b)^2 = a^2 + 2ab + b^2$.

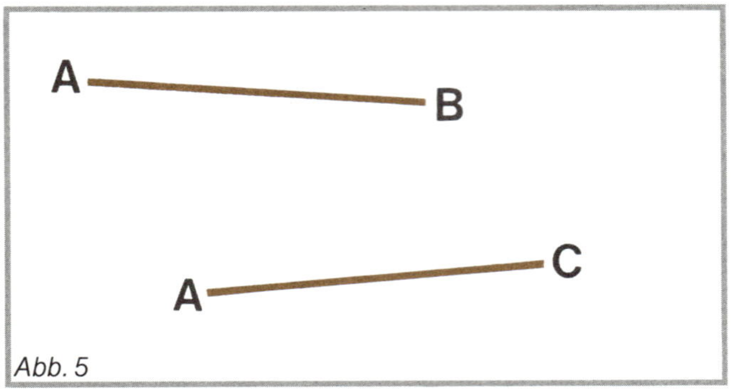

Abb. 5

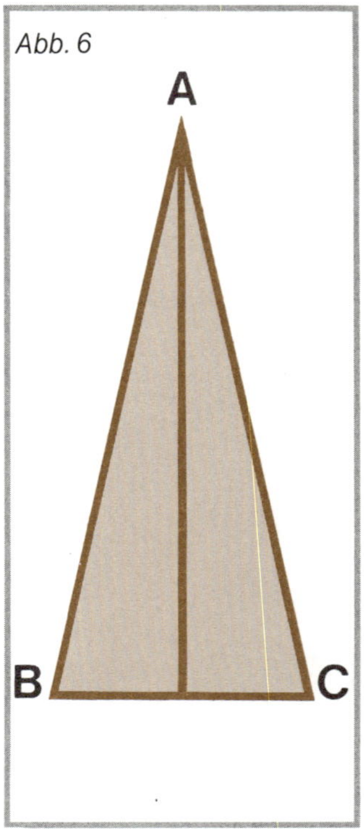

Abb. 6

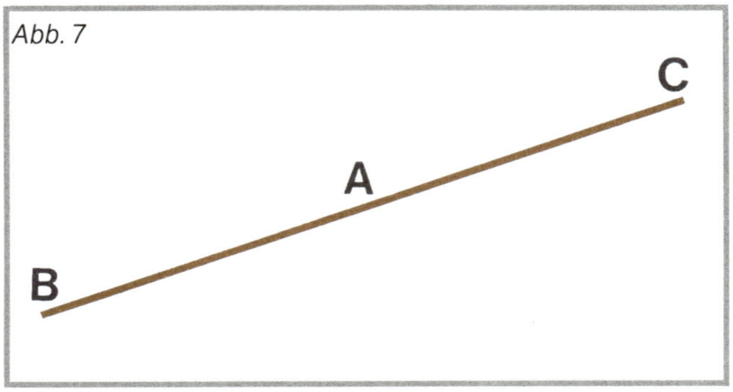

Abb. 7

SPIELE MIT GEOMETRISCHEN FIGUREN

Gott betreibt immer Geometrie. (Platon)

Optische Täuschungen

Welche der beiden Strecken in Abbildung 8–9 ist länger, die Strecke AB oder die Strecke CD? Die Antwort ist: Keine, sie sind gleich lang. Betrachten Sie nun Abbildung 10. Scheint es nicht so, als sei die Strecke CD länger als das Stück AB? Doch auch sie sind gleich lang. Wer es nicht glaubt, soll sich mit einem Lineal davon überzeugen.

Dies sind optische Täuschungen. Unsere Sinnesorgane nehmen lebenswichtige Informationen über unsere Umwelt auf. Die Daten wandern ins Gehirn, wo sie so verarbeitet werden, daß wir sie als sinnliche Erlebnisse erfahren. Es gibt optische, akustische, geschmackliche, Berührungs- und Geruchsempfindungen, je nach dem daran beteiligten Sinnesorgan. Doch die Sinne können uns täuschen, sie spiegeln nicht die gesamte Wirklichkeit, sondern nur einen Teil davon wider. Manchmal sind sie durch voraufgehende Erfahrungsgewohnheiten konditioniert und vermitteln uns ein Bild, das es gar nicht gibt, sogenannte »Illusionen«.

Betrachten Sie bitte Abbildung 11. Vermutlich erkennen Sie ein Dreieck. Aber in Wirklichkeit ist da gar kein Dreieck. Je länger man hinschaut, desto deutlicher nimmt man es wahr,

(weiter auf Seite 38)

Abb. 8–9

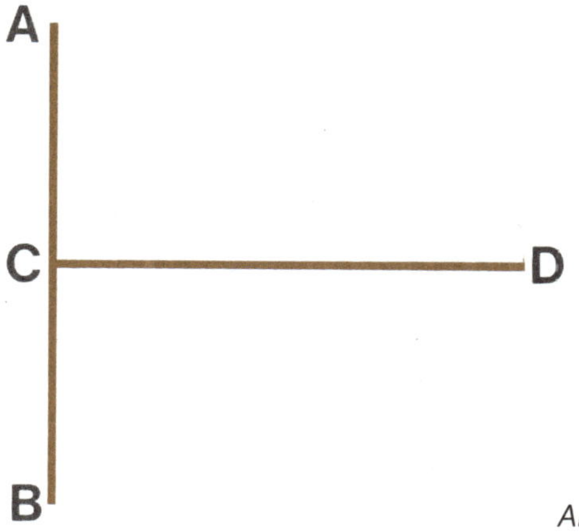

Abb. 10

Unten: Diese Lithographie des niederländischen Grafikers Maurits Cornelius Escher (1898–1972) wurde offenbar von der Zweideutigkeit bestimmter geometrischer Figuren inspiriert. Das Blatt heißt *Aufstieg und Abstieg,* weil die äußere Reihe der Mönche die Treppe endlos hinauf-, die innere Reihe endlos hinabsteigt. (© by Beeldrecht, Amsterdam 1982)

Rechts: Die Treppe, auf der Eschers optische Täuschung beruht. Im dreidimensionalen Raum kann man keine Treppe bauen, die dort endet, wo sie beginnt. Im zweidimensionalen Bild hat Escher diese Grenze überwunden, indem er bestimmte bildliche Signale und optische Informationen veränderte.

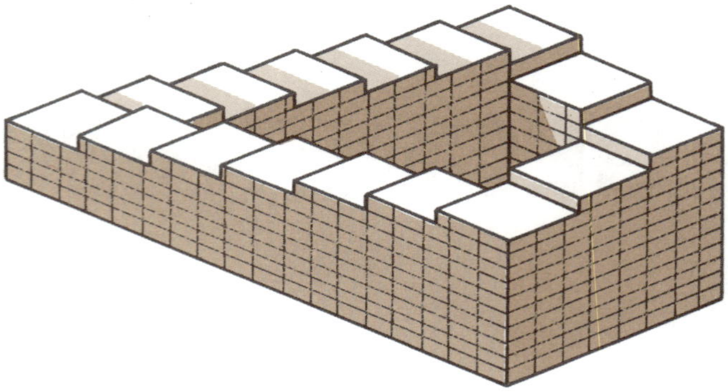

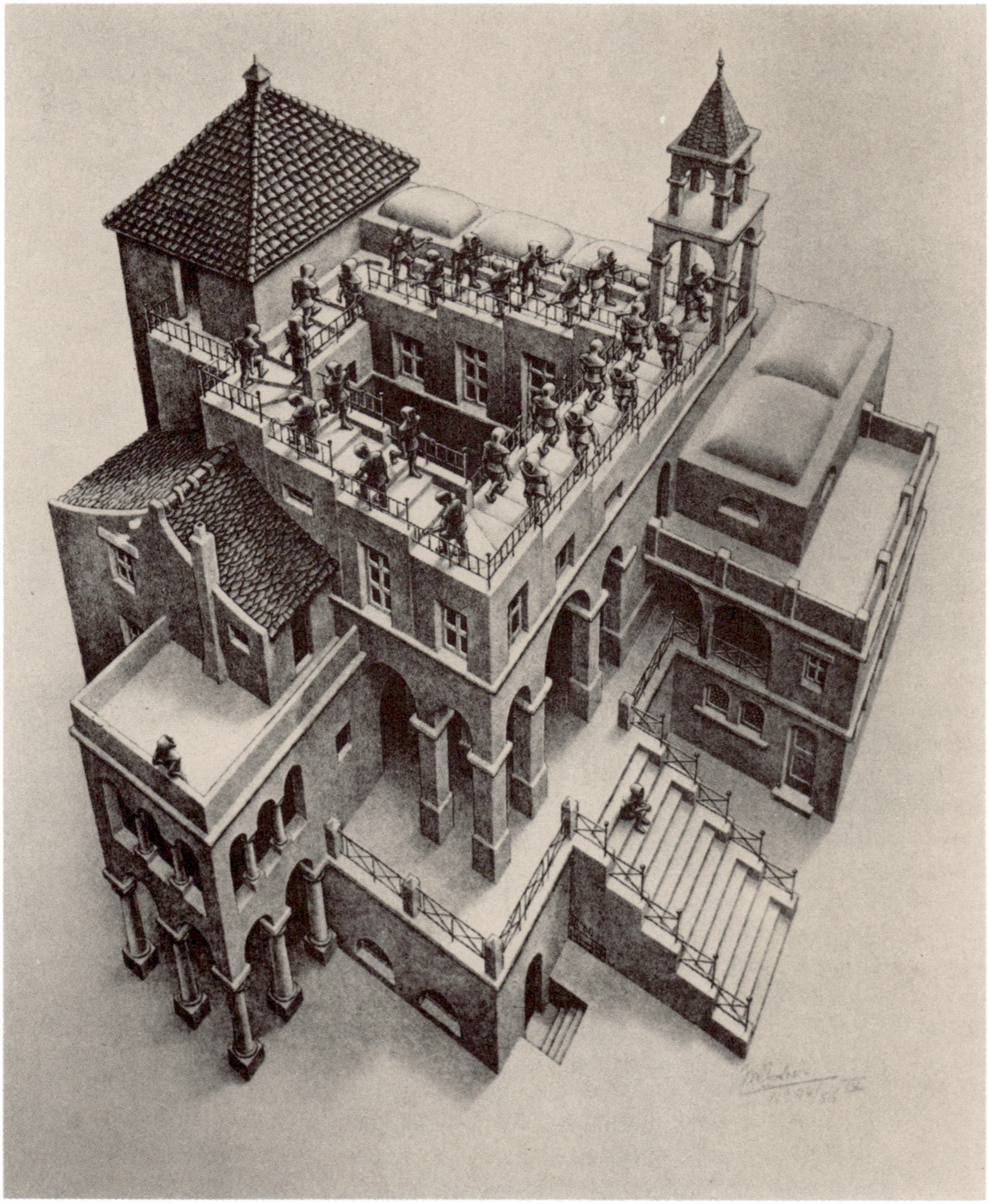

Gegenüber: Bridget Riley, *Cataract III,* 1967, London (Sammlg. British Council, mit freundlicher Genehmigung der Rowan Gallery). Dieses Werk der Op Art (Optical Art) spielt mit optischen Täuschungen. Solche Phänomene zeigen uns, daß unsere Wahrnehmung eines Gegenstands anders sein kann, als er sich in Wirklichkeit verhält. Vielleicht ist es gerade das, was uns daran so fasziniert.

Spiele mit geometrischen Figuren

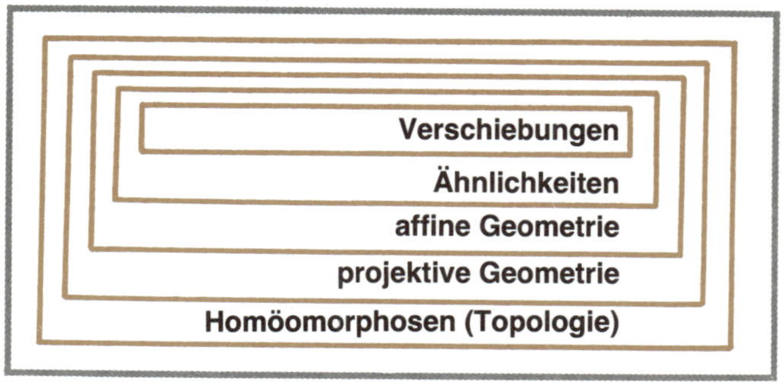

Gegenüber: Regelmäßige gleichartige geometrische Muster konvergieren im Zentrum der Kuppel der Moschee Scheich Loftollahs in Isfahan (Iran). Sie ist eins der typischsten Beispiele islamischer Kunst mit ihren immer wiederkehrenden geometrischen Mustern. Bei den arabischen Völkern hatte die frühe Entwicklung der abstrakten Wissenschaften, insbesondere der Mathematik und Geometrie, immer einen religiösen Hintergrund. Im Islam ist Allah alles, und alle Lebewesen stellen nur einen Teil von ihm dar und sind darum nicht würdig, in Bildern dargestellt zu werden. Aus diesem Grund finden sich in der islamischen Kunst nur sehr selten bildliche Darstellungen von Menschen oder Tieren; wenn überhaupt, so werden sie stark stilisiert oder insgesamt durch die ungeheure Fülle geometrischer Figuren und Muster ersetzt. Oben: Bis in die zweite Hälfte des 19. Jahrhunderts entsprach unsere Geometrie im wesentlichen der Euklids, sie war jene anschauliche Wissenschaft, die wir in der Schule lernen und die wir bei praktischen Problemen anwenden. Die euklidische Geometrie wurde, zum Beispiel von dem Philosophen Immanuel Kant, geradezu für die einzige und absolute Form des menschlichen Intellekts gehalten, mit der er die äußeren Dinge erfaßt. Dann aber entdeckten einige Mathematiker (Gauss, Lobachevskij, Bolyai), daß sich auch andere Geometrien mit nichteuklidischen Räumen konstruieren ließen, indem man einfach eine oder mehrere von Euklids Grundannahmen nicht akzeptierte. Im Jahr 1872 schlug der Mathematiker Felix Klein aus Erlangen ein Untersuchungsprogramm vor, um die darstellende Geometrie radikal in ein System von Transformationen umzuwandeln. Das setzt nicht nur voraus, daß es eine Vielzahl von Geometrien gibt, sondern auch, daß sie zusammen ein System bilden, in dem jede aus jeder anderen abgeleitet werden kann. Die euklidische Geometrie ist eine sogenannte *metrische* Geometrie und gehört zur Gruppe der *Verschiebungen;* sie läßt nur *isometrische* Transformationen zu (Verschiebung, Rotation, Spiegelung), bei der sich zwar Positionen verändern, aber nicht die Größen von Winkeln oder Linien. Wenn sich auch Größenverhältnisse ändern können, erhält man eine Geometrie der *Ähnlichkeit;* wenn man auch eine Veränderung der Winkel zuläßt, gelangt man zur *affinen* Geometrie; eine Aufhebung des Parallelenaxioms führt zur *projektiven* Geometrie. Wenn man schließlich eine Figur in jeder denkbaren Weise verformen kann, ohne aber verbundene Teile zu trennen oder Punkte zu überlagern, entstehen die *homöomorphen* Transformationen der *Topologie.* Jede dieser Geometrien ist schwächer als ihre Vorgänger, aber allgemeiner, weil nur die essentielleren Eigenschaften der Figuren übrigbleiben. Übrigens bestätigten die damaligen Fortschritte der exakten Wissenschaften (Einsteins Relativitätstheorie, die Quantentheorie usw.), daß die neuen Ideen der nichteuklidischen Geometrien in größerem Einklang mit den tatsächlichen Verhältnissen stehen als das Konzept des absoluten Raums der klassischen Geometrie und Physik.

Rechts: Der perspektivische Blick durch eine arabische Wandelhalle, ein klares Beispiel einer Projektion.

Abb. 11

Abb. 12

Abb. 13

auch wenn die Vernunft uns ständig daran erinnert, daß nur drei Kreissegmente abgebildet sind.

Auf die Verarbeitung der Sinnesdaten wirken viele Faktoren ein, insbesondere unsere Wahrnehmungsgewohnheiten. Dieser Mechanismus bewirkt, daß wir in Abbildung 12 zwei Buchstaben erkennen, aber nicht in Abbildung 13, obwohl die Strichelemente gleich sind.

Erinnern wir uns an einen seltsamen Effekt, den bestimmt jeder schon einmal im Kino wahrgenommen hat. In einem Western z. B. rattert eine Kutsche durch die Wüste. Die Pferde galoppieren vorwärts, doch es scheint so, als drehten sich die Räder der Kutsche rückwärts. Wenn die Kutsche schließlich langsamer wird, springt das Bild wieder um, und die Speichen drehen sich wieder in Fahrtrichtung. Offenbar haben uns unsere Sinne verwirrt, und wir sind einer optischen Täuschung erlegen. Die Erklärung ist recht einfach und hat mit den Prinzipien der Kinematographie zu tun. Der Film wird mit einer Geschwindigkeit von 20–24 Bildern pro Sekunde auf die Leinwand projiziert. Jedes Bild bleibt für den Bruchteil einer Sekunde auf unserer Netzhaut stehen. Im schnellen Nacheinander der Bilder entsteht der Eindruck von Bewegung.

Aber warum drehen sich ab einer bestimmten Geschwindigkeit die Speichen rückwärts? Wir wollen eine ungefähre Antwort versuchen, ohne auf die komplizierten Details von Optik und Wahrnehmungspsychologie einzugehen. Wenn die Kutsche beschleunigt, nimmt die Zeit, die eine Speiche braucht, um sich von der Ausgangslage bis zur Position der Nachbarspeiche zu bewegen, ständig ab, bis sie kürzer ist als die Projektionszeit eines einzelnen Filmbilds. Als Folge davon überlagern sich die Bilder auf der Netzhaut, und es entsteht der Eindruck einer Rückwärtsdrehung. Dies soll in Abbildung

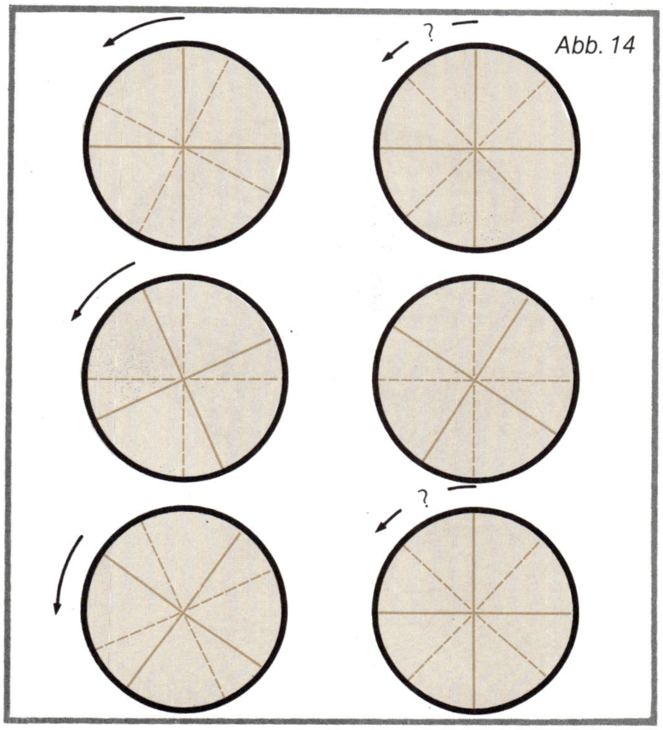

Abb. 14

Abb. 16

14 angedeutet werden. Das vierte Bild zeigt den Moment der Richtungsumkehr. Man sieht, wie sich der Abstand zwischen den beiden Speichen vergrößert.

Optische Täuschungen wie die gerade beschriebene spielen eine wichtige Rolle in verschiedenen Gebieten: der Kunst, der Psychologie, der Mathematik, sogar der Philosophie. Die Philosophen beispielsweise fragen sich, in welchem Ausmaß die Sinne uns Informationen übermitteln, die die Wirklichkeit

Abb. 15

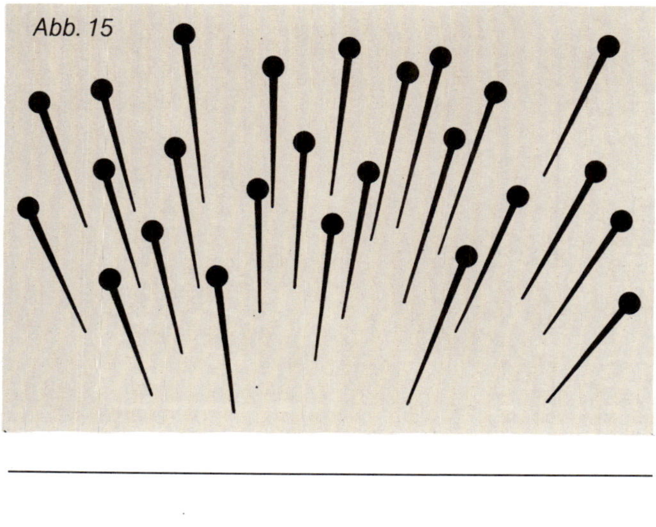

korrekt wiedergeben, und welche subjektiven Elemente hingegen die Wahrnehmung der Realität verformen. Eine besonders wichtige Rolle spielen optische Täuschungen in der Wahrnehmungspsychologie. Sie liefern ein hervorragendes Instrument, um zu untersuchen, wie das Gehirn die von den Sinnen übermittelten Informationen organisiert und interpretiert.

Sehen Sie sich die Stecknadeln in Abbildung 15 an. Schließen Sie ein Auge, halten Sie das Buch waagerecht, und betrachten Sie das Bild ganz nah vom unteren Rand des Buchs aus. Sieht es nicht so aus, als stünden die Nadeln aufrecht?

Optische Illusionen, bei denen man in einer Abbildung zwei verschiedene, aber gleich gültige Motive erkennen kann, sind besonders von der *Gestaltpsychologie* studiert und analysiert worden. Dieser in den ersten Jahrzehnten des 20. Jahrhunderts entstandene Zweig der modernen Psychologie ist vor allem mit den Namen der deutschen Forscher Max Wertheimer, Kurt Koffka, Wolfgang Köhler und Kurt Lewin verbunden. Abbildung 16 zeigt die 1965 vom kanadischen Parlament eingeführte Staatsflagge. In der Mitte sieht man ein Ahornblatt, aber wenn man sich auf den weißen Hintergrund konzentriert, erkennt man plötzlich zwei verärgerte Gesichter. Solche Bilder

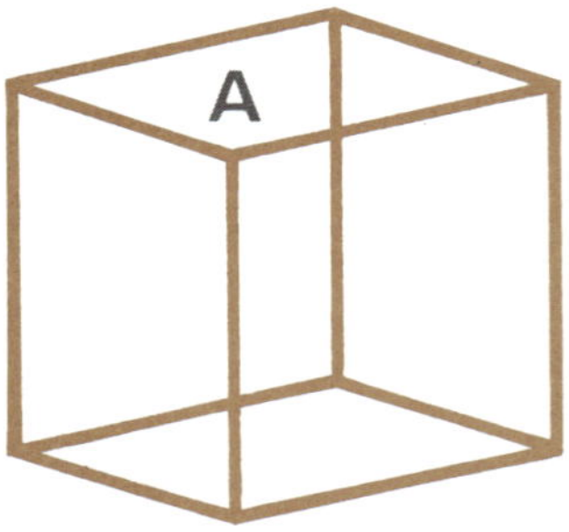

Abb. 17

Abb. 19

Abb. 18

nennt man »reversible Figuren«, weil ihre Interpretation im Gehirn plötzlich umkippen kann, ohne daß das Auge andere optische Informationen erhalten hätte.

Eine bekannte Figur dieser Art ist der transparente oder Necker-Würfel in Abbildung 17. Der Schweizer Geologe Luis Albert Necker entdeckte 1832 als erster die sogenannte »perspektivische Inversion«. Er bemerkte, daß Zeichnungen rhombenförmiger Kristalle zwei verschiedene Abbildungen enthielten, bei denen die Ordnung der Flächen in Vorder- und Hintergrund vertauscht war. Betrachten Sie aufmerksam die Ecke A des Würfels. Sie werden bemerken, wie die angrenzenden Flächen mal die Vorder-, mal die Rückseite des Würfels zu bilden scheinen.

Wie kann man das Phänomen erklären? Reversible Figuren enthalten einen Satz optischer Informationen, dem zwei unterschiedliche Interpretationen entsprechen, von denen das Gehirn mal die eine und mal die andere akzeptiert.

Eine andere klassische Illusion liefert der Kelch des dänischen Psychologen Edgar Rubin. Wenn man sich auf die Umrisse der Figur in Abbildung 18 konzentriert, sieht man zeitweise zwei Gesichter oder einen Kelch. Die Inversion Figur — Hintergrund bildet nur eine der Quellen optischer Täuschung, auch andere Elemente führen zur Zweideutigkeit. Wie steht es mit dem Wesen in Abbildung 19? Je nachdem, ob man zuerst die rechte oder die linke Hälfte des Bildes betrachtet, erkennt man ein Kaninchen oder eine Ente. Das Enten-

Abb. 20

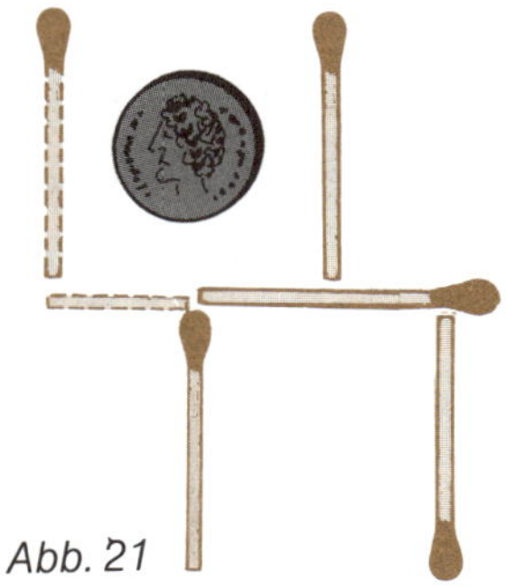

Abb. 21

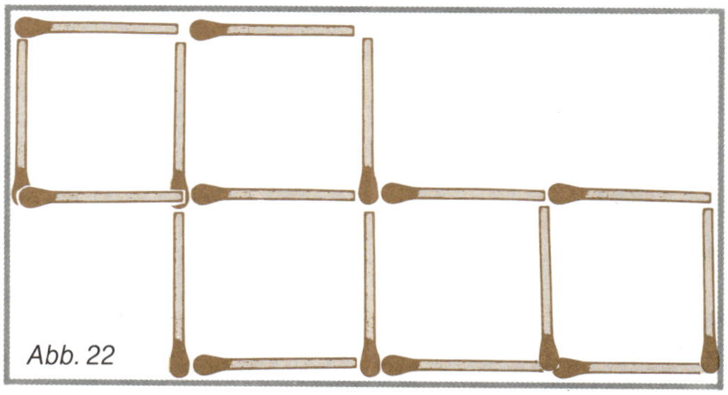

Abb. 22

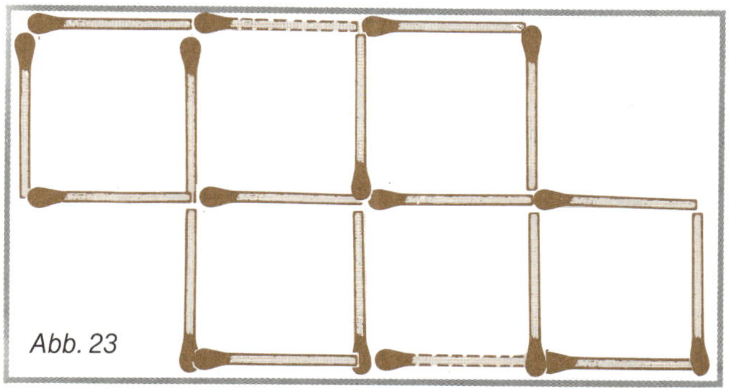

Abb. 23

Abb. 24

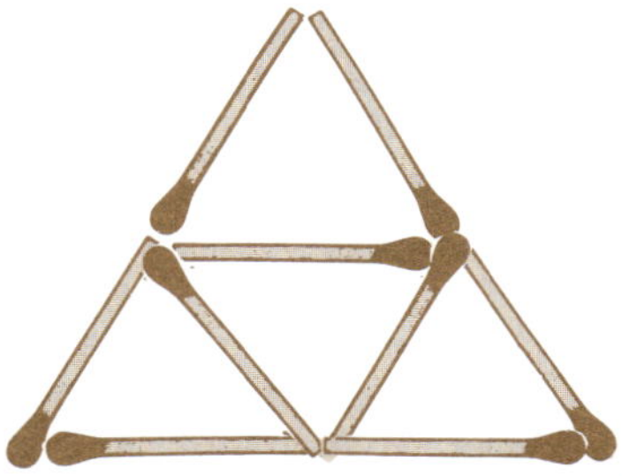

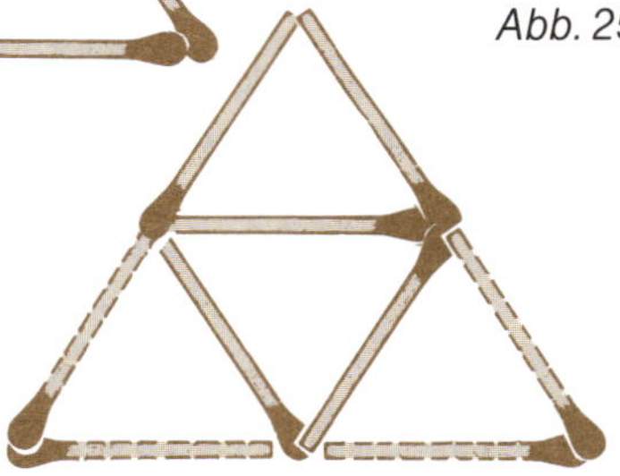

Abb. 25

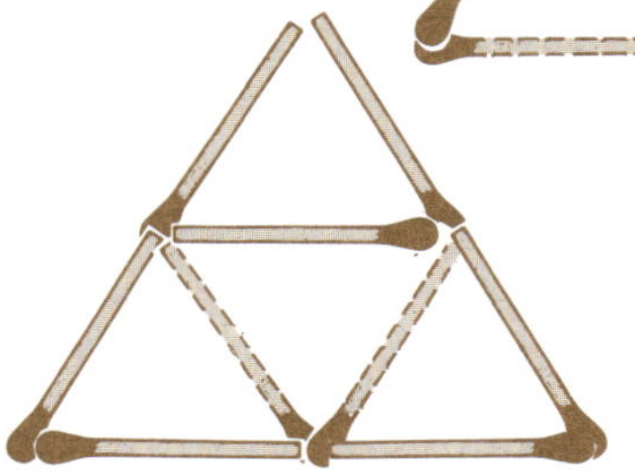

Abb. 26

kaninchen wurde im Jahr 1900 von dem Psychologen Joseph Jastrow erfunden, um die Zweideutigkeit von Bildern zu demonstrieren.

Spiele mit Streichhölzern

Für die einfachsten und doch unterhaltenden Figurenspiele braucht man nichts weiter als ein Döschen Streichhölzer. In Abbildung 20 liegt eine Münze in einem Kelch aus vier Streichhölzern. Wie kann man die Münze aus dem Kelch herausbefördern und gleichzeitig die Kelchform erhalten, wenn nur zwei Streichhölzer bewegt werden dürfen? Die Lösung sehen Sie in Abbildung 21; die gestrichelten Teile zeigen die Ausgangssituation.

In Abbildung 22 sieht man fünf Quadrate. Durch Wegnehmen von nur zwei Streichhölzern soll ihre Zahl auf vier reduziert werden. Es dürfen keine unvollständigen oder offenen Quadrate zurückbleiben. Eine der möglichen Lösungen zeigt Abbildung 23.

Nimmt man von der Figur in Abbildung 24 vier Streichhölzer weg, entstehen zwei gleichseitige Dreiecke (Abb. 25). Die Aufgabe besteht darin, nur zwei Streichhölzer wegzunehmen und trotzdem nur zwei Dreiecke übrigzulassen. Es dürfen keine unvollständigen Figuren übrigbleiben. Eine der Lösungen sehen Sie in Abbildung 26.

Abb. 27

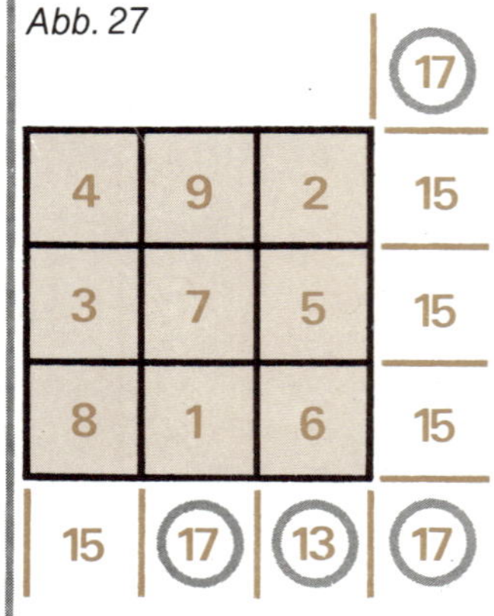

Abb. 28

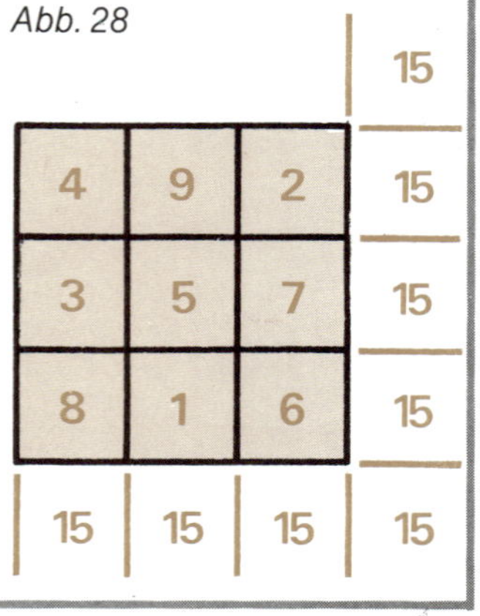

Abb. 29

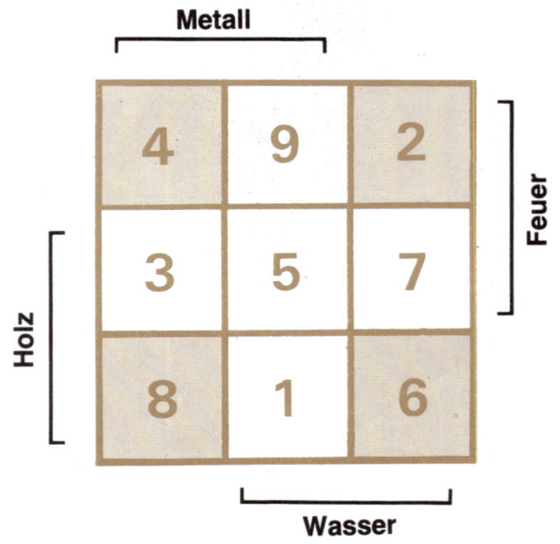

Lo Shu, eine alte chinesische Figur

In einem Quadrat aus neun Kästchen sollen die Zahlen von Eins bis Neun so verteilt werden, daß jede Reihe, Spalte und Diagonale dieselbe Summe ergibt. Das ist nicht ganz leicht, und man muß wohl eine Weile herumprobieren. Abbildung 27 zeigt einen gescheiterten Versuch, weil die Summe der zweiten und dritten Spalte sowie der Diagonalen nicht mit der Summe der übrigen Reihen übereinstimmt. Durch Austausch von 5 und 7 ergibt sich die Lösung von Abbildung 28. Eine solche Figur, bei der Reihen, Spalten und Diagonalen stets dieselbe Summe bilden, nennt man »magisches Quadrat«. Die Chinesen, die es *Lo Shu* nannten, haben zuerst seine faszinierenden Eigenschaften entdeckt. Eine Legende berichtet, diese Figur sei den Menschen zum erstenmal auf dem Panzer einer geheimnisvollen Schildkröte begegnet, die viele Jahrhunderte vor unserer Zeitrechnung aus dem Fluß Lo gekrochen kam. Historisch ist das Lo Shu nicht früher als im 4. Jahrhundert v. Chr. entdeckt worden. Die Chinesen gaben den mathematischen Eigenschaften des magischen Quadrats eine mystische Bedeutung und hielten es für ein Symbol, das die Urelemente der Dinge, des Menschen und des Universums vereinte. Gerade Zahlen repräsentierten das weibliche Prinzip *Yin,* ungerade das männliche *Yang.* In der Mitte der Reihen, Spalten und Diagonalen liegt die Fünf, die die Erde symbolisiert. Um sie herum verteilen sich die vier Urelemente: das Metall, dargestellt durch Vier und Neun, das Feuer, repräsentiert von Zwei und Sieben, das Wasser mit Eins und Sechs sowie das Holz mit Drei und Acht. Wie man in Abbildung 29 erkennen kann, sind in jedem Element die beiden gegensätzlichen Prinzipien Yin und Yang vertreten.

Magische Quadrate — Geschichte und mathematische Eigenschaften

Ein magisches Quadrat ist eine wiederholungsfreie Anordnung positiver ganzer Zahlen von 1 bis n^2, bei der jede Reihe, Spalte sowie die beiden Diagonalen dieselbe Summe bilden. Die Zahl n nennt man Ordnung, Basis, Modul oder Wurzel des Quadrats.

Seine mathematischen Eigenschaften haben seit der Antike die Phantasie der Mathematiker beflügelt; viele glaubten an seine magische oder kabbalistische Wirkung. Magische Quadrate waren schon in Indien bekannt, von wo sie, vermutlich durch die Araber, in den Westen gelangten. Zur Zeit der Renaissance, einer Periode intensivster Forschung, widmete sich der Mathematiker Cornelius Agrippa (1486–1535) der Konstruktion magischer Quadrate von einer höheren Ordnung

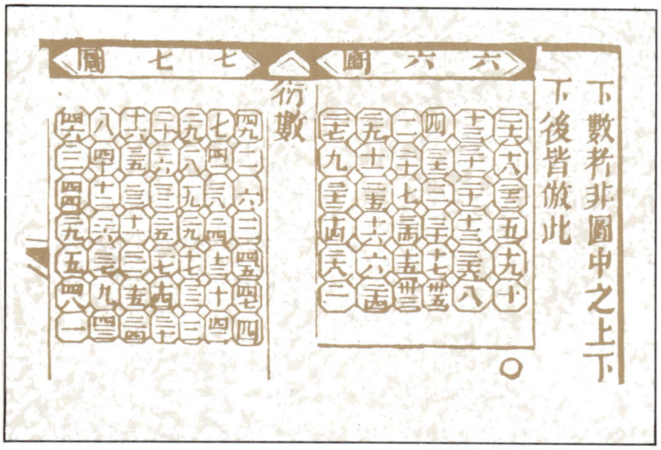

Oben: Ein chinesisches magisches Quadrat sechster Ordnung von etwa 1590. Chinesische Mathematiker waren die ersten, die die arithmetischen und geometrischen Eigenschaften dieser Quadrate untersuchten. Das »Lo Shu« (Abb. 29), ein magisches Quadrat dritter Ordnung, kannten sie bereits seit dem vierten Jahrhundert v. Chr., ihm wurde eine besondere religiöse Bedeutung gegeben.

Rechts: Dasselbe Quadrat mit arabischen Ziffern. Die Reihen, Spalten und Diagonalen ergeben sämtlich die Summe 111.

27	29	2	4	13	36	111
9	11	20	22	31	18	111
32	25	7	3	21	23	111
14	16	34	30	12	5	111
28	6	15	17	26	19	111
1	24	33	35	8	10	111
111	111	111	111	111	111	111

als Zwei. Ein Quadrat erster Ordnung (aus nur einem Feld) ist nicht erwähnenswert, und man kann beweisen, daß es Quadrate zweiter Ordnung nicht gibt. (Wer es nicht glaubt, soll selbst versuchen, eins zu konstruieren!) Aus der Unmöglichkeit eines Quadrats zweiter Ordnung schloß Agrippa auf die Unangemessenheit der griechischen Naturphilosophie, die von der Existenz von vier Urelementen des Universums (Feuer, Wasser, Luft und Erde) ausging. Andere Forscher dieser Zeit sahen im magischen Quadrat zweiter Ordnung geradezu ein Symbol der Erbsünde, also eines Elements, das die ursprüngliche Harmonie zerstörte.

Agrippa konstruierte Quadrate der Ordnungen Drei bis Neun und gab ihnen astronomische Bedeutung. Sie repräsentierten die damals bekannten sieben »Planeten« Saturn, Jupiter, Mars, Sonne, Venus, Merkur und Mond. In Holz oder andere Materialien geschnitzte magische Quadrate dienten als Amulette und sind in einigen Gegenden des Orients heute noch in Gebrauch. Im 16. und 17. Jahrhundert glaubte man, ein in ein Silberplättchen eingraviertes Quadrat könne vor der Pest schützen.

Ihre magische Aura verdanken diese geometrischen Figuren zum Teil ihren überraschenden kombinatorischen Möglichkeiten. Untersuchen wir einmal das älteste und einfachste Beispiel, das schon bekannte Lo Shu. Zunächst listen wir alle acht Möglichkeiten auf, die Summe 15 aus den natürlichen Zahlen von Eins bis Neun zu bilden (Abb. 30), wobei jede Zahl pro Kombination nur einmal verwendet werden darf. Allerdings weisen die Tripel untereinander gemeinsame Ziffern auf. Dies ist möglich, weil die acht Linien des magischen Quadrats (drei Reihen, drei Spalten, zwei Diagonalen) genau den acht Zahlentripeln entsprechen. Wie wird nun das magische Quadrat konstruiert? Wir beginnen mit dem Kästchen in der Mitte und stellen fest, daß dessen Zahl in vier Tripeln vorkommen muß (in einer Reihe, einer Spalte und zwei Diagonalen). Die einzige Zahl, die viermal vorkommt, ist die 5. Als nächstes kommen

$$9 + 5 + 1 = 15$$
$$9 + 4 + 2 = 15$$
$$8 + 6 + 1 = 15$$
$$8 + 5 + 2 = 15$$
$$8 + 4 + 3 = 15$$
$$7 + 6 + 2 = 15$$
$$7 + 5 + 3 = 15$$
$$6 + 5 + 4 = 15$$

Abb. 30

Links: Leonardo da Vinci, *Canone delle proporzioni del corpo umano;* Gallerie dell'Accademia, Venedig.
Unten: Ein Entwurf Leonardos für einen Wagen, der mittels zweier großer Federn angetrieben und über einen Rudergriff mit einem kleinen Rad am hinteren Ende gelenkt werden sollte.

Gegenüber: Albrecht Dürer, *Melancholie* (Stich von 1514). Während der allgemeinen Wiedergeburt von Wissenschaft und Kunst in der Renaissance zeigten auch die Künstler Leonardo da Vinci und Albrecht Dürer ein besonderes Interesse an Mathematik und Geometrie. Das Bild symbolisiert den Zustand der Melancholie, den man damals für geistig stimulierend hielt. Rechts erkennt man ein magisches Quadrat vierter Ordnung, in dessen unterster Zeile sich das Jahr der künstlerischen Herstellung verbirgt.

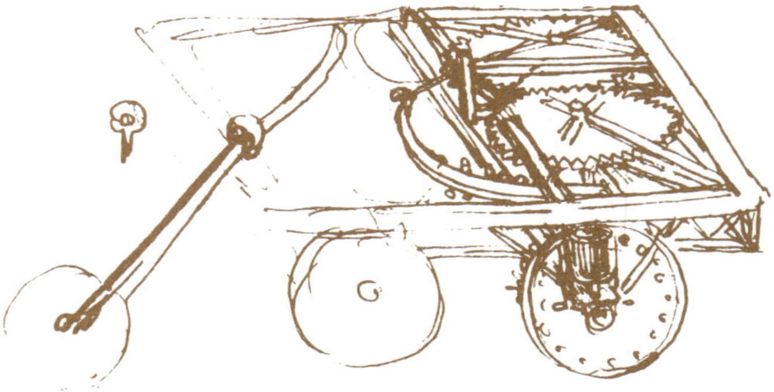

die Ecken an die Reihe; hier suchen wir Zahlen, die insgesamt dreimal (eine Reihe, eine Spalte, eine Diagonale) vorkommen. In unserem Fall sind dies die Zahlen 2, 4, 6 und 8.

Man hätte auch andersherum vorgehen und zählen können, wie oft jede Zahl in den Zahlentripeln der Abbildung 30 vorkommt, um daraus ihre Position im Quadrat abzuleiten. Die 9, zum Beispiel, erscheint nur zweimal, weshalb sie weder im Zentrum noch in einer Ecke, sondern in der Mitte einer Seite liegen muß.

Magische Quadrate höherer Ordnung

Die Renaissance bescherte dem Europa des 15. und 16. Jahrhunderts eine kulturelle und künstlerische Erneuerung, die alle Zweige des Wissens berührte. Auch Mathematik und Geometrie erfuhren einen glücklichen Aufschwung und wurden zum fruchtbaren Bezugspunkt für die bildenden Künste und die Architektur. Einer, der die vielfältigen Tendenzen in seiner Person zur Synthese brachte, war der Wissenschaftler, Schriftsteller, Gelehrte, Ingenieur, Mathematiker und Künstler Leonardo da Vinci (1452–1519). Für ihn waren Mathematik und Geometrie aufs innigste verknüpft mit den anderen künstlerischen und kulturellen Äußerungen des Menschen. In seiner — leider verlorengegangenen — Abhandlung über die Malerei *De pictura* mahnt er den Leser schon in der Einleitung: »Mich lese niemand, der kein Mathematiker ist.« Lange vor Leonardo hatte schon der antike Philosoph Platon (428–348 v. Chr.) diesen Zusammenhang erkannt und eine entsprechende Warnung sogar über dem Eingang seiner Philosophenschule anbringen lassen: »Niemand soll eintreten, der die Geometrie nicht beherrscht!«

Die enge Verbindung von Mathematik, Geometrie und Kunst prägt auch das Werk des aus Nürnberg stammenden Malers Albrecht Dürer, eines Zeitgenossen von Leonardo. In seinem berühmten Kupferstich *Melancholie* hat er an markanter Stelle ein magisches Quadrat verewigt, das übrigens viele für das erste Beispiel eines solchen Quadrats im Abendland halten. Es ist so konstruiert, daß jede Reihe, Spalte oder Diagonale die Summe 34 ergibt (Abb. 31). Selbst die vier Kästchen in der Mitte summieren sich zu 34. Darüber hinaus enthalten die beiden mittleren Kästchen der untersten Reihe die Jahreszahl der mutmaßlichen Entstehung des Werkes: 1514! Neben der engen Beziehung zwischen Mathematik und bildender Kunst hatte Dürer vielleicht noch ein anderes Motiv, dieses Quadrat in eine Darstellung mit dem Thema »Melancholie« einzufügen. Den magischen Quadraten vierter Ordnung wurde damals eine besondere therapeutische Wirkung

MELENCOLIA I
16 3 2 13
5 10 11 8
9 6 7 12
4 15 14 1

Abb. 31

16	3	2	13
5	10	11	8
9	6	7	12
4	15	14	1

Abb. 32

2 × 2 = 4	2×9 = 18	2×4 = 8	2 × 15 = 30
2 × 7 = 14	2×5 = 10	2×3 = 6	2 × 15 = 30
2 × 6 = 12	2×1 = 2	2×8 = 16	2 × 15 = 30
2×15 = 30	2×15 = 30	2 × 15 = 30	2 × 15 = 30

zugeschrieben, und Astrologen hielten sie für ein nützliches Amulett gegen die Melancholie.

Wenden wir uns weiteren Beispielen magischer Quadrate zu. Wenn man sämtliche neun Zahlen des Quadrats Lo Shu in Abbildung 29 mit derselben Zahl multipliziert, entsteht ein neues magisches Quadrat. Multipliziert man die Zahlen mit 2, ergibt sich die neue Summe $2 \cdot 15 = 30$ (Abb. 32). Die Abbildungen 33 und 34 zeigen das Ergebnis der Multiplikation mit 3 bzw. 4.

Wenn man bei einem Quadrat dritter Ordnung Rotation und Spiegelung ausschließt, gibt es stets nur eine einzige Lösung. Abb. 36 ist aus Abb. 35 nur durch Spiegelung an der Mittelachse entstanden, während Abb. 37 das Ergebnis einer einfachen Rotation darstellt. Bei Quadraten höherer Ordnung wächst auch die Zahl möglicher Anordnungen. Unter Ausschluß von Rotation und Spiegelung lassen sich die 16 Zahlen eines Quadrats vierter Ordnung bereits auf stattliche 880 Weisen anordnen, wie als erster der Mathematiker Bernard Frénicle de Bessy im Jahr 1693 entdeckte. Die Abbildungen 38, 39 und 40 zeigen einige Lösungen für ein Quadrat vierter Ordnung mit der Summe 34.

Abb. 33

12	27	6
9	15	21
24	3	18

Abb. 34

16	36	8
12	20	28
32	4	24

Abb. 35

2	9	4
7	5	3
6	1	8

Abb. 36

6	1	8
7	5	3
2	9	4

Abb. 37

2	7	6
9	5	1
4	3	8

Es konnte bisher noch nicht geklärt werden, nach welchen mathematischen Gesetzen sich die Zahlen der magischen Quadrate verteilen. Die Lösungen entstanden immer durch Versuch und Irrtum.

Bei Quadraten höherer Ordnung wächst die Zahl der Lösungen, doch man stößt an die Grenzen der menschlichen Rechenmöglichkeiten. Wie viele magische Quadrate fünfter Ord-

16	2	3	13
5	11	10	8
9	7	6	12
4	14	15	1

Abb. 38

7	12	1	14
2	13	8	11
16	3	10	5
9	6	15	4

Abb. 39

4	15	6	9
5	10	3	16
11	8	13	2
14	1	12	7

Abb. 40

7	12	1	14
2	13	8	11
16	3	10	5
9	6	15	4

Abb. 41

b	c	a	
c	a		b
a		b	c
	b	c	a

Abb. 42

	d	f	e
e		d	f
f	e		d
d	f	e	

Abb. 43

nung gibt es? Lange Zeit schätzte man ihre Zahl auf 13.000.000, doch erst 1973 konnte der Amerikaner Richard Schroeppel, ein Programmierer der Information International, mit dem exakten Ergebnis aufwarten (das er 1976 im *Scientific American,* Nr. 234, veröffentlichte): Ohne Rotation und Spiegelung gibt es für Quadrate fünfter Ordnung genau 275.305.224 Lösungen!

Diabolische Quadrate

Wegen ihrer zusätzlichen Eigenschaften noch bestrickender sind die diabolischen Quadrate. Betrachten wir Dürers Quadrat in der Version von Abbildung 39, die in Abbildung 41 wiederholt wird. Die Summe der zentralen Kästchen ergibt:

$$13 + 8 + 3 + 10 = 34$$

Dasselbe Ergebnis erhält man durch Addition der vier Ecken, der vier senkrechten sowie der vier waagerechten nichtdiagonalen Felder. Solche magischen Quadrate nennt man »pandiagonal«. Die Abbildungen 42 und 43 zeigen weitere Zahlenquadrupel dieser Art.

Auch Quadrate fünfter Ordnung, wie das in Abbildung 44 mit der Summe 65, können besondere Eigenschaften aufweisen. Dasselbe Ergebnis erhält man zum Beispiel, wenn man die vier Ecken und das Zentralfeld oder die vier inneren Diagonalfelder mit dem mittleren Feld addiert:

$$1 + 17 + 9 + 25 + 13 = 65$$
$$7 + 5 + 21 + 19 + 13 = 65$$

Abb. 44

1	15	24	8	17
23	7	16	5	14
20	4	13	22	6
12	21	10	19	3
9	18	2	11	25

Abb. 45

Abb. 46

Außerdem wird so ein Quadrat »assoziativ« genannt, weil jedes Paar einander zentral gegenüberliegender Zahlen die Summe $n^2 + 1$ bildet (wobei *n* die Ordnung des Quadrats bezeichnet). Hier ist $n = 5$ und $n^2 + 1 = 26$. Es bilden sich folgende Paare: 20 + 6, 24 + 2, 1 + 25 sowie 17 + 9, die sämtlich 26 ergeben. Auch das Lo Shu aus Abbildung 29 hat diese Eigenschaft und ist deshalb assoziativ. Dort ist $n = 3$ und $n^2 + 1 = 10$. Die entsprechenden Paare sind 7 + 3, 4 + 6, 8 + 2 sowie 9 + 1. Ein Quadrat vierter Ordnung kann entweder assoziativ oder pandiagonal sein, aber nicht beides. Das kleinste Quadrat mit beiden Eigenschaften gleichzeitig muß mindestens von fünfter Ordnung sein. Nach Schroeppels Berechnungen gibt es unter Ausschluß von Rotation und Spiegelung nur 16 Quadrate fünfter Ordnung, die gleichzeitig assoziativ und pandiagonal sind.

Im Mittelalter gaben die Mohammedaner magischen Quadraten der fünften Ordnung mit der Zahl 1 im Zentrum eine besondere mystische Bedeutung. Denn die 1 repräsentierte Allah, das einzigartige und höchste Wesen. Das Problem des Begriffs und der Darstellung Gottes erscheint in allen Religionen und Theologien. Die Zahl 1 scheint die Einheit des Seins symbolisch am reinsten auszudrücken. Es gibt nur einen Gott. Doch die mohammedanische Gottesauffassung hielt jegliche bildliche oder symbolische Darstellung Gottes für unangemessen, selbst durch ein so abstraktes und unstoffliches Zeichen wie die Zahl 1. Um die Unaussprechlichkeit des höchsten Wesens anzudeuten, zog man es darum oft vor, das für die 1 bestimmte Zentralfeld des magischen Quadrats leer zu lassen.

Magische Sterne

Analoge Eigenschaften zu den bisher beschriebenen lassen sich auch an anderen geometrischen Figuren beobachten. Für einen magischen Stern braucht man zwölf Plättchen mit den Zahlen von 1 bis 12 (Abb. 45) und eine aus zwei gleichseitigen Dreiecken bestehende Figur in Form eines Davidsterns (Abb. 46). Die Plättchen sollen so auf die Ecken und Schnitt-

Abb. 47

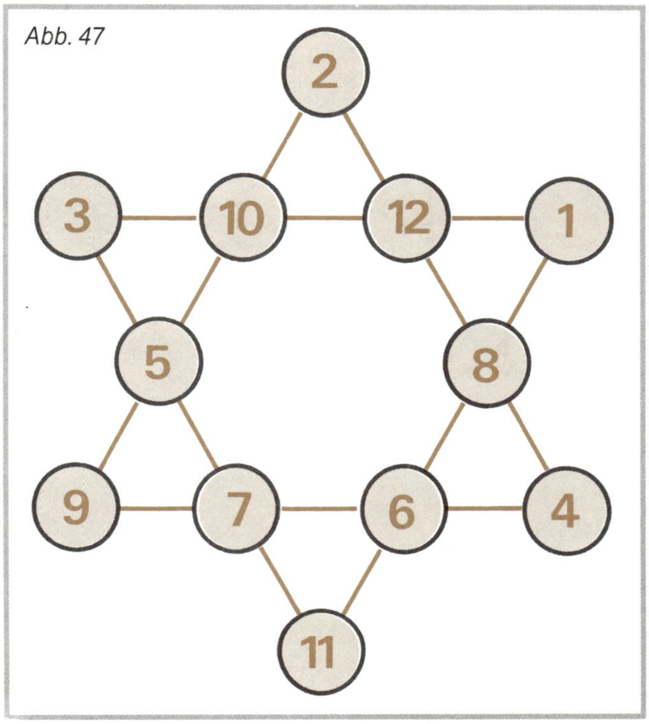

Unten: Eine historische Seltenheit, ein chinesischer magischer Kreis, ausgeführt von Seki Kowa im 17. Jahrhundert.

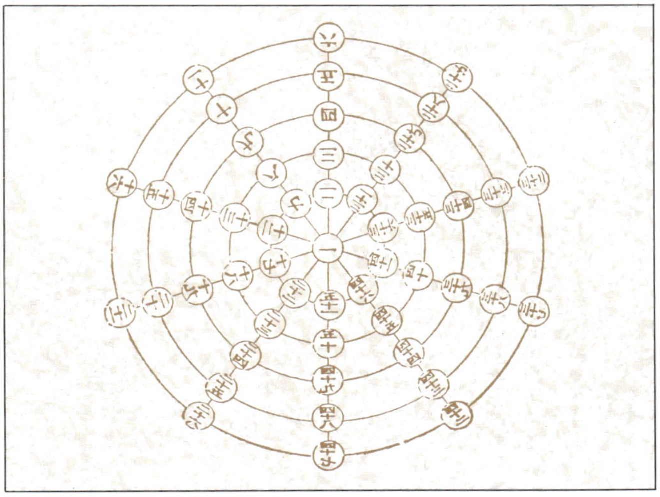

Abb. 48

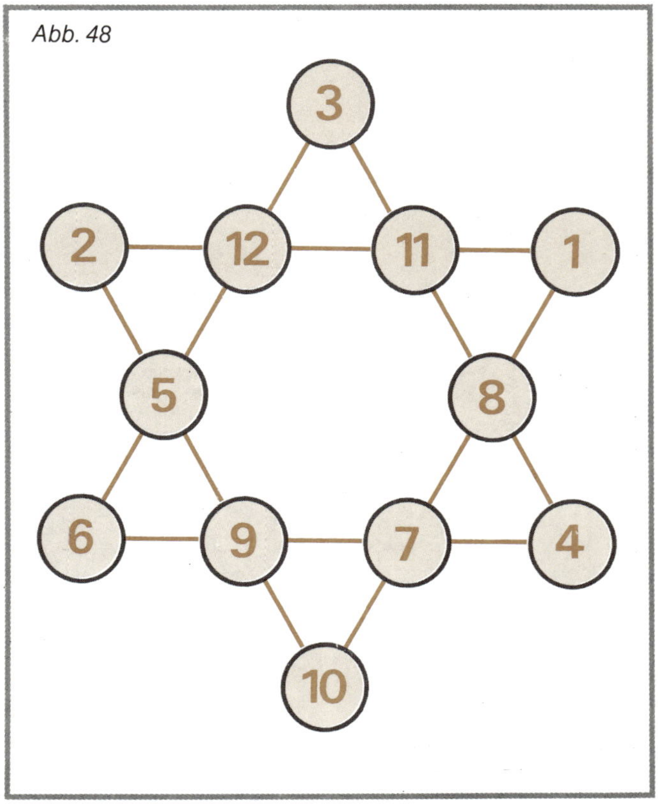

punkte verteilt werden, daß alle sechs Seiten der Dreiecke dieselbe Summe bilden. Man muß eine Weile herumprobieren. In Abbildung 47 bilden alle Zahlenquadrupel (z. B. 2 – 10 – 5 – 9 oder 1 – 8 – 6 – 11) die Summe 26. Wenn wir jedoch die sechs Spitzen addieren, erhalten wir 3 + 2 + 9 + 11 + 4 + 1 = 30. Wir wollen darum den Stern so weit verbessern, daß sich auch hier die Summe 26 ergibt. Unsere Strategie besteht darin, uns zunächst nur um die Spitzen zu kümmern und die inneren Zahlen beiseite zu lassen; sie bilden ein regelmäßiges Sechseck, das beiden Dreiecken gemeinsam ist. Jedes Dreieck soll mit seinen Spitzen die Summe von 13 bilden, so daß 2 · 13 = 26 entsteht. Das in Abbildung 47 auf dem Kopf stehende Dreieck ergibt eine Summe von 11 + 1 + 3 = 15. Darum tauschen wir 11 und 3 gegen 10 und 2 aus, und die Summe von 10 + 1 + 2 ergibt 13. Für das andere Dreieck (2 + 4 + 9 = 15) können wir nun 1 und 2 nicht mehr verwenden. 8 und 7 würden die Sache nur komplizieren, also versuchen wir es mit einem Austausch von 9 und 2 gegen 6 und 3, während die 4 unverändert bleibt. Geringfügige Verschiebungen an den Seiten führen schließlich zur Lösung von Abbildung 48.

Abb. 49

19	33	20	18	17
13	27	14	12	11
6	20	7	5	4
15	29	16	14	13
9	23	10	8	7

Abb. 52

			18	17
		14		
	20			
15				
			8	7

Abb. 50

19		20	18	17
13		14	12	11
	20			
15		16	14	13
9		10	8	7

Abb. 53

				17
		14		
	20			
15				
			[redacted]	

Abb. 51

19			18	17
		14		
	20			
15			14	13
9			8	7

	2	16	3	1	0
17	19	33	20	18	17
11	13	27	14	12	11
4	6	20	7	5	4
13	15	29	16	14	13
7	9	23	10	8	7

Abb. 54

Eine geometrische Darstellung der beiden Prinzipien *Yin* und *Yang*, die in der alten chinesischen Philosophie dem *männlichen und weiblichen* Prinzip entsprechen (vergl. S. 42). In alten Zeiten wurden solche obersten Prinzipien oft mit abstrakten geometrischen Figuren dargestellt.

Noch ein magisches Quadrat

Bitte sehen Sie sich das Quadrat in Abbildung 49 an. Auf den ersten Blick scheinen die Zahlen ziemlich regellos verteilt zu sein. Dahinter verbirgt sich aber ein trickreiches Spiel, zu dem wir einem Spielpartner folgende Anweisungen geben:

1) Suche dir irgendeine Zahl aus dem Quadrat aus und decke alle anderen Zahlen in derselben Reihe und derselben Spalte zu. (Dazu brauchen wir Münzen oder Spielchips.) Angenommen, er wählt 20 in Reihe Drei, dann eliminiert er 33, 27, 29, 23, 6, 7, 5 und 4, und es bleibt das Quadrat in Abbildung 50 übrig.
2) Wiederhole dasselbe Manöver mit einer anderen Zahl. (Unser Freund wählt die 14 und eliminiert 13, 12, 11 sowie 20, 16 und 10. Es bleibt das Quadrat von Abbildung 51 übrig.)
3) Dasselbe mit einer dritten Zahl. (Er entscheidet sich für die 15 und streicht 14, 13, 19 und 9. Es bleibt Abbildung 52.)
4) Dasselbe mit einer vierten Zahl. (Die Wahl fällt auf die 17, gestrichen werden 18 und 7. Es bleibt Abbildung 53 übrig.)

Außer den bereits ausgesuchten Zahlen bleibt hier nur die 8 übrig. Wir bilden nun die Summe und erhalten:

$$20 + 14 + 15 + 17 + 8 = 74$$

Das Überraschende daran ist, daß dieses Ergebnis bei jeder beliebigen Zahlenkombination herauskommt. Das Ergebnis ist immer 74, wie der Leser leicht feststellen kann.

Wo liegt denn jetzt der Trick verborgen? Jede Zahl des Quadrats stellt die Summe von zwei aus einer Gruppe von zehn Zahlen dar, die alle zusammen 74 ergeben (Abb. 54).

$$2 + 16 + 3 + 1 + 0 + 17 + 11 + 4 + 13 + 7 = 74$$

Die 19 z. B. ist die Summe von 17 + 2, die 23 das Ergebnis von 7 + 16. Der Trick besteht darin, daß zum Schluß aus jeder Reihe und jeder Spalte nur eine Zahl übrigbleibt, die wiederum zwei der Faktoren enthält, die sich immer zu 74 addieren. Die Struktur des Spiels ist also recht simpel. Weder die Anordnung der Zahlen noch die Endsumme spielen eine Rolle, und es können sogar negative Zahlen und Brüche verwendet werden.

Eine seltsame Figur

Manche geometrischen Spiele lassen sich nur mit einem konkreten Experiment überprüfen. Hier ist eins:

Man nehme ein Quadrat von 16 cm Seitenlänge und unterteile es, wie in Abbildung 55 gezeigt, in vier Teile. Diese lassen sich zu der neuen Figur von Abbildung 56 zusammenfügen. Alles scheint perfekt, bis auf die Tatsache, daß die neue Figur $10 \cdot 26 = 260\ \text{cm}^2$ hat, während die alte nur $16 \cdot 16 = 256\ \text{cm}^2$ aufwies. Offenbar sind auf magische Weise $4\ \text{cm}^2$ neu entstanden. Hier müssen wir tatsächlich die Figur aus möglichst großkariertem Papier rekonstruieren, um dem Trick auf die Spur zu kommen.

Wir nehmen ein Quadrat aus $8 \cdot 8 = 64$ Kästchen und zerschneiden es in der vorgeschriebenen Weise (Abb. 57 u. 58). Das neue Rechteck hat die Größe von $5 \cdot 13 = 65$ Kästchen, also wieder eins zuviel. Doch wir erkennen in Abb. 59, daß die scheinbare Diagonale in Wirklichkeit die Form eines langgezogenen Parallelogramms hat, das dem zusätzlichen Quadratzentimeter entspricht. Die ganze Illusion entstand also aus einer grafischen Täuschung durch die Abbildung 56.

Abb. 55

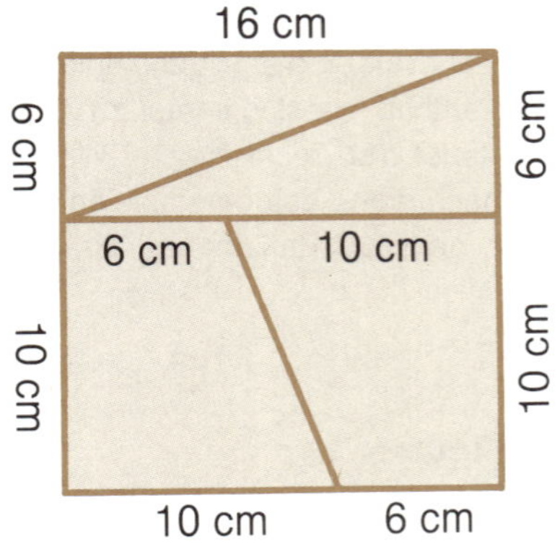

Abb. 56

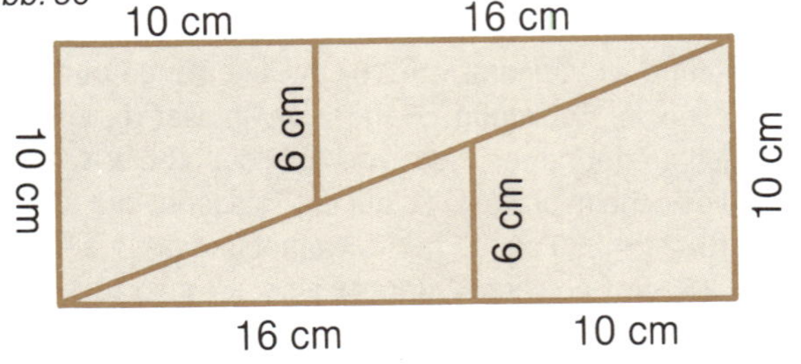

Abb. 57

Abb. 58

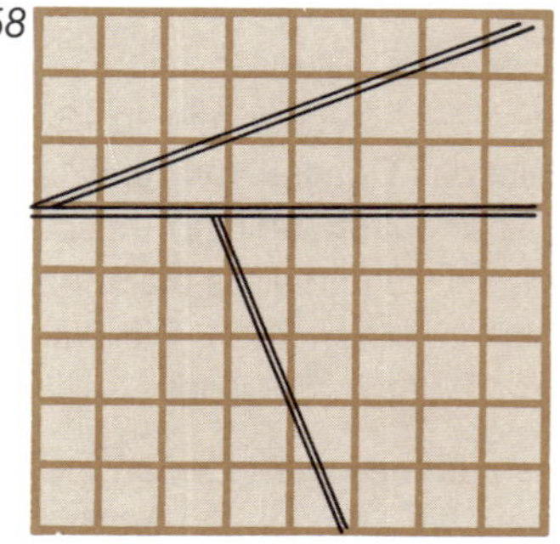

Die Brücken von Königsberg

In früherer Zeit war Königsberg eine reiche Stadt in Ostpreußen; heute heißt sie Kaliningrad und gehört zur Sowjetunion. Sie liegt am Ufer und auf den Inseln des Flusses Pregel, der im 18. Jahrhundert von sieben Brücken überspannt wurde, wie Abbildung 60 erkennen läßt. Die Stadt kennt man vor allem als Geburtsort des berühmten Philosophen Immanuel Kant (1724–1804), dessen Lehren größten Einfluß auf die kulturelle Entwicklung Europas nahmen. Mathematiker erinnern sich jedoch an Königsberg, weil seine topografische Aufteilung Ausgangspunkt eines Spiels war, das zu Kants Zeiten selbst die berühmtesten Mathematiker in die Irre führte. Dies ist das Problem: Jeden Sonntag spazieren die Königsberger durch ihre Stadt. Läßt sich ein Spaziergang so anlegen, daß man bei der Heimkehr jede Brücke einmal, und zwar nur einmal, überquert hat? Der aus Basel stammende Mathematiker Leonhard Euler (1707–1783) untersuchte das Problem sorgfältig und antwortete schließlich: Unmöglich. Man kann sieben Brücken nicht so überqueren, daß man jede nur einmal berührt und dann zu seinem Ausgangspunkt zurückkehrt. Seine für dieses eher scherzhafte Problem aufgewandte Mühe war aber nicht umsonst, denn sie führte zu einem neuen Zweig der mathematischen und geometrischen Forschung, der Graphentheorie, in die das folgende Kapitel eine kurze Einführung geben wird.

Euler konnte eine allgemeine Regel zur Beantwortung derartiger Fragen aufstellen. Man zählt, wie viele Brücken auf den diversen Flußufern und Inseln enden. Wenn mehr als zwei dieser Summen ungerade sind, gibt es keine Lösung. Sind zwei oder weniger dieser Summen ungerade, läßt sich ein Weg finden, der jede Brücke nur einmal überquert. Für unser Beispiel (Abb. 60) heißt das folgendes: Auf Ufer A gibt es 3 Brückenköpfe, auf B ebenfalls 3, auf C sind es 5 und auf D wieder 3. Mehr als zwei dieser Summen sind ungerade, daher gibt es keine Lösung.

Eulers Arbeit über die Graphen erschien 1736 und hat seitdem nicht nur in der Mathematik, sondern auch auf anderen Gebieten Früchte getragen. Schon im 19. Jahrhundert wandte man die Graphentheorie auf Probleme elektrischer Kreisläufe oder von Molekulardiagrammen an. Heute stellt sie nicht nur eine Analysemethode der reinen Mathematik dar,

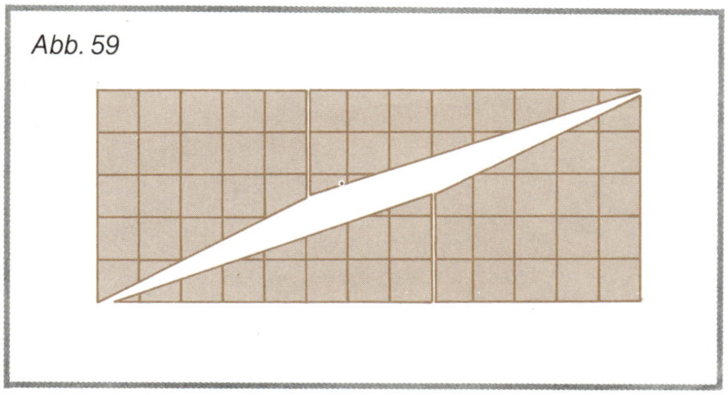

Abb. 59

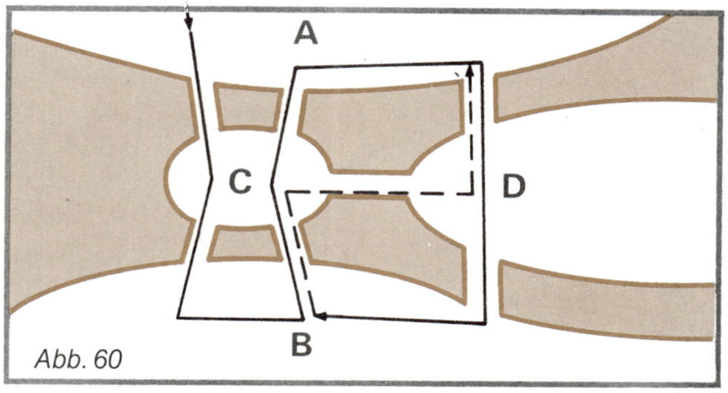

Abb. 60

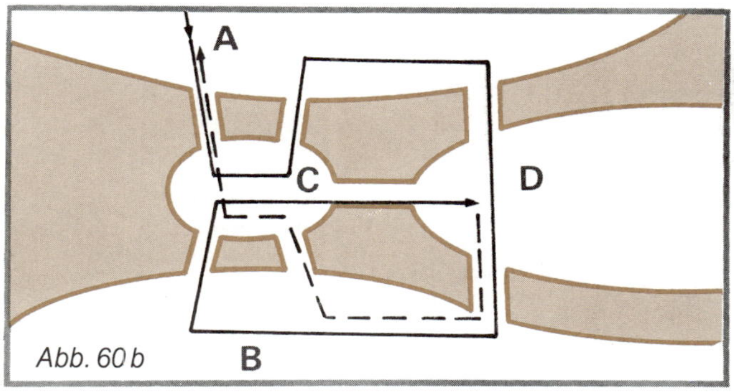

Abb. 60 b

Unten: Der Stich aus dem 17. Jahrhundert zeigt Königsberg, das heutige Kaliningrad, mit dem Flüßchen Pregel und seinen sieben Brücken. Aus dieser Anordnung entstand eine Frage, die den Ursprung der Topologie bildete: Kann man einen Weg finden, der alle Brücken genau einmal überquert? Im Jahr 1735 zeigte der Schweizer Mathematiker Euler mit seiner Graphentheorie, daß das nicht möglich ist.

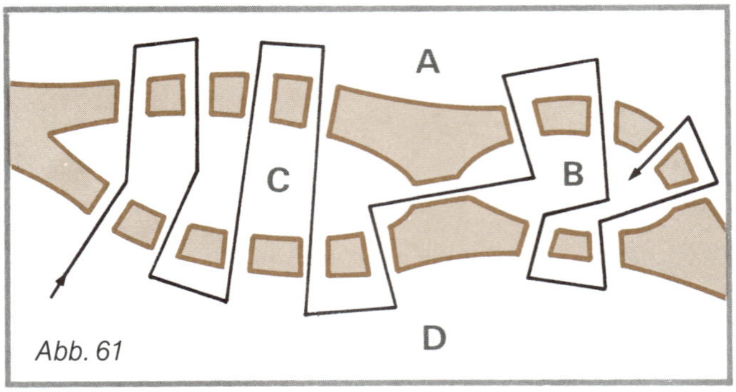

Abb. 61

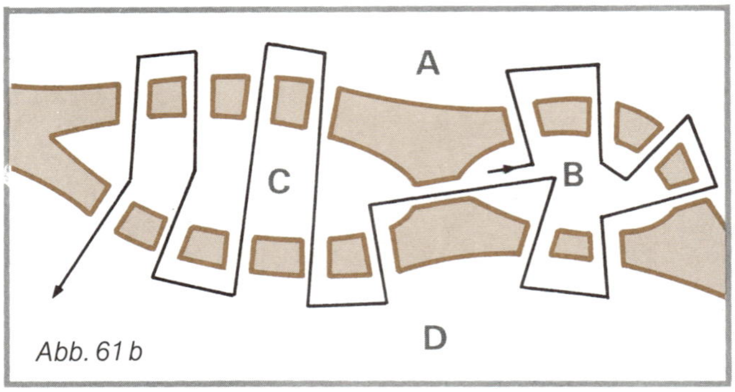

Abb. 61 b

sondern wird bei zahlreichen praktischen Problemen eingesetzt, zum Beispiel auf den Gebieten des Transports und der Programmierung.

Leonhard Euler war einer der originellsten und produktivsten Mathematiker der Wissenschaftsgeschichte. Der Sohn eines calvinistischen Pastors war kaum zwanzig Jahre alt, als er in die St. Petersburger (heute Leningrader) Akademie der Wissenschaften berufen wurde. Er besaß ein umfassendes Wissen, und obgleich er Physik, Astronomie und Medizin studiert hatte, interessierte er sich besonders für mathematische Probleme. Seine Produktivität war enorm. Man erzählt, daß er pausenlos an seinen Artikeln schrieb, ob er nun auf das Essen wartete oder einen seiner zahlreichen Nachkommen auf dem Arm wiegte. Sein Schreibtisch war ständig mit Stapeln von Arbeiten beladen, die auf ihre Veröffentlichung warteten. 1746 ging er nach Berlin, um dort an der Akademie zu unterrichten. Doch das kulturelle Klima war der Wertschätzung seiner Arbeiten nicht förderlich, und so kehrte er nach Rußland an den Hof Katharinas der Großen zurück. Obwohl er erblindete, setzte er seine intensiven Studien bis kurz vor seinem Tod im Jahr 1783 fort. Einige Jahre zuvor hatten Schweizer Mathematiker bereits damit begonnen, ihm zu Ehren seine Schriften zu sammeln und zu veröffentlichen. Bisher sind ungefähr fünfzig Bände erschienen, doch wird die Gesamtausgabe zum Schluß vermutlich etwa zweihundert Bände umfassen.

Die Brücken von Paris liefern eine dem Königsberger Problem vergleichbare Aufgabe. In Abbildung 61 sehen Sie einen

Abb. 62

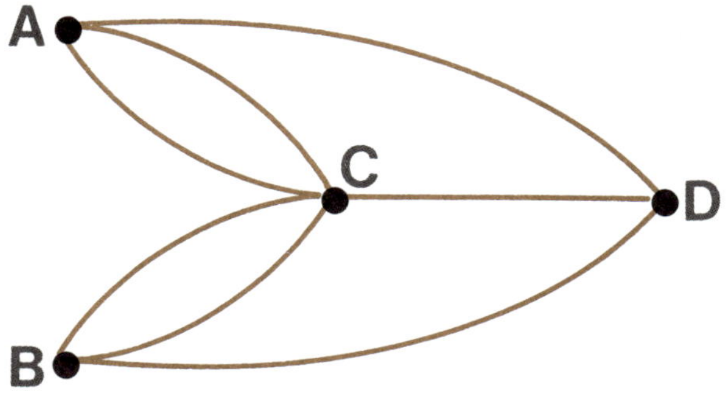

Abb. 63

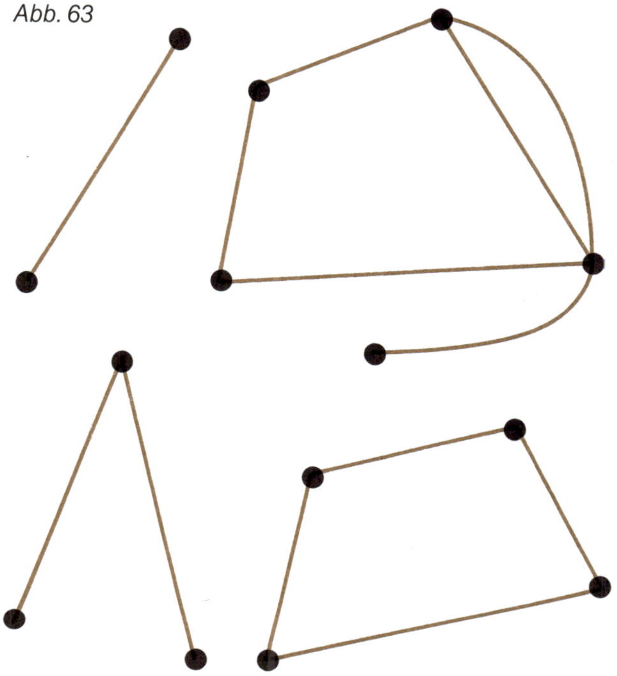

Gegenüber: Der Stich aus dem 17. Jahrhundert zeigt Paris mit der Seine und der Ile de la Cité. Auch hier kann man das Brückenproblem stellen, doch ist es, anders als bei den Brücken von Königsberg, mit der Graphentheorie lösbar.

Plan der Seine mit der Ile de la Cité. Ufer A hat 8 Brückenköpfe, B hat 7, C hat 10 und D 7. Nur zwei Summen sind ungerade, also gibt es eine Lösung, allerdings, wie wir sehen werden, nur unter bestimmten Bedingungen. Jede Lösung muß nämlich in einem Gebiet mit einer ungeraden Zahl von Brücken beginnen. Eine der möglichen Wegstrecken zeigt Abbildung 61b.

Grundlagen der Graphentheorie

Als Euler am Problem der Königsberger Brücken herumbastelte, mußte er nicht dorthin reisen, um es zu lösen. Statt dessen verhielt er sich wie ein moderner Wissenschaftler und übertrug das Problem in die einfachere und abstraktere Form eines Schemas (Abb. 62). Die Ufer und Inseln werden von Punkten dargestellt, während die Brücken die Verbindungslinien sind. Nun läßt sich die Aufgabe so formulieren: Ist es möglich, mit einem der Punkte A, B, C oder D beginnend, die Figur zu zeichnen und zum Ausgangspunkt zurückzukehren, ohne eine Linie doppelt zu zeichnen oder den Stift vom Papier zu heben? Es ist nicht möglich. Um das Problem formal zu lösen, wollen wir zunächst einige hilfreiche Begriffe klären. Was ist überhaupt ein Graph? Wenn zwei oder mehr auf einer Ebene liegende Punkte gegeben sind, die mit Linien oder Kurven verbunden werden, nennt man diese Figur einen *Graph.* Die gegebenen Punkte heißen *Knoten,* die Verbindungslinien, die von beliebiger Form sein können, nennt man *Kanten.* Die Zahl der Knoten bestimmt die *Ordnung* des Graphen. Abbildung 63 liefert einige Beispiele.

Abb. 64

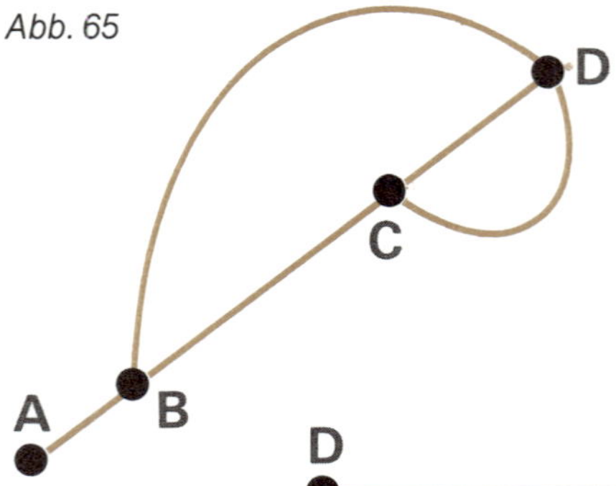

Abb. 65

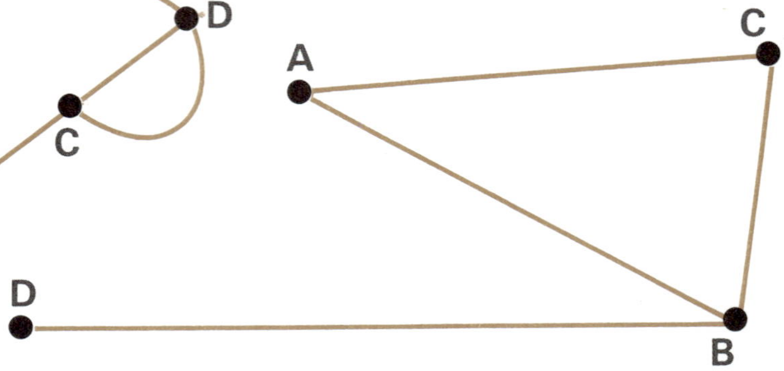

Abb. 66

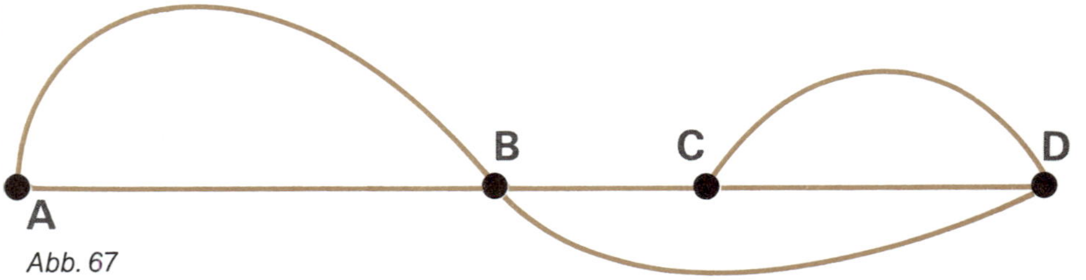

Abb. 67

Der Begriff »Graph« wird hier in dieser besonderen Bedeutung verwendet, und nicht in jener allgemeineren der grafischen Darstellung z. B. einer Funktion. In einem Graph können Anfangs- und Endpunkt einer Kante zusammenfallen. Solche Kanten, die einen Knoten mit sich selbst verbinden, nennt man *Schleifen* (Abb. 64).

Eine wichtige Eigenschaft eines Graphen ist seine Ordnung, das heißt die Anzahl seiner Knoten und Verbindungen. Graphen unterscheiden sich voneinander also nicht durch ihre Form. Die Graphen in Abbildung 65–67 zum Beispiel sind *äquivalent* oder *isomorph* (griech.: dieselbe Form), denn sie haben dieselbe Zahl von Knoten.

Ein anderes grundlegendes Konzept ist das der Ordnung eines Knotens, die durch die Anzahl von Verbindungen definiert wird, die in dem betreffenden Knoten enden. Die Punkte C und D in Abbildung 67 haben die Ordnung 3, A in Abbildung 66 ist von zweiter Ordnung. Ein Graph kann also lauter Knoten gerader Ordnung oder lauter Knoten ungerader Ordnung besitzen oder eine Mischung von beidem. Allerdings muß im letzten Fall die Anzahl von Knoten ungerader Ordnung immer gerade sein. Versuchen Sie doch mal, einen Graph mit einer ungeraden Anzahl von Knoten ungerader Ordnung zu konstruieren!

Einen letzten Begriff müssen wir erklären. Ein Graph ist *transversabel,* wenn man (wie in Eulers Beispiel) jede Kante nur einmal verfolgt, wobei Knoten mehrmals überquert werden dürfen. Euler entdeckte folgende Regeln:

1) Wenn ein Graph nur Knoten geradzahliger Ordnung besitzt, ist er von jedem Knoten aus transversabel. Man beginnt mit einem beliebigen Punkt, durchläuft jede Verbindung nur einmal und kehrt zum Ausgangspunkt zurück.
2) Wenn ein Graph nur zwei Knoten ungeradzahliger Ordnung besitzt, ist er transversabel, doch kann man nicht zum Ausgangspunkt zurückkehren. (Dies war der Fall bei den Seinebrücken von Abbildung 61.)
3) Bei mehr als zwei Knoten ungeradzahliger Ordnung ist der Graph nicht transversabel.

Bezogen auf das Problem der Brücken von Königsberg heißt das: Hier gibt es vier Knoten ungeradzahliger Ordnung, darum ist die Aufgabe unlösbar.

Abb. 68

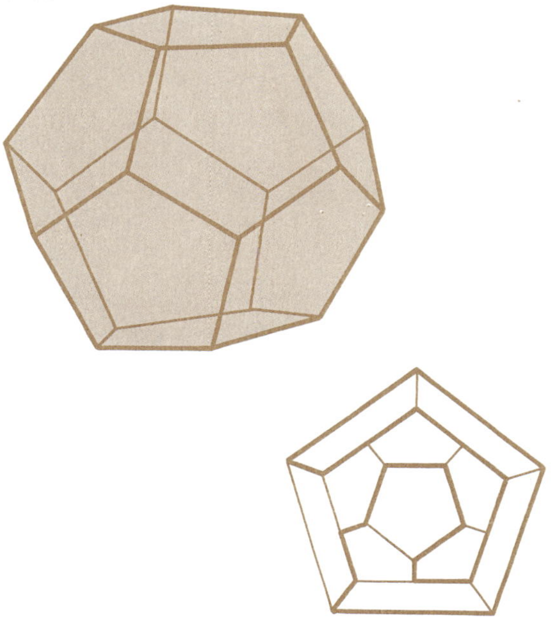

Abb. 69

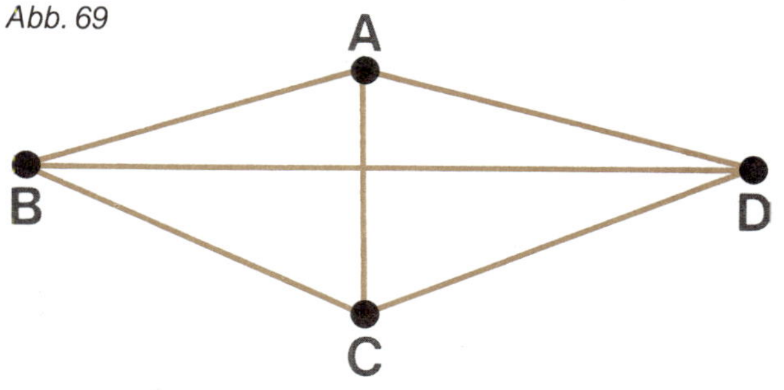

Eine geschlossene Bahn, die jeden Knoten eines Graphen einmal und nur einmal durchläuft, nennt man *Hamilton-Schleife*. Der irische Physiker und Mathematiker William Rowan Hamilton (1805–1865) bewies als erster die Existenz solcher Schleifen. Zum Beispiel erlaubt der aus den Knoten und Kanten des regelmäßigen Dodekaeders gebildete Graph eine solche Schleife (Abb. 68). Ein klassisches Beispiel ist das folgende: Angenommen, die Punkte A, B, C und D in Abbildung 69 stehen für vier Städte. Wie viele Wege gibt es, die alle vier Städte verbinden, aber jeden Knoten nur einmal durchlaufen? Von Punkt A aus gibt es folgende Hamilton-Schleifen: ABCDA, ABDCA, ACBDA, ACDBA, ADBCA und ADCBA. Beachten Sie, daß die Schleifen 1 und 6, 2 und 4 sowie 3 und 5 Paare bilden, die sich nur durch die Richtung unterscheiden.

Bauer, Ziege, Wolf und Kohl

Dieser sehr bekannte Kopfzerbrecher ist schon über zwölf Jahrhunderte alt. Ein Bauer, der einen Wolf, eine Ziege und einen dicken Kohlkopf mit sich führt, möchte über einen Fluß. Der Kahn ist so klein, daß er entweder nur den Kohlkopf oder eins der Tiere mitnehmen kann. Aber er darf weder den Wolf mit der Ziege noch die Ziege mit dem Kohl allein lassen. Wie schafft er alle hinüber, ohne daß die Ziege vom Wolf oder der Kohl von der Ziege gefressen wird?

Graphen sind unentbehrliche Hilfsmittel bei der Lösung solcher Aufgaben, bei denen etwas unter bestimmten Bedingungen von einem Ort zum andern gebracht werden soll. Die einzelnen Knoten oder Stationen werden mit folgenden Buchstaben bezeichnet: *b* für den Bauern, *w* für den Wolf, *z* für die Ziege und *k* für den Kohlkopf. Im ersten Zug könnte der Bauer die Ziege mit hinübernehmen, denn der Wolf frißt keinen Kohl. Von der ursprünglichen Gruppe *bzwk* bleibt also *wk* zurück. Nun kehrt *b* zurück, und die Gruppe wird zu *bwk*. Bei der nächsten Überfahrt nimmt *b* entweder den Wolf oder den Kohl mit. Aber er muß auf jeden Fall die Ziege wieder mit zurückbringen, weil er nicht will, daß sie entweder vom Wolf gefressen wird oder ihrerseits den Kohl frißt, je nachdem, was der Bauer zuvor ans andere Ufer geschafft hatte. Also entsteht entweder die Gruppe *bkz* oder *bwz*. Die Ziege steigt aus, und der Bauer schafft, je nach vorherigem Transport, den zurückgelassenen Kohl oder den Wolf hinüber. Zurück bleibt *z*. Der Bauer fährt ein letztes Mal zurück *(bz)* und holt die Ziege ab, die er weder mit dem Wolf noch mit dem Kohlkopf jemals allein gelassen hatte.

Der Graph in Abbildung 70 beschreibt die Spielzüge auf synthetische Weise. Dieses einfache Beispiel zeigt, daß man sich einen Graph als Spiel vorstellen kann. Die Knoten repräsentieren die einzelnen Positionen, und die Verbindungslinien stellen die erlaubten Züge dar.

Zum Vergleich wollen wir dasselbe Problem mittels kleiner Diagramme darstellen (Abb. 71). Die ganze Sache sieht jetzt viel komplizierter aus, so daß wir uns bei der folgenden Aufgabe nur auf die Methode der Graphen verlassen wollen.

Abb. 70

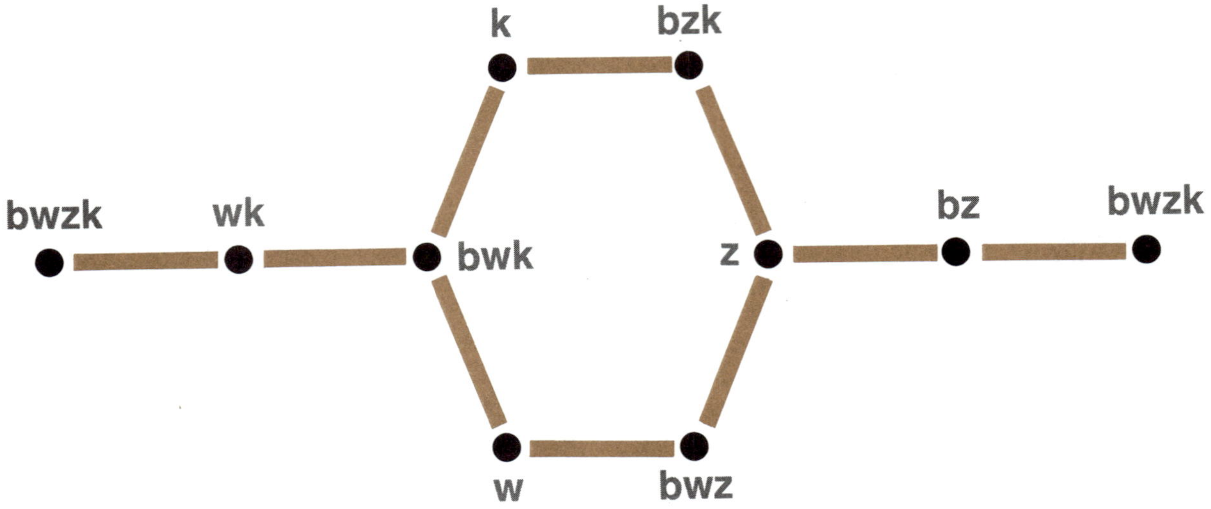

Die eifersüchtigen Ehemänner

Dieses Spiel ist etwa so alt wie das vorige, doch ein bißchen komplizierter. Drei frisch verheiratete Paare kommen an einen Fluß, wo sie ein Boot finden, das aber nur zwei Personen aufnehmen kann. Kompliziert wird die Sache durch die Eifersucht der Ehemänner. Wie kann die ganze Gruppe den Fluß überqueren, ohne daß eine der Bräute mit einem Mann zusammen bleibt, der nicht ihr Ehemann ist? Wir wollen das Problem mit einem Graphen vereinfachen. Die Paare nennen wir A, B und C; Mann und Frau unterscheiden wir durch ein angehängtes *m* bzw. *f*. a_m und a_f bezeichnen also Herrn und Frau A, und es gilt die synthetische Schreibweise:

$$A = \{A_m, A_f\};\ B = \{B_m, B_f\};\ C = \{C_m, C_f\}^*$$

* Hier begegnen wir zum erstemal in diesem Buch dem Zeichen für Mengen: Die Elemente werden von geschweiften Klammer umschlossen (vgl. S. 102).

Der erste Knoten trägt die Bezeichnung A, B, C, denn alle Paare sind noch zusammen. Das Problem ist komplizierter als das vorige, weil es mehr Kombinationsmöglichkeiten gibt, wie Abbildung 72 zeigt. Als erstes überqueren zwei Ehefrauen den Fluß; hier sind die Kombinationen A_f, B_f oder B_f, C_f oder A_f, C_f möglich, wie die drei vom ersten Knoten abzweigenden Kanten demonstrieren. Sämtliche Knoten zeigen die jeweils neue Zusammensetzung der ursprünglichen Gruppe an, bis jeder den Fluß überquert hat. So heißt A, B_m, C zum Beispiel, daß bis auf Frau B alle am Ausgangspunkt versammelt sind. Der Knoten A_m, B_m, C_m markiert den Moment, wo sich nur die Männer am Ausgangspunkt befinden, während ihre Gattinnen am anderen Ufer sind. Die Tatsache, daß alle Möglichkeiten in diesem Punkt zusammenlaufen, beweist, daß dieser Zwischenschritt absolut notwendig ist. Eine der beiden Frauen, die den Fluß zuerst überquert hatten, kehrt nämlich zurück und hilft der letzten Frau hinüber, so daß nur die Männer zurückbleiben (A_m, B_m, C_m). Eine der Damen steigt aus, die andere kehrt zu den Männern zurück. Jetzt haben wir hier ein komplettes Paar (A, B oder C) und zwei Männer. Nun schiffen sich die zwei einzelnen Herren ein, das Paar bleibt zurück.

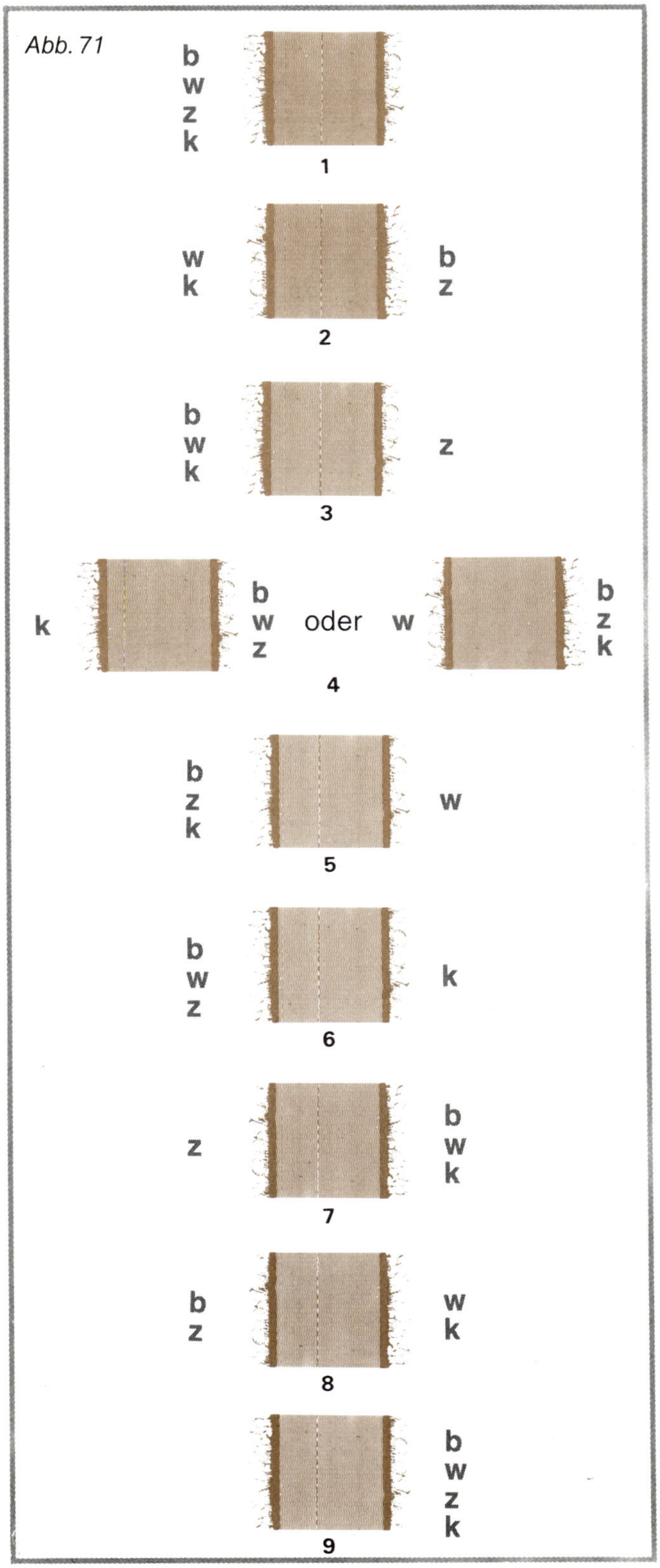

Links:

1) Ausgangslage mit Bauer (b), Wolf (w), Ziege (z) und Kohl (k) am linken Ufer.
2) Der Bauer bringt die Ziege ans rechte Ufer.
3) Der Bauer kehrt zurück und läßt die Ziege drüben.
4) Jetzt nimmt der Bauer den Wolf oder den Kohl mit.
5) Wenn er den Wolf bei sich hat, nimmt er die Ziege wieder mit ans linke Ufer.
6) Falls er den Kohl mitgenommen hatte, nimmt er die Ziege wieder mit ans linke Ufer.
7) Die Ziege wird an Land gesetzt und — je nach Schritt 5 — der Kohl oder der Wolf mitgenommen.
8) Der Bauer fährt zurück und holt die Ziege.
9) Ziel: Alle sind am anderen Ufer.

Drüben angekommen, steigt einer der Herren aus, der andere kehrt mit seiner Frau zurück, wo jetzt zwei Paare (A,B oder A,C oder B,C) sind. Die zwei Männer rudern wieder hinüber und lassen ihre Gattinnen zurück (A_f, B_f oder A_f, C_f oder B_f, C_f). Sie steigen aus, und die dritte Frau holt in zwei Durchgängen ihre zurückgelassenen Kolleginnen nach. Jetzt sind alle wieder zusammen.

Es ist interessant, daß dieses Problem mit vier Paaren statt drei nicht zu lösen ist. Da nach den Regeln nur die Ehemänner eifersüchtig sind, darf auf keinem Ufer eine Frau mit einem Mann zurückbleiben, der nicht ihr Ehegatte ist, selbst wenn seine Frau dabei ist.

Es würde zu weit führen, hier alle Kombinationsmöglichkeiten vorzuführen. Darum beschränken wir uns auf diese Abkürzung: Nach jedem Transport erhöht sich die Zahl der Personen am anderen Ufer. Zu einem bestimmten Zeitpunkt müssen sich dort notwendigerweise 5 Personen befinden. Folgende Zusammensetzung der Gruppe ist möglich:

1) 4 Frauen und 1 Mann
2) 3 Frauen und 2 Männer

Abb. 72

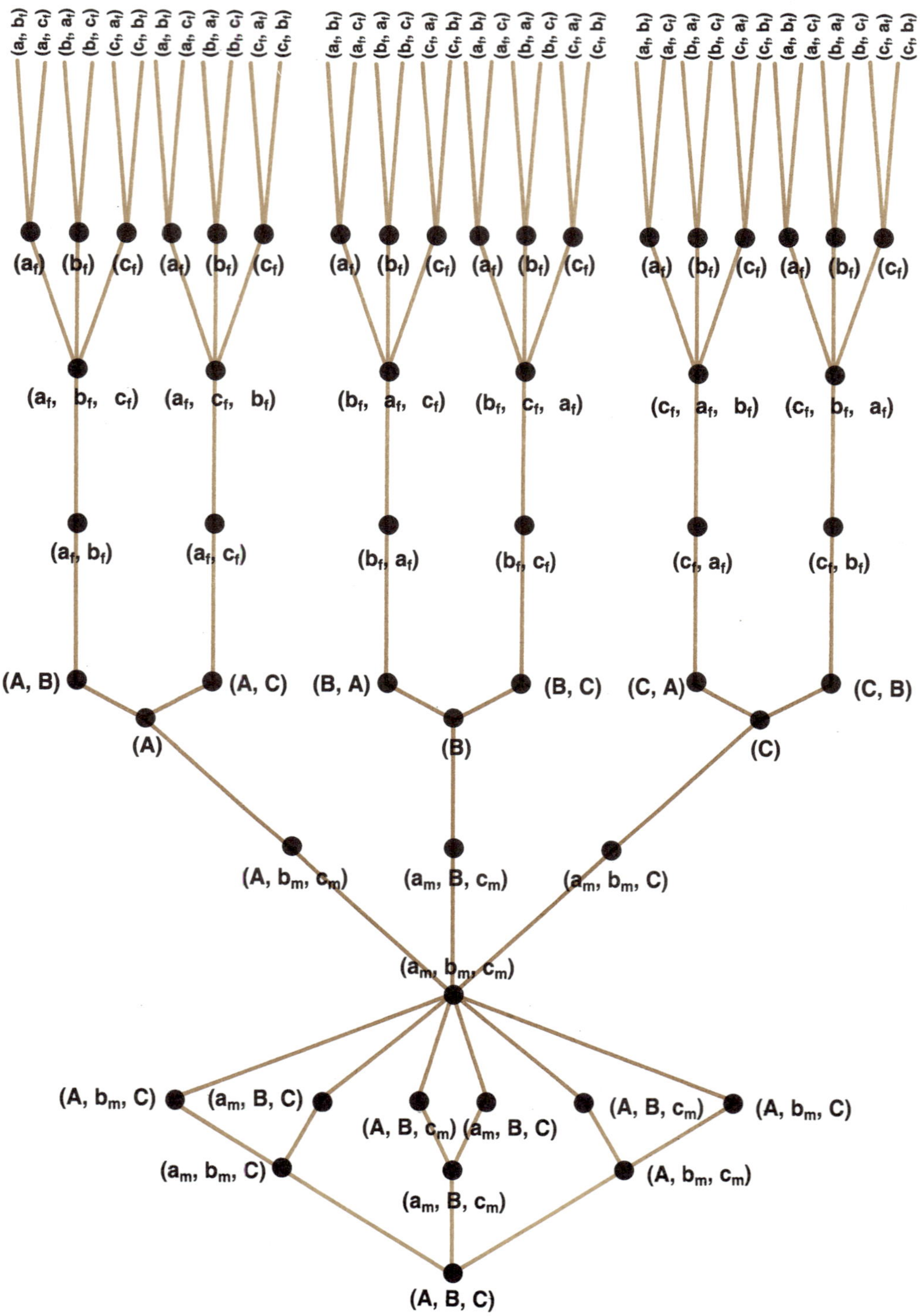
(A, B, C)
(am, bm, C)
(am, B, cm)
(A, bm, cm)
(A, bm, C)
(am, B, C)
(A, B, cm)
(am, B, C)
(A, B, cm)
(A, bm, C)
(am, bm, cm)
(A, bm, cm)
(am, B, cm)
(am, bm, C)
(A)
(B)
(C)
(A, B)
(A, C)
(B, A)
(B, C)
(C, A)
(C, B)
(af, bf)
(af, cf)
(bf, af)
(bf, cf)
(cf, af)
(cf, bf)
(af, bf, cf)
(af, cf, bf)
(bf, af, cf)
(bf, cf, af)
(cf, af, bf)
(cf, bf, af)
(af) (bf) (cf) (af) (bf) (cf) (af) (bf) (cf) (af) (bf) (cf) (af) (bf) (cf) (af) (bf) (cf)

Abb. 73

Abb. 74

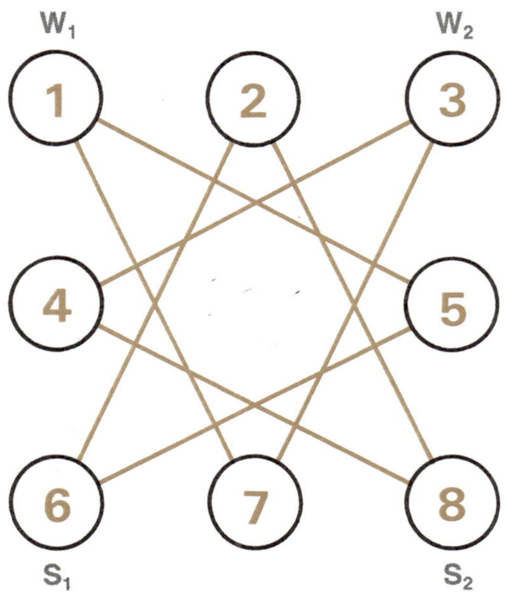

3) 2 Frauen und 3 Männer
4) 1 Frau und 4 Männer

Fälle 1 und 2 sind nicht zugelassen, denn hier ist stets mindestens eine Frau ohne Ehemann. Fall 3 funktioniert auch nicht, denn nun sind ja zwei Frauen mit nur einem Mann am ersten Ufer geblieben. Es bleibt Fall 4. Damit sich aber 1 Frau und 4 Männer am jenseitigen Ufer befinden können, müssen gerade 1 Mann und 1 Frau oder 2 Männer angekommen sein. Im ersten Fall waren zuvor 1 Mann und 4 Frauen am Ausgangspunkt, doch das entspricht der bereits verbotenen Kombination 1. Im zweiten Fall waren dort 2 Männer und 3 Frauen, was jedoch schon in Fall 2 verworfen wurde. Also ist die Aufgabe unlösbar.

Eine leichte Veränderung der Regeln ermöglicht es aber, das Problem auch mit vier Paaren zu lösen. Diesmal kann das Boot drei statt zwei Personen transportieren. Gelingt es Ihnen, die entsprechenden Züge herauszufinden?

Rösselsprung

Dieses Problem wurde vor ungefähr 60 Jahren von dem britischen Mathematiker Ernest Dudeney (1857–1931) erfunden. Dank eines simplen Graphen können wir uns die Lösung sofort vorstellen, während wir mit bloßem Herumprobieren in echte Schwierigkeiten geraten dürften.

Betrachten Sie das reduzierte Schachbrett von Abbildung 73. Die zwei schwarzen Springer sollen ihre Position mit den beiden weißen vertauschen. Auf der Grundlage des bekannten Rösselsprungs entsteht der Graph in Abbildung 74, wo W_1 und W_2 die beiden weißen, S_1 und S_2 die schwarzen Springer markieren. Das mittlere Feld ist nicht numeriert, denn es kann von den Springern nicht erreicht werden. Das Diagramm ist klar genug. Um zum Beispiel W_2 auf Feld 6 zu bekommen, muß er der Route 3-4-8-2-6 folgen, während sich S_1 über die Stationen 6-5-1-7-3 auf Feld 3 begibt. W_1 zieht auf dem Weg 1-7-3-4-8 auf Feld 8, und S_2 wählt die Strecke 8-2-6-5-1.

Abb. 75

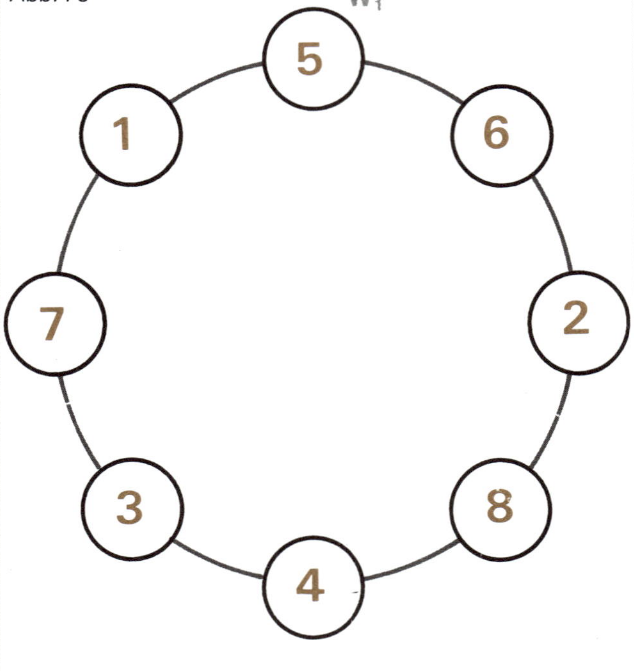

Abb. 76

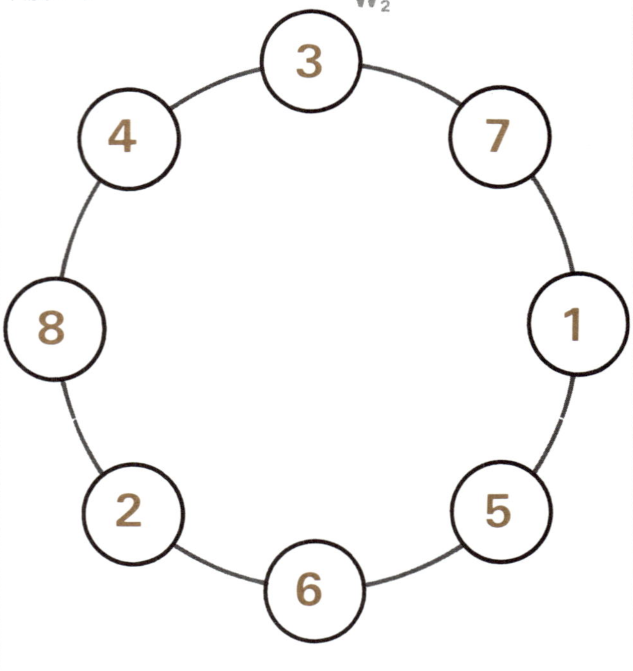

Im Graph in Abbildung 74 überschneiden sich die Kanten in mehreren Punkten, die jedoch keine Knoten darstellen. Wenn ein Graph ohne solche Überschneidungen dargestellt werden kann oder so, daß sich seine Kanten nur in Knotenpunkten kreuzen, nennt man ihn *planar.* Die Abbildungen 75 und 76 zeigen derartige planare Lösungen für unser Problem. Sie haben zur Bedingung, daß jeder Graph nur die Züge eines diagonal gegenüberliegenden Springerpaares beschreibt. Die Graphen können mit oder gegen den Uhrzeigersinn gelesen werden.

Praktische Anwendungsmöglichkeiten

Wie wir gesehen haben, entstand die Graphentheorie zunächst, um bestimmten Denkaufgaben eine mathematische Form zu geben; danach wurde sie erst in der Geometrie und Mathematik eingesetzt, bevor sie schließlich bei zahlreichen Problemen der Wissenschaft und des praktischen Lebens zur Anwendung gelangte. Aufgrund ihrer formalen Eigenschaften entwickelte sie sich rasch zu einem Instrument, um ansonsten komplizierte Probleme zu veranschaulichen und zu vereinfachen.

Seit dem letzten Jahrhundert hat sie zum Beispiel ihren Nutzen bei der Konstruktion elektrischer Schaltungen bewiesen. Der Graph in Abbildung 77 zeigt die Kombination dreier Schalter mit zwei Lampen. Die Pfeile zeigen an, daß die Kanten *gerichtet* sind. Man nennt einen Graph *gerichtet,* wenn man seinen Kanten nur in Pfeilrichtung folgen darf. Kanten ohne Pfeile unterliegen dieser Beschränkung nicht und können in jeder Richtung durchlaufen werden.

Ein weites Feld von Anwendungsmöglichkeiten von graphischen Lösungen bieten Straßenverbindungen, Optimierungen von Besuchswegen einer Ausstellung, Wirtschaftspläne und — seit etwa zwanzig Jahren — soziologische Beziehungen. Weil Graphen komplizierte Situationen einfach und anschaulich darstellen, können sie die komplexen Beziehungen zwischen mehreren Personen oder sozialen Gruppen genauso repräsentieren wie die verschiedenen Phasen eines Fußballturniers, bei dem mehrere Mannschaften gegeneinander antreten. Um unsere Beispiele etwas konkreter zu machen,

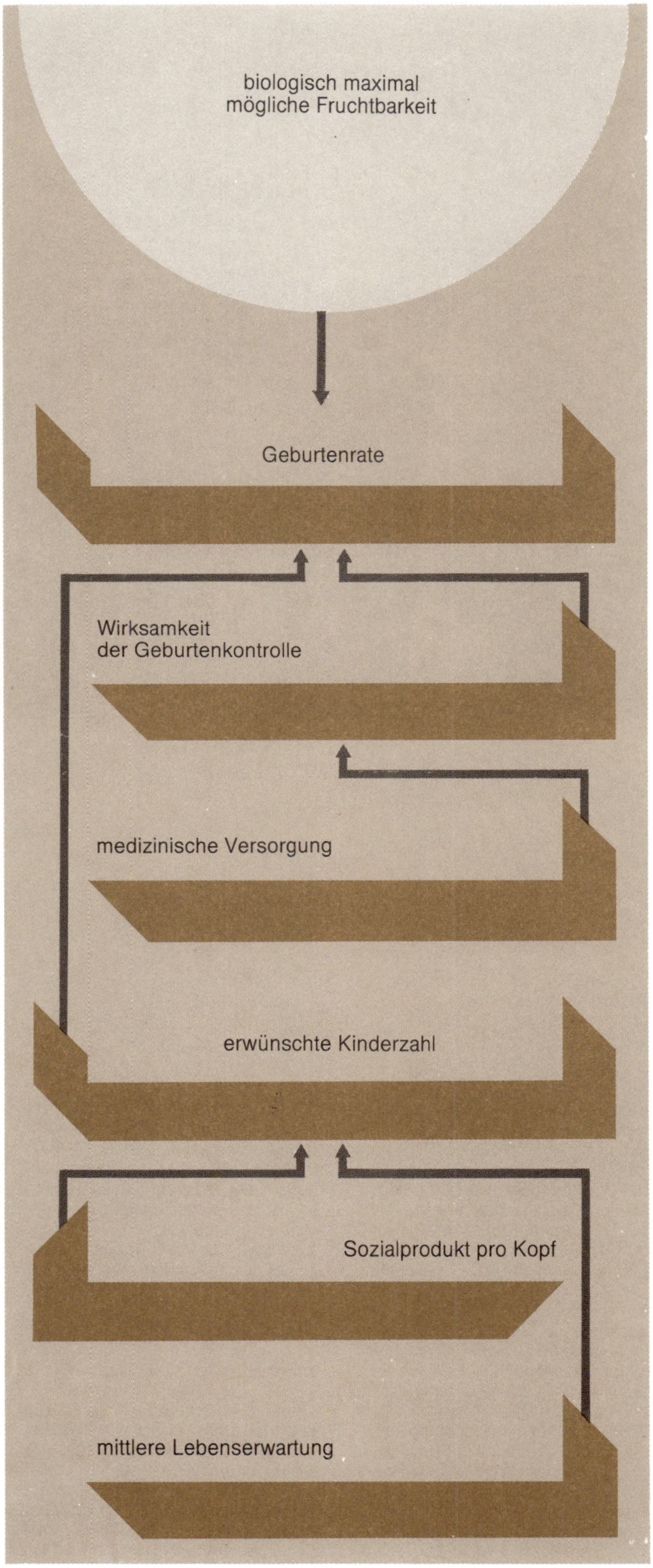

Abb. 77

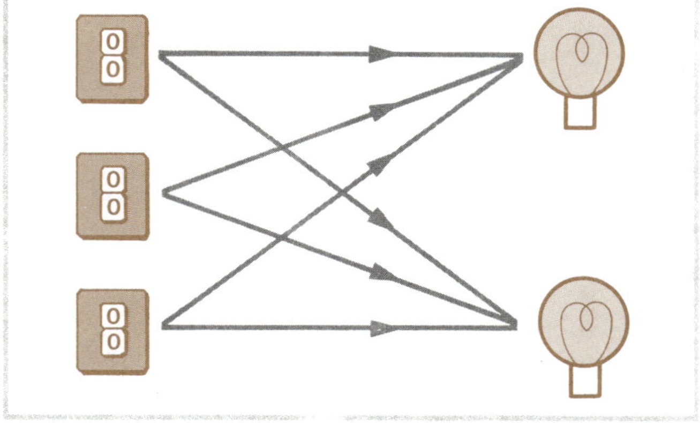

Graphen vereinfachen und erklären viele Situationen und sind zu einem wichtigen Hilfsmittel geworden.
Links: Der Graph gibt eine unmittelbare Beschreibung der Faktoren, die die Zunahme der Weltbevölkerung beeinflussen. Die Geburtenrate hängt von zwei Faktoren ab, der Wirksamkeit der Geburtenkontrolle und der erwünschten Kinderzahl, die wiederum von der medizinischen Versorgung, dem Sozialprodukt pro Kopf und der mittleren Lebenserwartung abhängen.

wollen wir den recht simplen Fall einer Straßenverbindung etwas näher betrachten. Die beiden Städte, beispielsweise Köln und Aachen, bilden die zwei Knoten des Graphen, seine Kanten stellen die Straßenverbindungen zwischen den Städten dar. Die Autobahn wird durch zwei mit Pfeilen versehene gerichtete Kanten dargestellt. Natürlich darf man auch auf vielen Landstraßen nur eine Fahrbahnhälfte befahren, aber bei Autobahnen ist die Richtungstrennung ein wesentliches Konstruktionsmerkmal. Das Prinzip dieser Darstellung läßt sich schließlich erweitern zur Analyse der Verkehrssituation einer ganzen Stadt mit ihren einzelnen Stadtteilen, Stadtautobahnen, Einbahnstraßen, Sackgassen und Umleitungen.

Topologie, die Geometrie der Verzerrung

Die gerade kurz vorgestellte Graphentheorie stellt nur einen Zweig eines der interessantesten Gebiete der modernen Mathematik dar, nämlich der Topologie. Etymologisch heißt die-

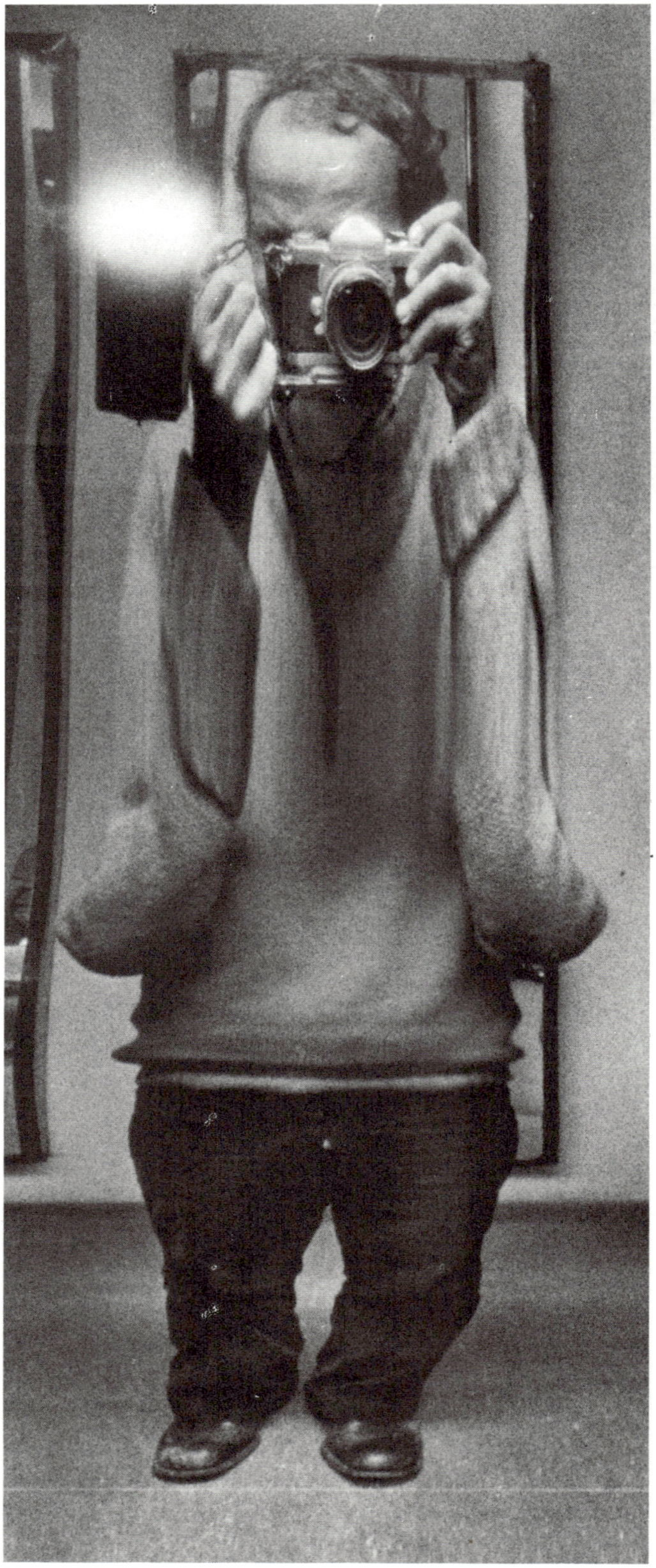

Eins der jüngsten Gebiete der modernen Mathematik ist die von dem Deutschen Riemann (1826–1866) unter dem Namen *Analysis situs* (Analyse der Position) begründete Topologie. Weitere Beiträge stammen von Möbius (S. 73), Jordan, Kronecker, Cantor (S. 102) und vor allem Poincaré, der sie »kombinatorische Topologie« nannte. Sie untersucht diejenigen Eigenschaften von Kurven und Flächen, die sich bei kontinuierlicher Transformation nicht verändern. Zwei Figuren oder Körper sind topologisch äquivalent, wenn man die eine aus der anderen kontinuierlich ableiten kann. So ist ein Kreis mit einer Ellipse topologisch äquivalent, aber nicht mit einer Geraden oder einem ringförmigen Streifen. Eine Kugel ist jeder konvexen Fläche topologisch äquivalent, aber nicht einem Torus (S. 67), der in der Mitte ein Loch hat. Die Topologie hat sich mit so berühmten Problemen beschäftigt wie dem Möbiusband — dem Band mit nur einer Oberfläche (S. 67) —, dem Problem der vier Farben (S. 77–83) und den Theoremen von Euler und Jordan. Heute ist die Topologie anerkannt als ein unabhängiges Gebiet, das sich mit grundsätzlichen Strukturen der Mathematik beschäftigt. Die Bilder zeigen einige topologische Verzerrungen.

Rechts: Eine horizontale Verzerrung.

Links: Eine vertikale Verzerrung.

Oben: Die Verzerrung eines Katzengesichts durch ein Glas Wasser. Es ist interessant, daß topologisch gesehen die Personen und ihre Abbilder dieselben geometrischen Figuren darstellen. Zwischen ihnen besteht eine doppelteindeutige Beziehung: Jedem Punkt des einen entspricht nur ein Punkt des anderen und umgekehrt.

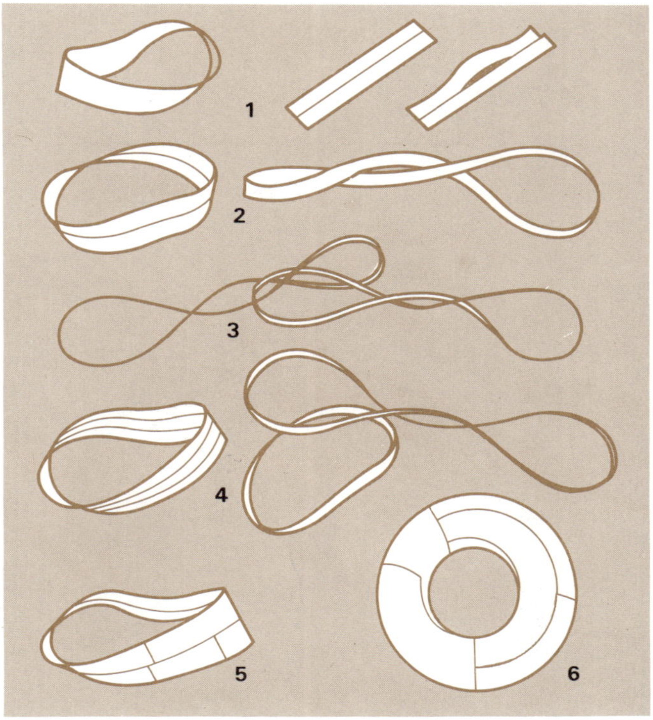

Links: Hier sehen Sie einige interessante Formen des Möbiusstreifens. Normalerweise stellen wir uns Flächen als Objekte mit zwei Seiten vor. Ein Blatt Papier zum Beispiel hat zwei Seiten, und man kann nicht von der einen zur anderen gelangen, ohne den Rand zu überqueren. Das Möbiusband hingegen ist ein Beispiel für ein Objekt mit nur einer Seite.

Rechts: Und so bastelt man ein Möbiusband: 1) Man nimmt einen längeren Papierstreifen, verdreht ihn einmal um 180° und klebt die Enden zusammen. Nun läßt sich von jedem Punkt aus eine durchgehende Linie zu jedem anderen Punkt der Oberfläche ziehen, ohne eine Kante zu überqueren. Das beweist, daß das Objekt tatsächlich nur eine Seite hat.
2) Wenn man ein Möbiusband entlang der Mittellinie aufschneidet, erhält man einen größeren Ring mit zwei Seiten.
3) Schneidet man diesen wiederum entlang der Mittellinie entzwei, so entstehen zwei ineinander verschlungene Ringe mit je einer Seite.
4) Man zerschneidet ein Möbiusband entlang zweier paralleler Linien. Das Ergebnis sind zwei zusammenhängende Schleifen, von denen eine wieder ein Möbiusband ist, die andere aber nicht.
5) Dies ist ein farbiges Möbiusband. Das Vierfarbentheorem (S. 77–83) behauptet, daß sich auf einer ebenen Fläche jede Landkarte mit höchstens vier Farben kolorieren läßt. Für eine entsprechende Karte auf einem Möbiusband braucht man mindestens sechs Farben.
6) Ein farbiger Torus, eine topologische Figur in Form eines Schwimmreifens. Hier kann man eine Landkarte mit sieben Farben bemalen.

Abb. 78

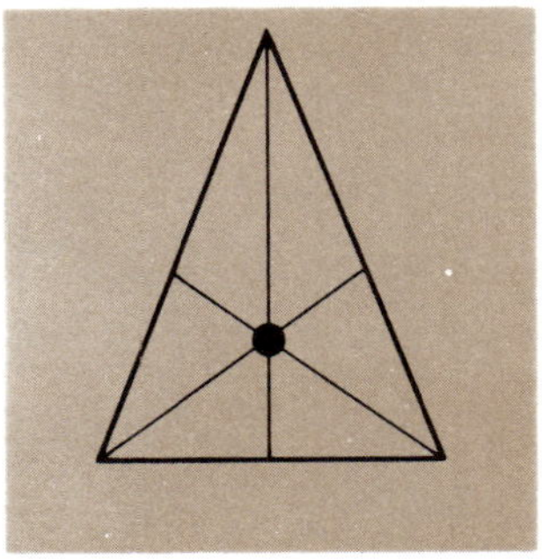

Abb. 79

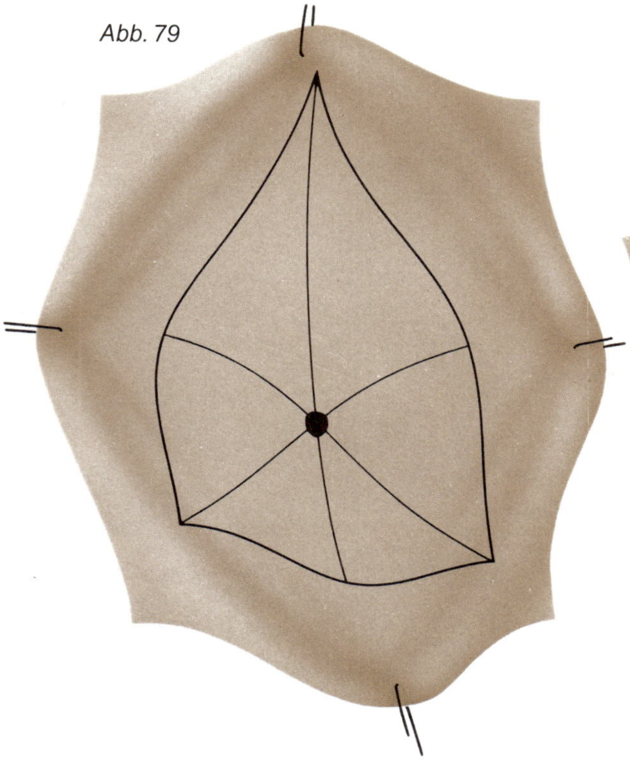

Abb. 80

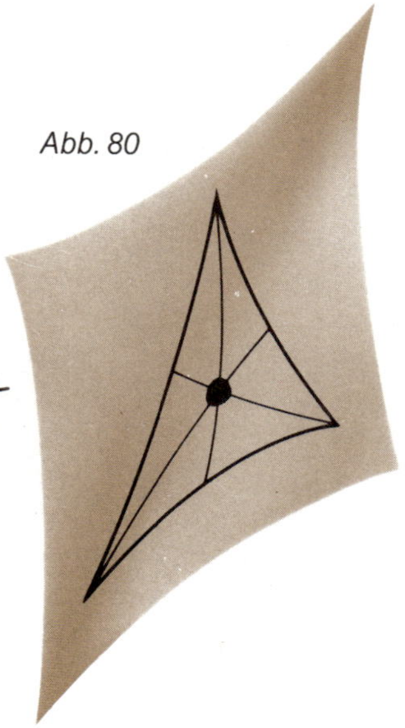

Abb. 81

Abb. 83

Abb. 82

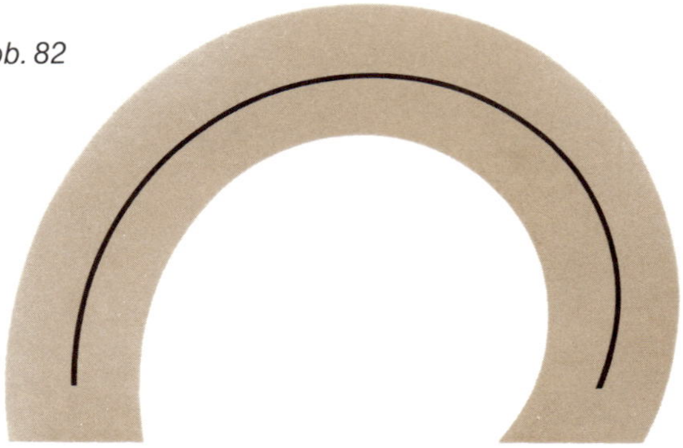

Abb. 84

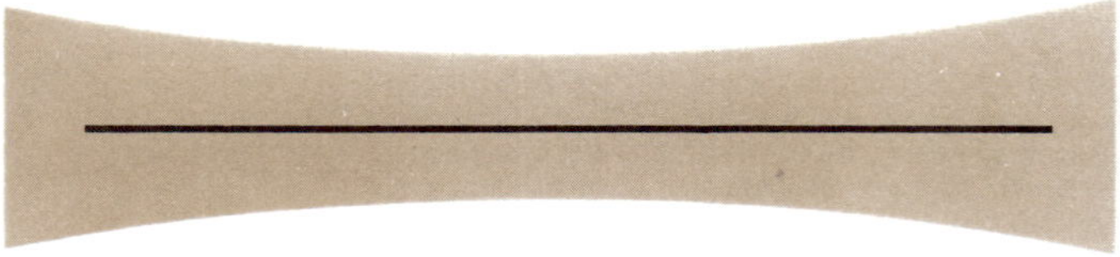

Abb. 85

Abb. 86

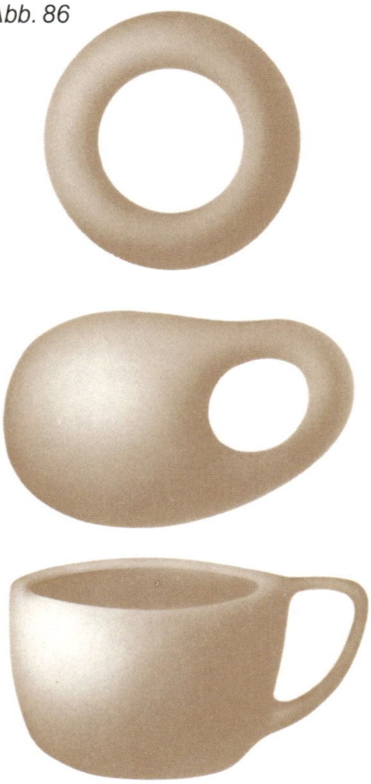

Abb. 87

Abb. 88

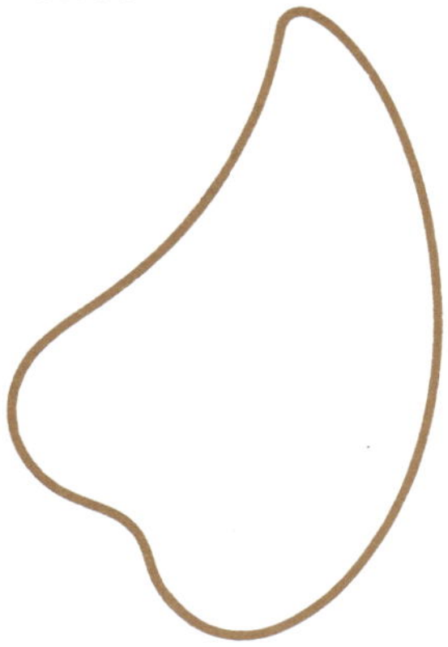

Abb. 89

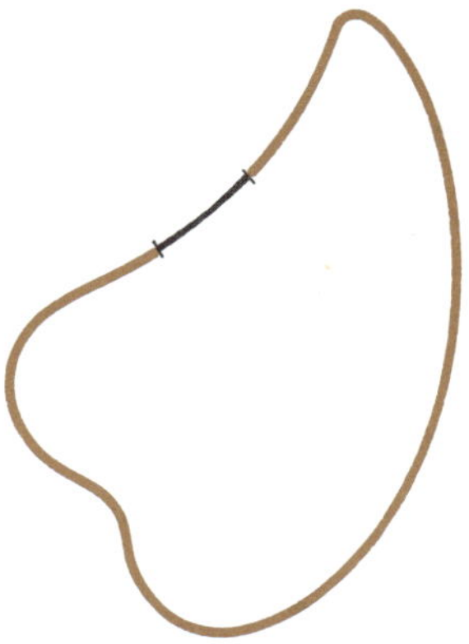

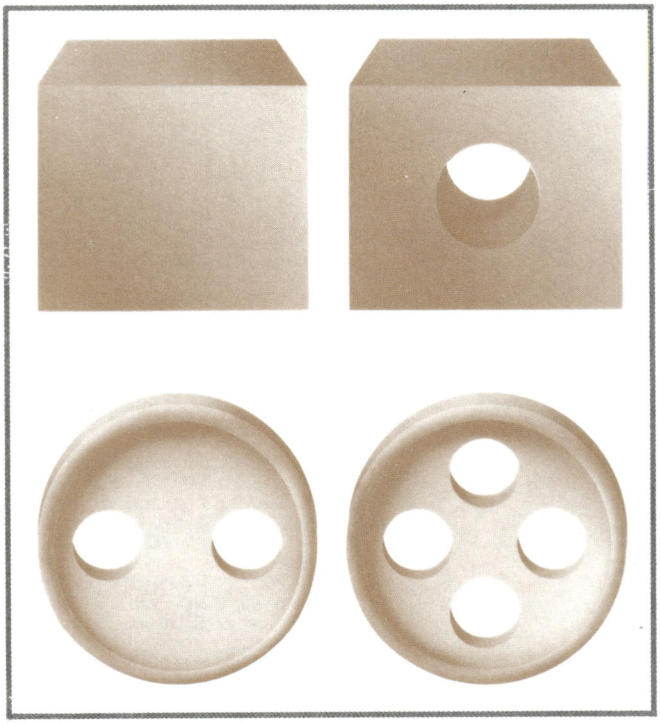

Rechts: Vier topologische Objekte, deren Oberflächen der Ordnung 0, 1, 2 bzw. 4 angehören, je nach Anzahl der »Schnitte«, durch die sie aus einem Objekt ohne Öffnung wie dem Würfel entstanden.

ser Begriff etwa »Lehre von den Orten oder Positionen«. Auch die Geometrie untersucht Punkte, Linien und Körper. Doch die Objekte der Topologie unterscheiden sich erheblich von den Körpern der traditionellen Geometrie: Sie können Größe und Form verändern, gebogen, verdreht, zusammengepreßt, also in jeder Weise deformiert werden. Manchmal handelt es sich bei solchen Objekten um Flächen, die gar nicht existieren könnten, um Formen, die wir für real unmöglich halten, wie zum Beispiel ein Blatt Papier mit nur einer Seite. Man hat deshalb scherzhaft die Topologie auch als »Gummigeometrie« bezeichnet.

In der Tat studiert die Topologie solche geometrischen Figuren, die ihre mathematischen Eigenschaften auch dann beibehalten, wenn ihre Größe und Form wechselt. Gerade das trennt sie von der traditionellen, im wesentlichen euklidischen Geometrie, deren Objekte eben durch Form und Größe fest definiert werden. Die Topologie geht von der Annahme geometrischer Objekte aus, die nicht starr sind und deren Form und Größe verändert werden kann.

Stellen Sie sich eine elastische Gummifläche vor, auf der ein gleichschenkliges Dreieck abgebildet ist und bei dem der Schnittpunkt der Winkelhalbierenden mit einem dicken Punkt markiert ist (Abb. 78). Nun wird die Gummifläche beliebig in verschiedene Richtungen verzerrt (Abb. 79, 80). Die Topologie interessiert sich nicht für feststehende Abstände oder Winkel, die es durch die Verzerrung nicht mehr gibt, sondern für die Positionen der Punkte, Linien und Flächen zueinander, die durch die Formveränderung nicht beeinflußt werden.

Auf einem elastischen Untergrund zieht man eine gerade Linie (Abb. 81). Man kann die Vorlage so verformen, daß die Linie bald als Kreisbogen (Abb. 82), bald als Welle (Abb. 83) oder verlängerte Linie (Abb. 84) erscheint, aber es bleibt doch immer eine Linie oder Strecke, die sich nicht schneidet und die Endpunkte A und B verbindet.

Systematisch wurde die Topologie erst in den letzten hundert Jahren entwickelt, wobei einige frühere Entdeckungen speziell Descartes' und Eulers berücksichtigt wurden. Zum besseren Verständnis der geometrischen Eigenschaften, mit denen sich die Topologie beschäftigt, wollen wir einige Transformationen dreidimensionaler Objekte betrachten. Eine Kugel aus Knetgummi (Abb. 85) wird zuerst in einen Würfel und dann in eine Scheibe umgeformt. Ein Ring (Abb. 86) kann so weit verwandelt werden, daß seine Öffnung zum Henkel einer Tasse wird. Der Doppelring von Abb. 87 behält seine zwei Öffnungen auch als zweigriffige Suppentasse. Die drei Sequenzen besitzen ein gemeinsames Element: In den Transformationen der Objekte bewahrt sich stets eine Eigenschaft, welche Topologen das *Genus* einer Fläche nennen. Das Genus hängt von der Anzahl der Öffnungen einer Figur ab, die bei sämtlichen Transformationen gleichbleibt. In einer

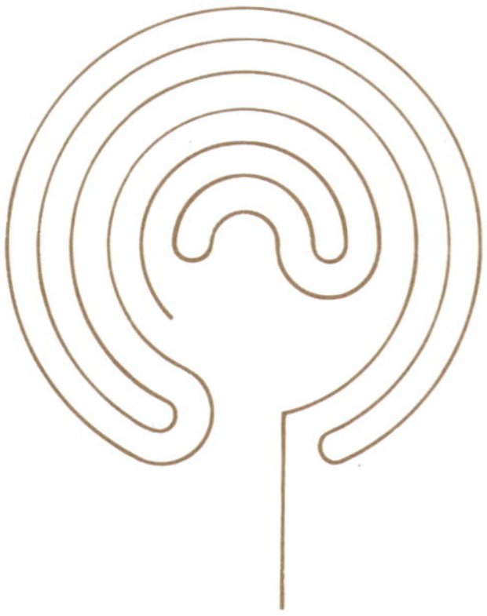

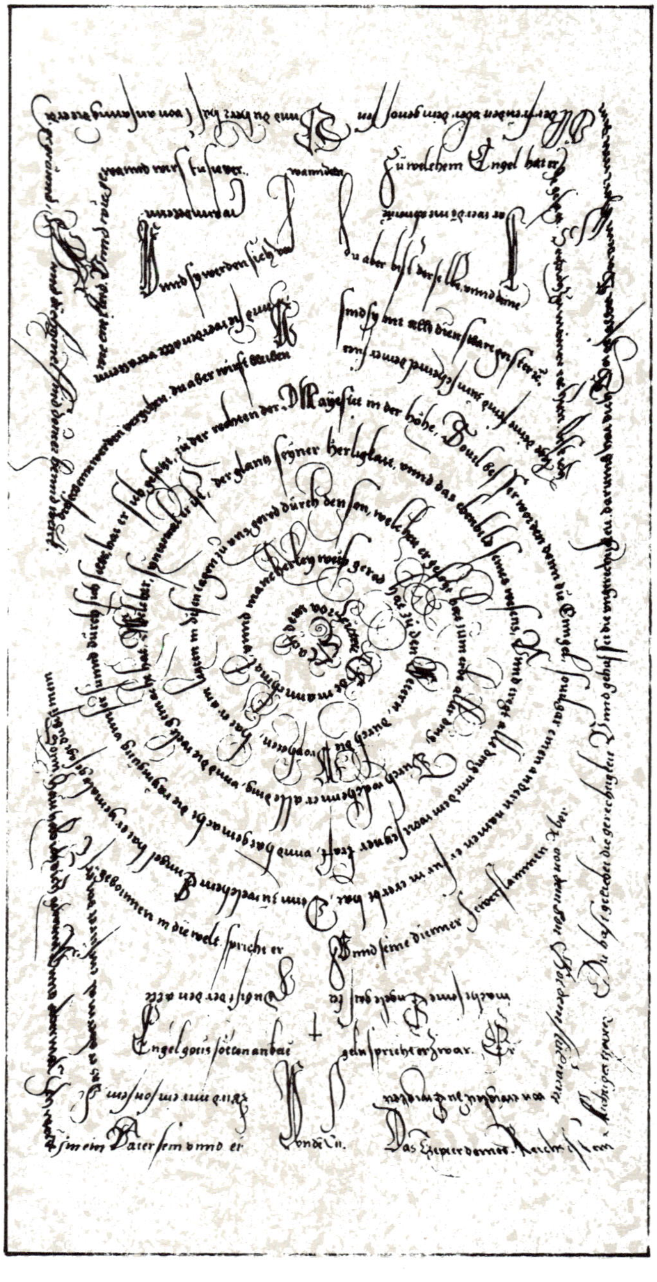

Links: Das berühmte Labyrinth von Knossos, Schauplatz der Sage von Theseus, Ariadne und dem Minotaurus.

Oben: Das Schema eines kretischen Labyrinths mit sieben Windungen.

Unten: Der dazugehörende »Faden der Ariadne«, dem man folgen muß, um das Zentrum zu erreichen.

Rechts: Ein deutsches Labyrinth aus dem 15. Jahrhundert von Johann Neudörfer d. Ä. (Nürnberg, 1497–1563). Labyrinthe haben stets die Phantasie der Menschen bewegt. Man gab ihnen die vielfältigsten Bedeutungen, verwendete sie bei der Bemalung von Decken und Wänden und legte sogar Gärten nach ihrem Muster an.

Gegenüberliegende Seite, rechts: Vier antike Labyrinthmuster aus der französischen Architektur.

etwas technischeren Ausdrucksweise spricht man von der Anzahl der sich nicht überkreuzenden und geschlossenen, also vollständig kreisförmigen Schnitte, die man auf einer Fläche ausführen kann, ohne sie in zwei Stücke zu zerlegen. Die drei Objekte der Abbildungen 85, 86 und 87 sind topologisch verschieden. In jedem Fall verändern die topologischen Transformationen ihre Form und Größe, doch sie erzeugen keine neuen topologischen Eigenschaften. Wenn wir aber durch Schnitte neue Öffnungen schaffen oder Flächen zerreißen würden, entstünden neue positionelle Eigenschaften. Bei einer topologischen Transformation darf nichts zerrissen oder zerschnitten werden, und es dürfen keine neuen Öffnungen entstehen. In Abbildung 88 sehen wir eine geschlossene Linie. Wenn man ein Stück herausschneidet, ist das keine topologische Transformation mehr, weil eine neue Figur entsteht, die äquivalent ist mit der unendlichen Klasse von Figuren, die durch eine offene Linie charakterisiert werden (Abb. 89). Topologisch gesehen ist ein Kreis das gleiche wie ein Quadrat oder ein Dreieck; alle drei sind Figuren mit einer Innen- und einer Außenseite, und um von der einen Seite zur anderen zu gelangen, muß man die Linie zerschneiden.

Topologische Labyrinthe

Die Ideen von Innen und Außen führen uns zu einer ganzen Gruppe geometrischer Figuren und mathematischer Probleme, die so alt sind wie der Mensch selbst: den Labyrinthen. Berühmt in der Antike war das Labyrinth von Knossos auf Kreta, in das der mythische Held Theseus eindrang, um den Minotaurus zu töten, ein Ungeheuer mit dem Körper eines Menschen und dem Kopf eines Stiers. Man erzählt, daß

Abb. 90

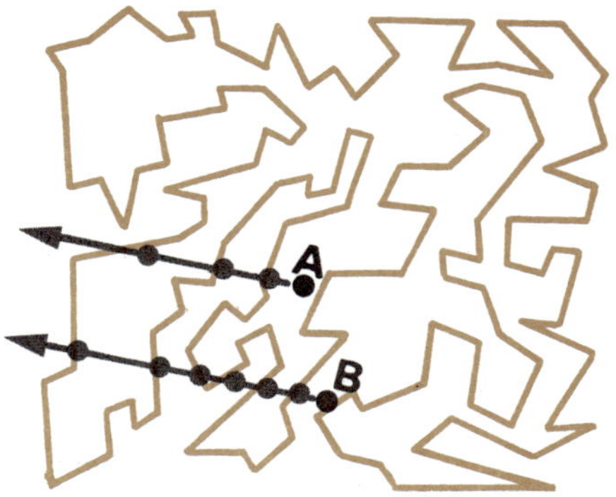

Abb. 92

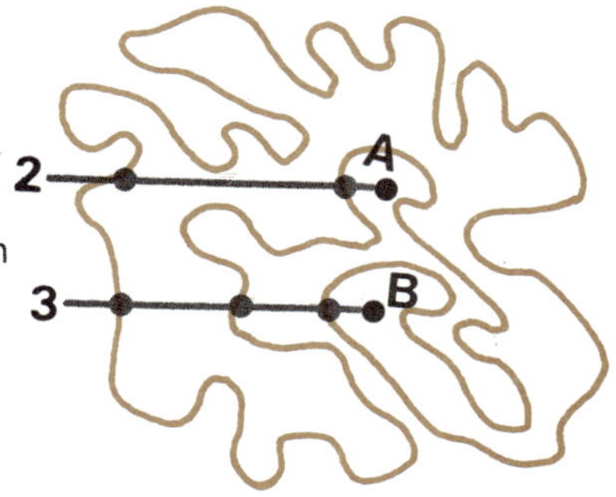

Abb. 91

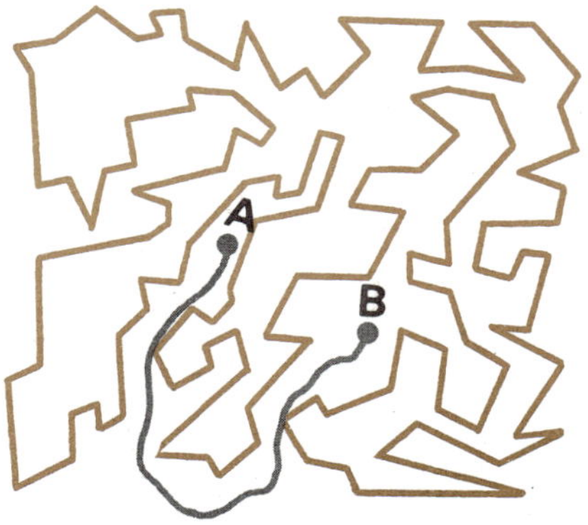

Theseus aus dem Irrgarten wieder herausfand, weil er einem Faden folgte, den er beim Hineingehen abgerollt hatte und den ihm seine Geliebte Ariadne gegeben hatte. Älteste Spuren von Labyrinthen finden wir bereits im Neolithikum, seither begleitet dieses Motiv die Kulturgeschichte des Menschen in Architektur, Malerei, Literatur und Film.

Grob gesprochen sind Labyrinthe geometrische Figuren aus Linien, die zusammen einen topologischen Plan bilden. Diese Figuren besitzen eine Öffnung nach außen, von der aus man nach einer Reihe von Richtungswechseln das Zentrum erreicht. Auf demselben Weg gelangt man wieder nach draußen.

Topologische Irrgärten hingegen sind keine richtigen Labyrinthe, sie bestehen im allgemeinen aus einer in verwirrenden Kurven ausgelegten geschlossenen Linie, die eine Innen- von einer Außenseite trennt. Solche Labyrinthe haben mehr mit einem Kreis als einem echten Irrgarten zu tun. Sie betreffen Probleme, bei denen es auf Anhieb schwierig ist zu entscheiden, ob ein bestimmter Punkt innerhalb oder außerhalb der Figur liegt.

Bei der geschlossenen Linie in Abbildung 90 wollen wir herausfinden, ob die Punkte A und B innen oder außen liegen. Das ist nicht schwer, wenn man das Theorem von Jordan kennt. Camille Jordan (1838–1922), ein französischer Mathematiker, der sich viel mit solchen Problemen beschäftigte, veröffentlichte dieses Theorem in seinem *Cours d'Analyse* (1882): Zuerst zieht man von dem Punkt aus eine gerade Linie nach außen, dann zählt man, wie oft sie dabei die Konturen der Figur schneidet. Ist diese Zahl gerade, liegt der Punkt außerhalb, ist sie ungerade, liegt er innerhalb der Figur.

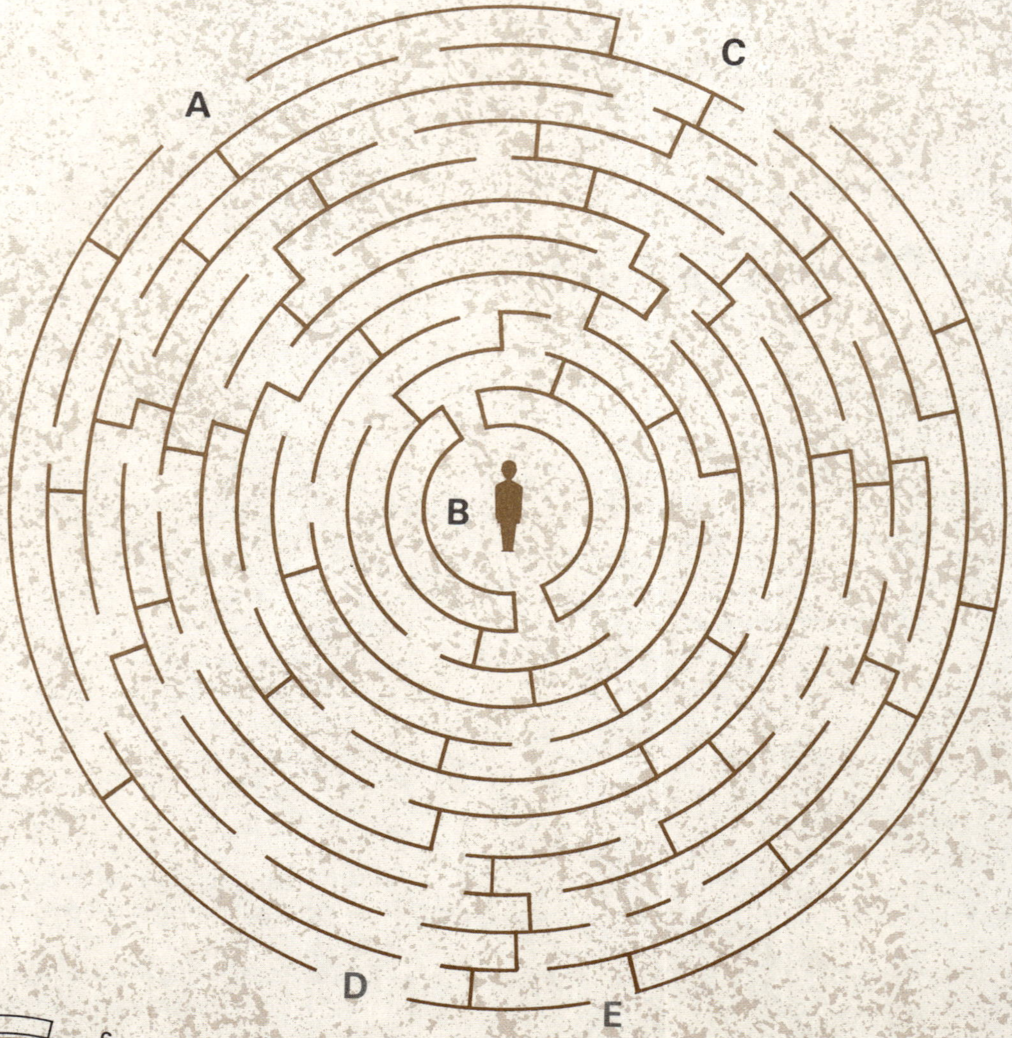

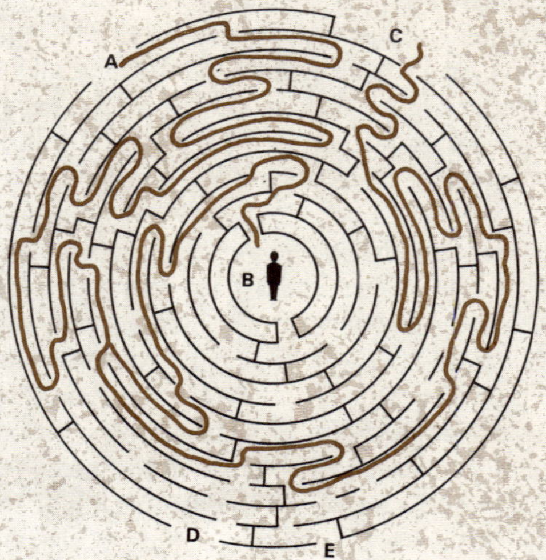

Labyrinthe sind besondere geometrische Figuren, aus denen es scheinbar keinen Ausweg gibt. Das erklärt wohl Geheimnis und Furcht, welche sie seit ältesten Zeiten begleitet haben und noch heute zu einer beliebten Denkaufgabe der Rätselzeitungen machen. Im Irrgarten oben soll ein Weg von A über B nach C gefunden werden, ohne D oder E zu berühren. Die Lösung sehen Sie unten links.

Topologen unterscheiden zwischen solchen echten Labyrinthen und Figuren wie den Jordan-Kurven (S. 70–71). Diese gleichen mehr einem deformierten Kreis, denn sie sind geschlossen und besitzen ein Inneres und ein Äußeres. Um von innen nach außen zu gelangen, muß man wenigstens eine Linie des Labyrinths kreuzen. Das ist bei echten Labyrinthen nicht der Fall, wo es keine Trennung zwischen innen und außen gibt.

Abb. 93

Abb. 94

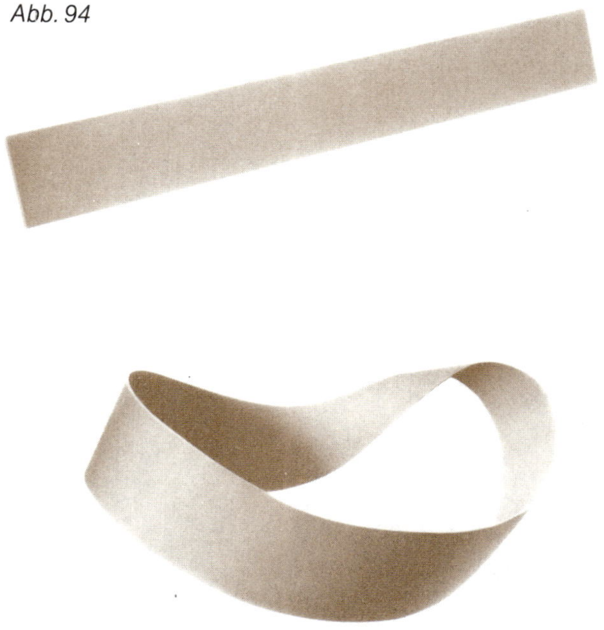

Daraus läßt sich ein kleines Spiel konstruieren. Zunächst zeichnet man ein Labyrinth wie in Abbildung 91. Man bittet den Mitspieler, einen beliebigen Punkt zu wählen, der aber nicht auf der Umrißlinie liegen darf. Wir stellen kurz fest, ob er innen oder außen liegt, und zeigen dann, daß wir sofort etliche andere Punkte finden können, die sich damit verbinden lassen. In Abbildung 92 liegen beide Punkte außen, und es gibt eine Lösung. In Abbildung 91 hingegen liegt einer außen und einer innen, so daß keine Verbindung zwischen ihnen möglich ist, ohne das Labyrinth zu zerschneiden.

Der Möbiusring

Einer der Begründer der Topologie war der deutsche Mathematiker und Astronom August Ferdinand Möbius (1790–1868), der eine merkwürdige topologische Figur entdeckte, die nach ihm benannt wurde. In einem posthum erschienenen Artikel beschreibt er sie als »ein Band, das keine Rückseite hat«.

Normalerweise darf man erwarten, daß eine Fläche zwei Seiten hat, wie zum Beispiel ein Blatt Papier. Möbius hingegen ist es gelungen, eine Figur zu konstruieren, bei der sich die Vorderseite nicht von der Rückseite unterscheiden läßt. Hier ist der praktische Beweis: Man nehme einen rechteckigen Papierstreifen und klebe ihn an den Enden zusammen, so daß ein Ring entsteht (Abb. 93). Er hat eine Innen- und eine Außenseite. Wir können zum Beispiel die Innenseite rot und die Außenseite grün anmalen. Beim Möbiusring geht das nicht. Man nimmt wieder einen längeren Papierstreifen, doch vor dem Zusammenkleben verdreht man ein Ende um 180 Grad (Abb. 94). Versuchen Sie jetzt mal, die Außenseite zu bemalen. Sie werden feststellen, daß der ganze Ring nach kurzer Zeit einheitlich grün ist! Ein Insekt kann über jeden Punkt des Streifens spazieren, ohne über die Kante zu krabbeln.

Solche Eigenschaften des Möbiusrings nennt man *invariant,* weil sie stets seine einzige Seite und Kante betreffen. Sie bringen uns auf einen kleinen Scherz: Wir bereiten zwei genügend lange Papierstreifen vor. Nun stellen wir einem Mitspieler die Aufgabe, auf seinem Streifen auf jeder Seite einen Punkt zu malen, den Streifen zu einem Ring zusammenzukleben und dann die Punkte mit einer Linie zu verbinden, ohne die Kante zu überqueren oder das Papier zu durchbohren. Wenn er behautet, das sei unmöglich, bieten wir ihm eine Wette an und beweisen, daß es doch geht. (Denn wir denken daran, die Enden vor dem Zusammenkleben um 180 Grad zu verdrehen.)

Möbius-Band II (Holzschnitt, 1963). Hier wurde der Künstler Escher wohl von der Topologie inspiriert. (© by Beeldrecht, Amsterdam, 1982)

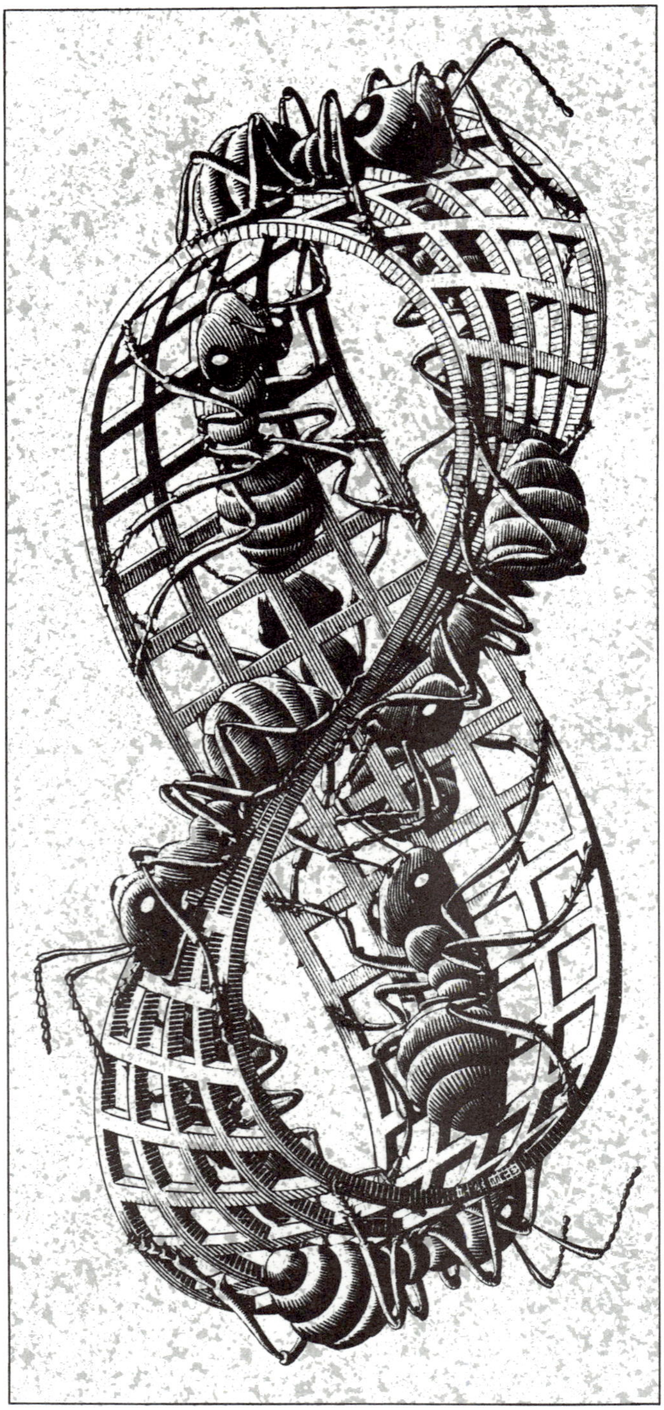

Abb. 95

Auch das ist interessant: Wenn man einen Möbiusring entlang der Mittellinie (Abb. 95) aufschneidet, bekommt man keine zwei Ringe, sondern nur einen, der doppelt so lang und ineinander verdreht ist und zwei Seiten hat. Die Erklärung ist einfach, auch wenn wir sie uns nicht sofort vorstellen können. Ein Möbiusring hat nur eine Kante, denn seine Kontur, sein Umriß ist eine in sich geschlossene Kurve. Durch den Schnitt bekommt er eine zweite Kante. Wer mit so seltsamen Figuren nicht vertraut ist, wird kaum vorhersagen können, was passiert, wenn man den großen Ring noch einmal der Länge nach aufschneidet. Es entstehen zwei getrennte, doch ineinander verschlungene Ringe, die beide mehr als eine Seite haben (Abb. 96).

Dieses Ergebnis scheint zu bestätigen, daß man einen Möbiusring zweimal zerschneiden muß, wenn man zwei miteinander verkettete Ringe haben will. Aber das ist nicht so. Wir teilen einen Papierstreifen mit zwei Linien in drei Bahnen und kleben ihn zu einem Möbiusring zusammen (Abb. 97). Wir beginnen den Schnitt auf einer der Linien und führen ihn, ohne

Abb. 96

Abb. 97

abzusetzen, beide Linien entlang. Das Ergebnis sind zwei zusammenhängende Ringe, von denen einer wieder ein Möbiusring ist. Es ist interessant auszuprobieren, was passiert, wenn man die Schnitte in verschiedenen Entfernungen vom Rand ansetzt.

Topologische Oberflächen wie das Möbiusband, die als mathematische Kuriositäten entstanden, werden in der Mathematik ernsthaft untersucht. Ihre formalen Eigenschaften dienen zum Beispiel als Modell bei der Beschäftigung mit subatomaren Partikeln. Ein amerikanischer Fabrikant hat ein Förderband nach Art eines Möbiusrings konstruiert. Es wird von beiden Seiten gleichzeitig benutzt und soll doppelt so lange halten.

Solche Beispiele illustrieren den gelegentlich auch praktisch umsetzbaren Wert mathematischer Grundlagenforschung. So abstrakt die Ergebnisse zuerst auch sein mögen, sie können später häufig dazu beitragen, neue Konzepte auf andere Zweige der Mathematik oder der Ingenieurwissenschaft zu übertragen.

Abb. 98

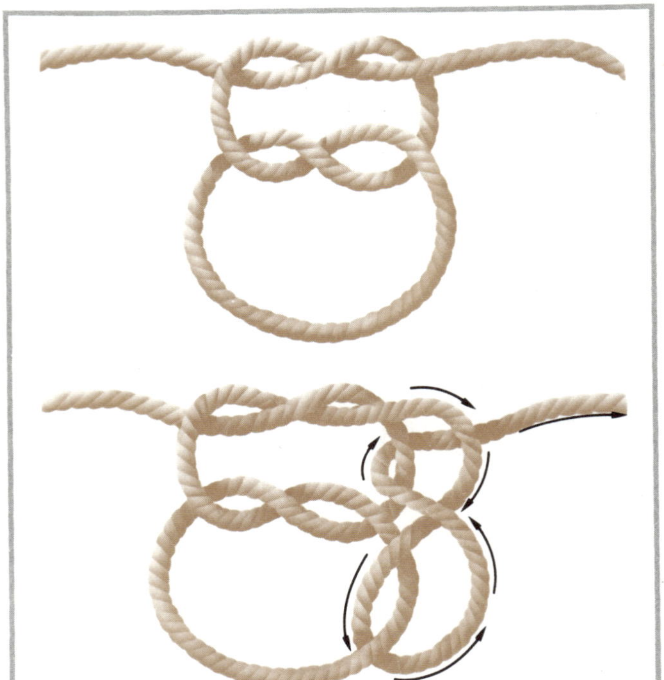

Abb. 99

Spiele mit topologischen Knoten

Wir wissen alle, wie man einen Knoten in eine Schnur macht: Man verschlingt die beiden Enden und zieht sie fest. Einen Knoten, der nicht *zu* fest ist, kann man auf der Schnur verschieben. Betrachten Sie die Knoten in Abbildung 98. Sie sind entgegengesetzt und lassen sich ineinanderschieben, doch lösen sie sich dabei nicht auf. Ein anschauliches Beispiel topologischer Knoten, für die es noch keine befriedigende mathematische Theorie gibt.

Viele Zaubertricks beruhen auf den Eigenschaften von Knoten oder besser: falschen Knoten. Einen sehen Sie in Abbildung 99. Das obere Bild zeigt die Ausgangssituation. Man führt jetzt, wie im unteren Bild gezeigt, ein Seilende entlang der Pfeile durch den Knoten hindurch, und wenn man dann zieht, verschwindet der Knoten. Suchen Sie eine nicht zu dünne Schnur und probieren Sie es aus.

Bei Knoten denkt man automatisch an die Beschäftigungen von Seeleuten und Pfadfindern, aber dahinter steckt auch ein Gebiet ernsthafter mathematischer Forschung. Eine an den Enden fest verknüpfte Schnur liefert ein gutes physikalisches Modell für das Konzept eines mathematischen Knotens. Ein Teil der Topologie, der *Knotentheorie* genannt wird, beschäftigt sich mit den Eigenschaften solcher geometrischen Gebilde. Wie wird ein Knoten formal definiert? In der Topologie besteht ein Knoten aus einer eindimensionalen Kurve, die im

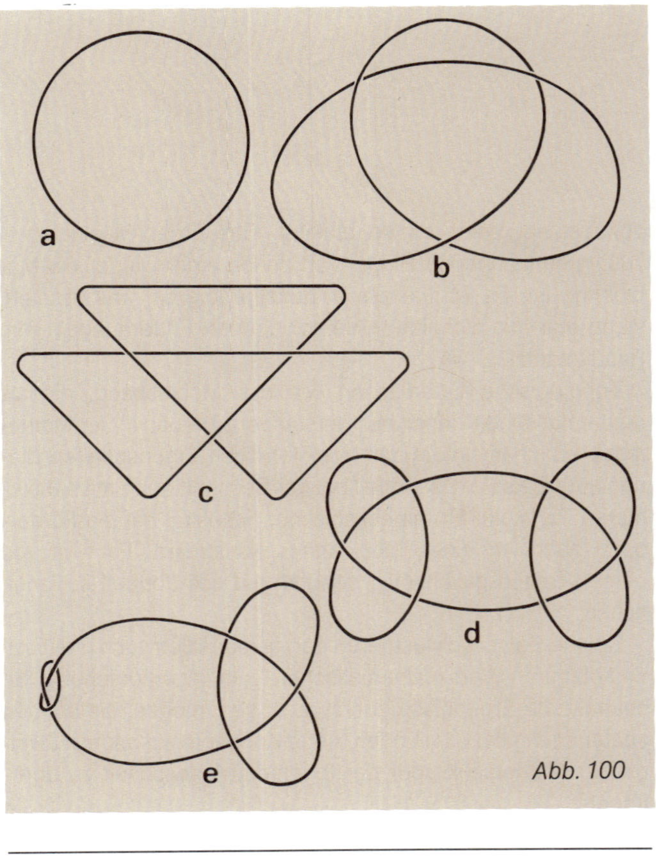

Abb. 100

Abb. 101

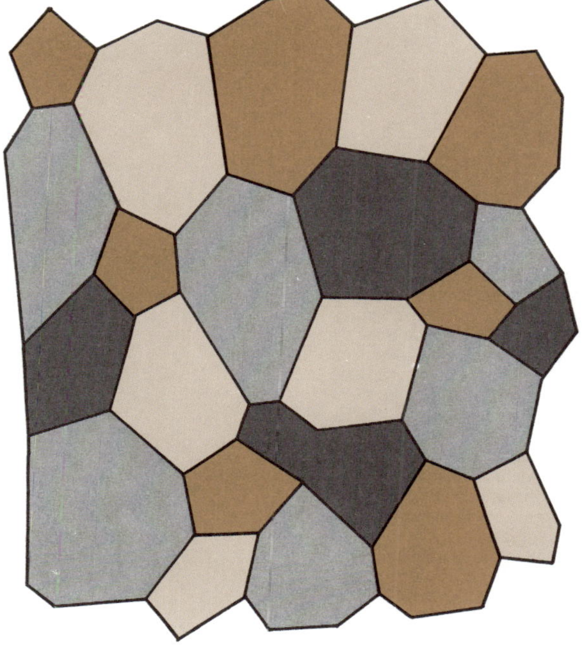

Abb. 102

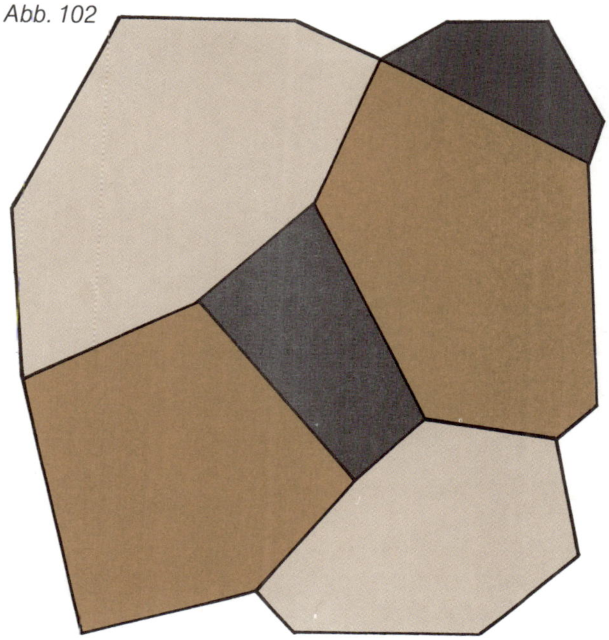

selben Punkt beginnt und endet und die, wenn sie räumlich dargestellt wird, sich nicht selbst schneiden darf. Die Gebilde in Abbildung 100 sind sämtlich Knoten, einschließlich des Kreises, den man als trivialen oder degenerierten Knoten bezeichnen kann.

Die Knotentheorie versucht, die mathematischen Eigenschaften solcher Kurven zu klassifizieren und zu analysieren. Im Rahmen dieses Buchs müssen wir uns auf einige kurze Bemerkungen beschränken. Die Knoten *b* und *c* zum Beispiel unterscheiden sich nur in der Form ihrer Schleifen, während sich *d* und *e* in ihrer Größe unterscheiden. Also kann man *b* und *c,* sowie *d* und *e* als äquivalent betrachten. Das theoretische Hauptproblem besteht genau darin, eine präzise Definition für die Äquivalenz von Knoten zu finden. In zweiter Linie steht die Frage der praktischen Anwendung der so gewonnenen topologischen Erkenntnisse.

Das Vierfarbentheorem

Eine der sich am hartnäckigsten einer Lösung widersetzenden Fragen war das Vierfarbentheorem. Es wurde erstmals 1852 von dem Engländer Francis Guthrie in einem Brief an seinen Bruder Frederick formuliert, der ein Schüler des berühmten Mathematikers Augustus de Morgan war.

Es ist üblich, auf einer Landkarte mit mehreren Staaten die benachbarten Länder mit verschiedenen Farben darzustellen. Was ist die Mindestanzahl von Farben, mit der sich jede noch so komplizierte Landkarte kolorieren läßt? Man hat herausgefunden, daß es mindestens vier sein müssen; drei Farben sind in manchen Fällen nicht genug, wie der Leser feststellen kann, wenn er versucht, die Karte in Abbildung 101 mit nur drei Farben auszumalen. Für die Landkarte in Abbildung 102 hingegen genügen drei Farben.

Die Tatsache, daß vier Farben für jede beliebige Karte ausreichen, hat zur Formulierung des folgenden Theorems geführt: *Bei jeder Teilung einer Ebene in mehrere Gebiete, die sich nicht überschneiden dürfen, lassen sich die Gebiete mit vier Farben in der Weise kolorieren, daß keine zwei benachbarten Gebiete die gleiche Farbe haben.* Gebiete sind benachbart, wenn sie eine gemeinsame Grenze haben, die länger ist als nur ein Punkt. Auf einem Schachbrett zum Beispiel sind die horizontalen oder vertikalen Felder benachbart, die diagonalen aber nicht, denn sie berühren sich nur in einem Punkt.

Im 19. Jahrhundert bemühten sich viele Mathematiker vergeblich, dieses Problem zu lösen. Alfred Bray Kempe, ein Londoner Anwalt und Mitglied der London Mathematical Society, veröffentlichte 1879 einen Aufsatz mit einem Beweis des Vierfarbentheorems. Obwohl sich herausstellte, daß er fehlerhaft war, beruhte die erst 1976 erfolgte endgültige Lö-

Rechts: Die Einzelteile eines Rubik-Würfels und verschiedene mögliche Kombinationen. Von links oben: 1) Ausgangslage, in der jede Seite eine andere Farbe hat. 2) Kreuzform, die man mit der Zugsequenz von Seite 89–90 erreicht. 3) Zufallsanordnung ohne erkennbare Ordnung. 4) Das Skelett des Würfels mit sechs verschiedenfarbigen Zentralfeldern an den senkrecht zueinander stehenden Achsen. 5) Die Kantenelemente mit zwei Farbseiten. 6) Die Eckelemente mit drei Farbseiten.

Der Rubik-Würfel trägt den Namen nach seinem Erfinder, dem ungarischen Architekten Ernö Rubik. Der Würfel fand eine derartige Verbreitung, daß 1982 in Ungarn sogar eine Weltmeisterschaft abgehalten wurde.

sung auf der Fortentwicklung seiner Gedanken. In der Zwischenzeit waren in den 30er und 50er Jahren bedeutende Fortschritte auf dem Gebiet der mathematischen Logik und Beweisführung gemacht worden. Beispielsweise fand man heraus, daß es Theoreme gibt, die zwar sehr knapp formuliert werden können, wie etwa das Vierfarbentheorem, bei deren Beweis man aber allein für die Niederschrift mehrere Jahre brauchen würde. (Wer sich mit diesem Thema ausführlicher beschäftigen möchte, findet genügend Hinweise in der Bibliographie im Anhang.) Erst mit der Entwicklung ultraschneller Rechner waren die technischen Voraussetzungen gegeben, und den endgültigen Beweis lieferten im Juni 1976 die beiden Mathematiker Kenneth Appel und Wolfgang Haken von der University of Illinois nach dem Einsatz von 1200 Computerstunden an drei Großrechnern.

Es gibt eine Reihe weiterer schwieriger mathematischer Probleme, die zwar prinzipiell lösbar sind, für deren Ausarbeitung man aber einen Rechner von der Größe des Universums und eine dessen Alter entsprechende Rechenzeit benötigte (siehe: Larry J. Stockmeyer und Ashok K Chandra, *Intrinsically Difficult Problems,* in: Scientific American, Nr. 240, May 1979).

Topologen und Amateurmathematiker amüsieren sich auch heute noch mit ähnlichen Fragen wie dem Vierfarbenproblem. Vielleicht überrascht es, daß es ihnen gelungen ist, vergleichbare Theoreme für viel kompliziertere Oberflächen aufzustellen wie den Möbiusring oder den Torus (eine topologische Figur in Form eines soliden Rings, Abb. 103).

Paradoxerweise ist die Analyse einfacher geometrischer Flächen weit schwieriger als die von komplizierten Flächen. Inzwischen wurde bewiesen, daß das Landkartenproblem, bei dem benachbarte Flächen verschieden gefärbt sein müssen, auf einem Möbiusring mindestens sechs Farben voraussetzt (Abb. 104), während es auf dem Torus mit nur sieben Farben zu lösen ist.

Ausgehend vom Theorem der vier Farben läßt sich ein einfaches Spiel erfinden. Dazu braucht man einen großen Bogen Papier und fünf verschiedene Buntstifte. Der erste

fifteen
cubo

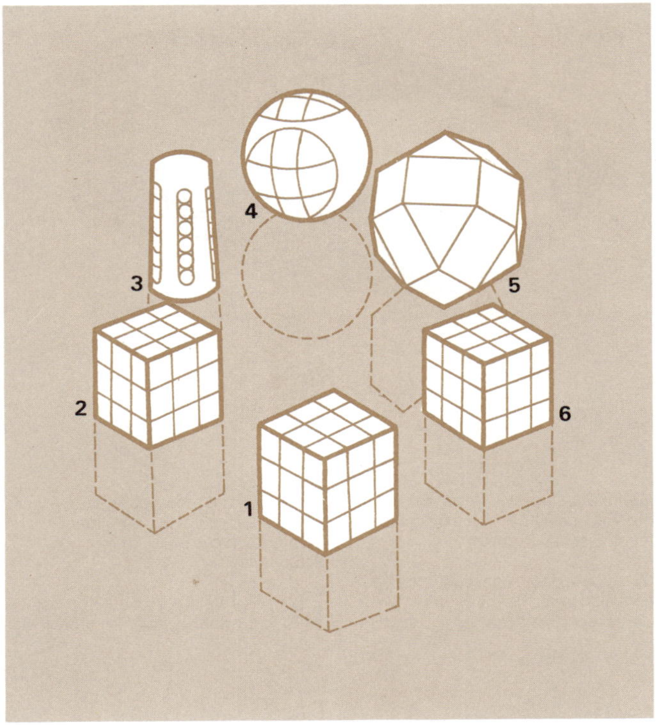

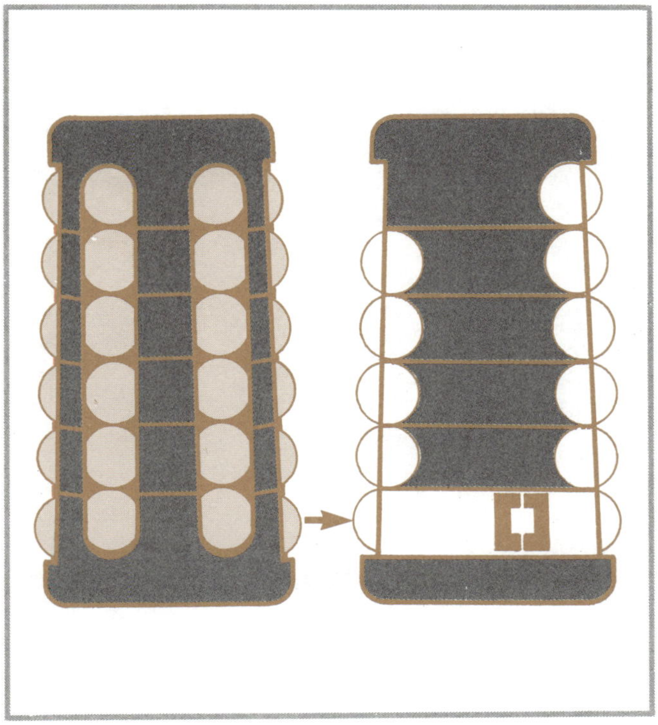

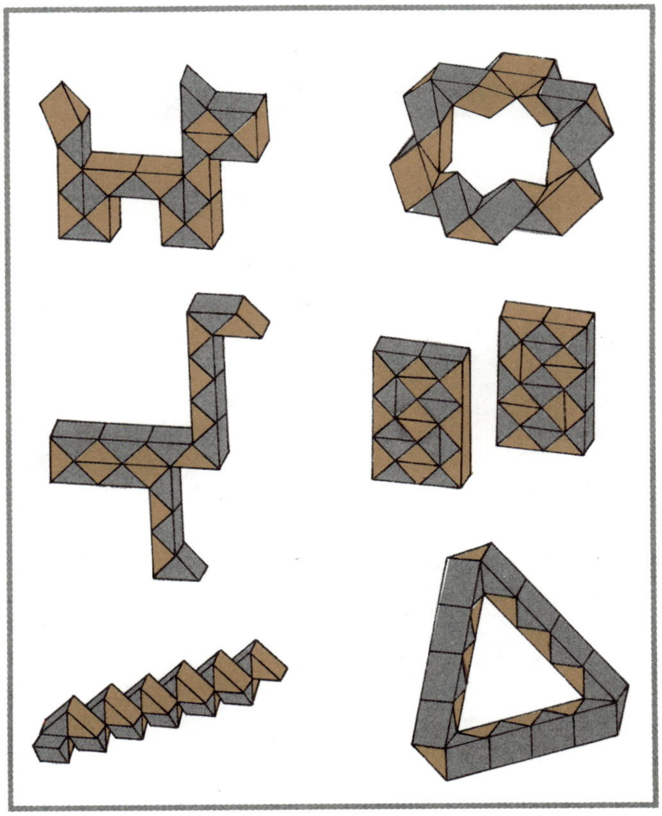

Auf der Welle der Begeisterung für den Rubik-Würfel entstanden einige andere Spiele, die vielleicht nicht davon abstammen, aber doch damit verwandt sind.

Links im Uhrzeigersinn von unten: 1) der bekannte Rubik-Würfel, 2) ein Würfel mit Zahlen statt Farben, 3) der Turm von Babel, 4) eine Kugel mit drehbaren Elementen nach dem Modell des Rubik-Würfels, 5) Rubiks magische Schlange, 6) ein Würfel mit komplizierterer Farbaufteilung.

Rechts oben: Der Turm von Babel. Auf den ersten Blick scheint dieses Spiel mit seinen rund 10^{30} Kombinationsmöglichkeiten nichts mit dem Rubik-Würfel zu tun zu haben. Es besteht aus einem ca. 8,5 cm hohen Zylinder mit 36 bunten Kugeln in sechs Abteilungen. In jeder Säule mit den Farben Blau, Grau, Rot, Braun, Gelb und Grün variieren die Kugeln von hell bis dunkel. Sie können sich waagerecht und senkrecht bewegen. Der Turm ist in Scheiben aufgeteilt, die sich drehen lassen, während die senkrechte Bewegung von zwei Öffnungen im Sockel ermöglicht wird, die eine Murmel aufnehmen können, so daß sich die Säule darüber absenkt. Nachdem alle Kugeln gemischt wurden, muß man wieder die Ausgangslage herstellen.

Rechts unten: Einige der Konstruktionen, die mit der magischen Schlange möglich sind, die ebenfalls von Ernö Rubik erfunden wurde. Aus ihr lassen sich mit etwas Phantasie über 2000 verschiedene Figuren bilden.

Abb. 103

Abb. 104

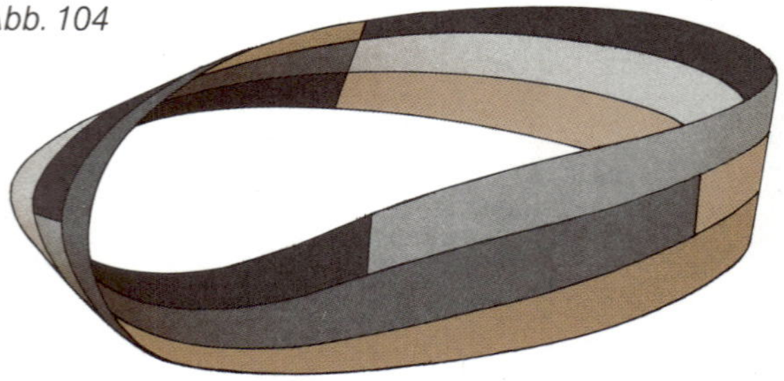

Gegenüberliegende Seite, links: Die drei Bilder illustrieren ein bekanntes topologisches Problem.

Oben: Ein geradliniges Muster, bei dem sich benachbarte Zonen mit nur zwei Farben unterscheiden lassen.

Mitte: Es wird eine zufällige neue Linie gezogen. Lassen sich die Zonen immer noch mit zwei Farben unterscheiden?

Unten: Die Lösung: Im unteren Teil werden die Farben einfach vertauscht.

Spieler kreist ein Gebiet ein wie in Abbildung 105 a. Der zweite füllt es mit einer Farbe aus und umkreist ein zweites Gebiet (105 b). Das muß wieder der erste Spieler mit einer anderen Farbe ausfüllen. Danach grenzt er ein neues Gebiet ein (105 c) und so weiter. Die Spieler fahren damit fort, wobei keine zwei benachbarten Gebiete dieselbe Farbe haben (105 d) und nie mehr als vier Farben benutzt werden dürfen. Es verliert, wer als erster gezwungen ist, die fünfte Farbe zu benutzen, weil sein Gegner das neue Gebiet so raffiniert plaziert hat.

Abb. 105

a

b

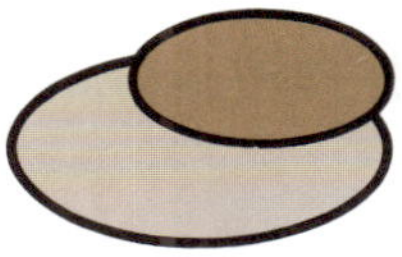

c

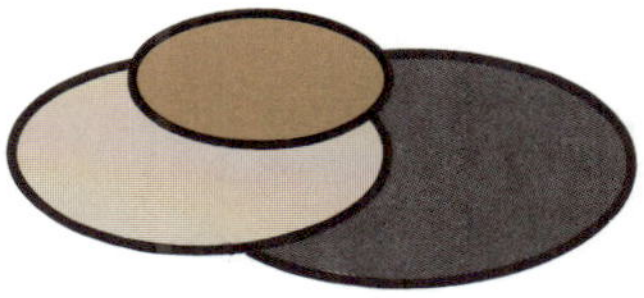

d

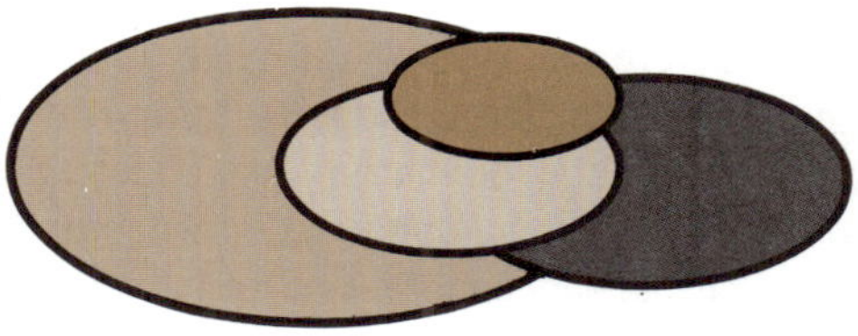

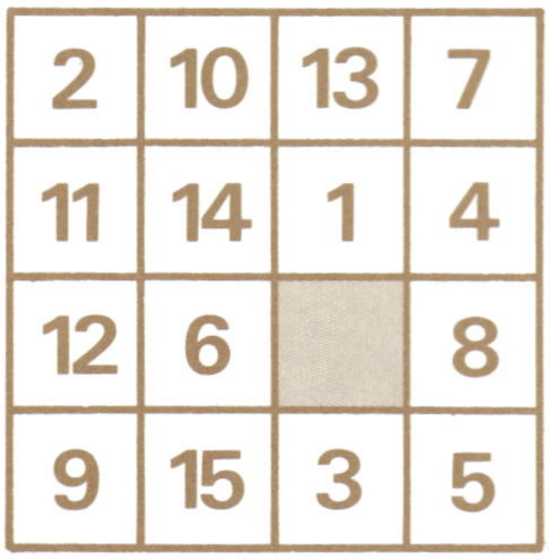

Abb. 106

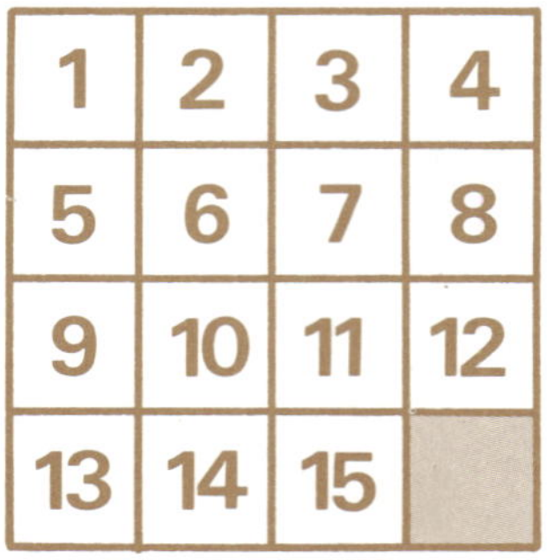

Abb. 107

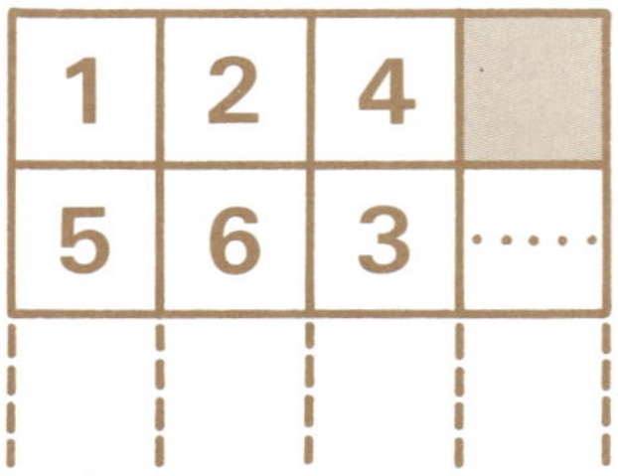

Abb. 108

Abb. 109

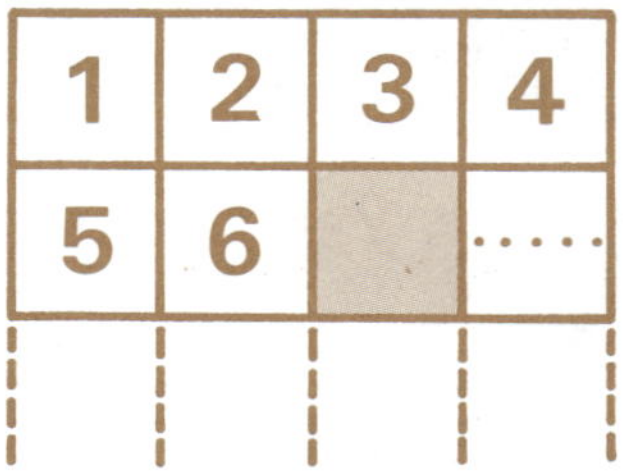

Abb. 110

Der Rubikwürfel

Der Erfinder dieses magischen Objekts ist der ungarische Architekt Ernö Rubik. Er beschreibt den Würfel als »ein wunderbares Beispiel für die rigorose Schönheit und den großen Reichtum der Naturgesetze. Er ist ein überraschendes Beispiel für die bewundernswerte Fähigkeit des menschlichen Verstandes, ihre wissenschaftliche Strenge zu demonstrieren und zu beherrschen ... Er ist ein Beispiel, das die Einheit des Wahren und Schönen zeigt, was für mich ein und dasselbe ist« (siehe: André Warusfel, *Réussir le Rubik's Cube,* Denoel, Paris 1981).

Dieser Kopfzerbrecher tauchte in Deutschland 1978 herum auf und eroberte rasch die Leidenschaft von Mathematikern und Denksportamateuren der ganzen Welt. Davon zeugten die zahllosen Miniaturwürfel in Form von Ohrhängern, Krawattennadeln oder Schlüsselanhängern. Überall sah man begeisterte Jugendliche, die an den bunten Würfeln kurbelten, um eine bestimmte Kombination zu erzeugen. Das Spiel wurde so populär, daß die weltweiten Verkaufszahlen im zehnfachen Millionenbereich liegen. Zahllose Bücher und Zeitungsartikel beschrieben seine Eigenschaften. 1982 wurden in Budapest die ersten Weltmeisterschaften im Würfeldrehen abgehalten. Manche glaubten sogar, in der »Kubologie« eine — wenn auch noch in den Kinderschuhen steckende — neue Wissenschaft mit großer Zukunft zu erkennen.

Der Rubikwürfel besteht aus 26 kleineren bunten Würfeln, die zusammen einen Kubus der Dimension $3^3 = 3 \cdot 3 \cdot 3$ bilden. Es ist das Ziel des Spiels, nach gründlichem Mischen wieder die Ausgangslage herzustellen, wo jede Seite ihre eigene Farbe hat.

Ein enger Verwandter

An dieser Stelle sollte man an den zweidimensionalen Vorläufer des Rubikwürfels erinnern. Im Jahr 1870 erfand der Amerikaner Sam Loyd das Fünfzehnerpuzzle, einen 4×4 Felder großen quadratischen Rahmen mit 15 verschiebbaren Zahlenplättchen (Abb. 106). Es ermöglicht ungefähr 21 Milliarden Kombinationen. Der Rubikwürfel hat zwei Millionen Mal mehr, genauer: 43.252.003.274.489.856.000 Kombinationen. Selbst bei einer Rate von einem Versuch pro Sekunde brauchte man

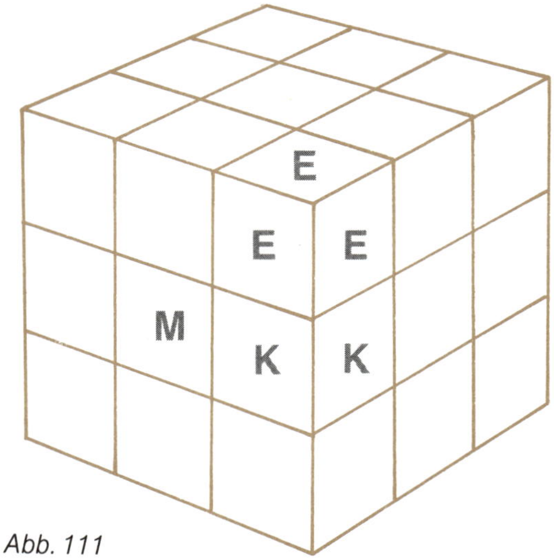

Abb. 111

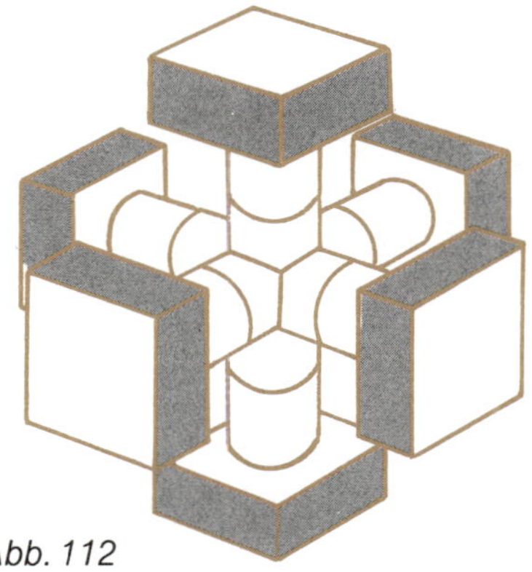

Abb. 112

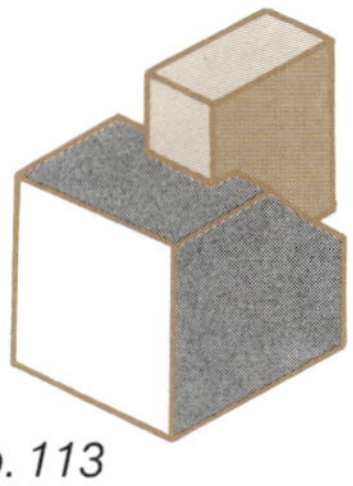

Abb. 113

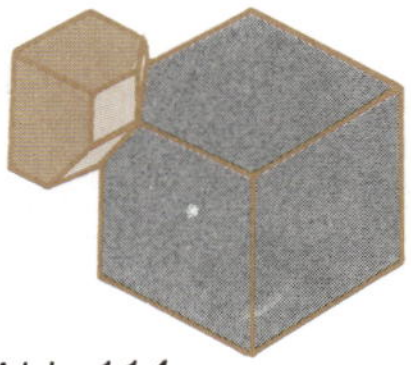

Abb. 114

1.360.000.000.000 Jahre, um alle Möglichkeiten zu probieren. Vielleicht liegt gerade in dieser riesigen Zahl das Geheimnis des Erfolgs des Würfels. Auch wenn das Fünfzehnerpuzzle nie so verbreitet war wie der Rubikwürfel, wollen wir es kurz untersuchen, was uns beim Verständnis des Würfels helfen wird.

In dem 4 × 4-Rahmen stecken 15 von 1 bis 15 numerierte Zahlenplättchen. Ein Feld ist leer. Es kommt darauf an, beginnend mit einer Zufallsposition (Abb. 106), zu einer geordneten Position (Abb. 107) zu gelangen. Die Plättchen lassen sich nur waagerecht und senkrecht, aber nicht diagonal verschieben. Dazu dient das leere Feld.

Angenommen, das Spiel hätte das Stadium von Abbildung 108 erreicht. Im nächsten Zug schiebt man die 4 in die Lücke rechts davon und kann nun die 3 an ihren Platz bringen. Das Ergebnis zeigt Abbildung 110.

Geschichtlicher Überblick

Die Idee des magischen Würfels entstand gleichzeitig in Ungarn und Japan. Mitte der 70er Jahre legte der 1944 geborene Architekt Ernö Rubik, der eigentlich die Fächer Planung und Konstruktion unterrichtet, einen ersten Entwurf vor und ließ sich den simplen, aber genialen Drehmechanismus patentieren. Nur ein Jahr später entdeckte der japanische Ingenieur Terutoshi Ishige ein ähnliches Prinzip und erhielt dafür ein japanisches Patent. In Ungarn, wo etwa zwei Millionen Exemplare verkauft wurden, wurde der Würfel zuerst als didaktisches Instrument an Schulen eingesetzt, bevor man ihn als Spiel entdeckte. Gewiß bietet die selbst für die einfachsten Operationen nötige Konzentration ein sinnvolles Training der geistigen Disziplin. Schon von Anfang an gab es kleinere Wettkämpfe, und soweit man weiß, hat in Ungarn ein zwölfjähriger Junge die richtige Lösung in der Rekordzeit von zwölf Sekunden geschafft.

Ein simpler Mechanismus

Da gibt es ein Rätsel im Rätsel. Versuchen Sie doch mal, sich, ohne den Würfel auseinanderzunehmen, eine Vorstellung davon zu machen, nach welchem Prinzip die Rotation der Teilwürfel möglich ist.

Abb. 115

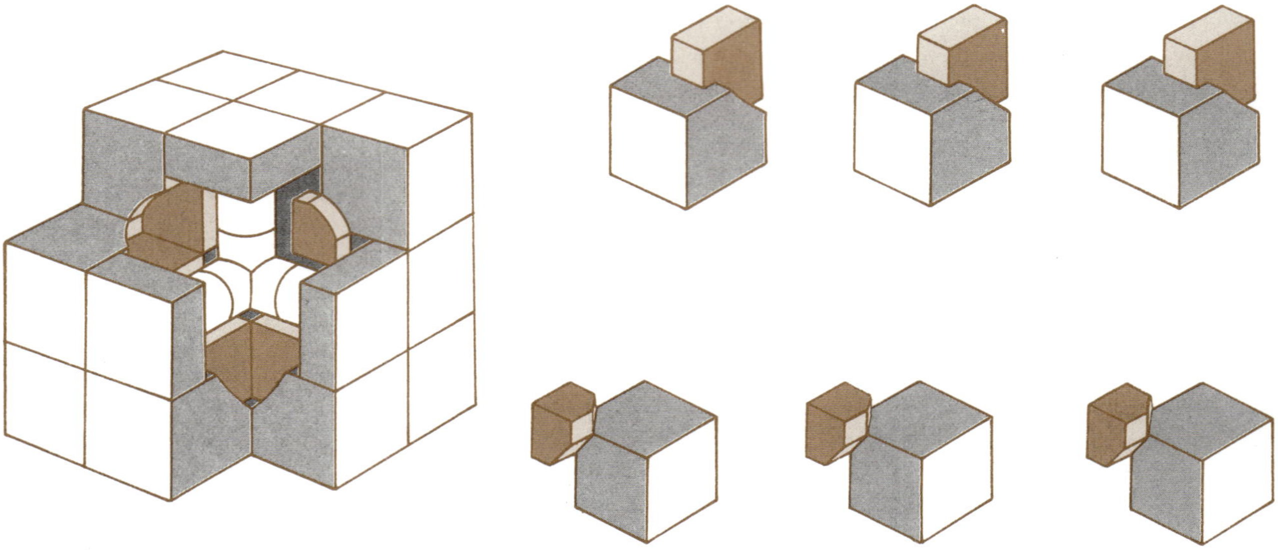

Man mag an einen elastischen Werkstoff denken, an Drähte mit besonderen Eigenschaften oder einen starken Magneten. Überraschenderweise ist die Lösung viel einfacher und rein mechanisch. Wir wollen versuchen, sie zu beschreiben, obwohl man den Würfel wohl am besten im praktischen Umgang kennenlernt. Es gibt drei Arten von Teilwürfeln, aus denen der Rubikwürfel zusammengesetzt ist (Abb. 111). Die sechs Mittelstücke haben nur eine Fläche (Abb. 112). Die zwölf Kanten haben zwei Seiten (Abb. 113), und die acht Ecken haben je drei Seiten (Abb. 114). Mit Abbildung 115 bekommt man eine Vorstellung von dem Zusammenspiel der Zapfen, das die Drehung der Teilwürfel erlaubt.

Was den Würfel zu einem einzigartigen Denkspiel macht, sind die Möglichkeiten, bestimmte Ordnungen herzustellen. Es gibt verschiedene Ordnungen, d. h. regelmäßige Anordnungen der Teilwürfel. Besonders schwierig ist es, nach mehrmaligem Mischen die Ausgangslage wiederherzustellen, bei der jede Würfelseite nur eine Farbe hat. Da das noch niemandem durch bloßes Probieren gelungen ist, muß man rational vorgehen und mit der Gruppentheorie jenen Zweig der Mathematik heranziehen, der sich in Form bestimmter Symbole und Regeln mit den vielfachen Kombinationsmöglichkeiten des Würfels beschäftigt.

Die bei weitem einfachste Methode, den Ausgangszustand wiederherzustellen, besteht darin, den Würfel auseinanderzunehmen. Zuerst gibt man der oberen Lage eine Achteldrehung. Dann setzt man einen Schraubenzieher (oder einen Löffelgriff, einen flachen Schlüssel oder ähnliches) zwischen der oberen Lage und einem der sichtbar gewordenen schwarzen Dreiecke an (Abb. 116). Man hebelt in Pfeilrichtung, und das Kantenstück gleitet aus seinem Sockel, wobei ein Teil des Mechanismus sichtbar wird (Abb. 117). Man entfernt ein Eckstück, indem man es nach innen dreht, und nun lassen sich die beiden Teile darunter (eine Kante und eine Ecke) leicht nach oben schieben (Abb. 118). Wenn man die losen Teile mit der Farbseite nach vorn vor sich ordnet, hat man beim späteren Zusammenbau weniger Probleme. Als nächstes entfernt man die gesamte obere Lage, wobei man die Teile in Richtung der in Abbildung 118 entfernten Ecke herauszieht. Das führt zu Abbildung 119.

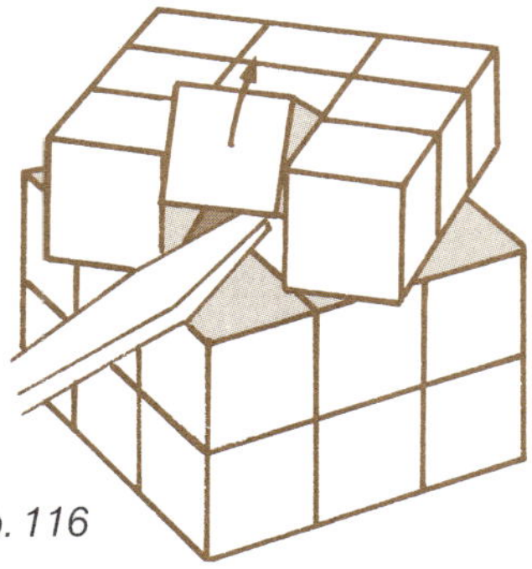

Abb. 116

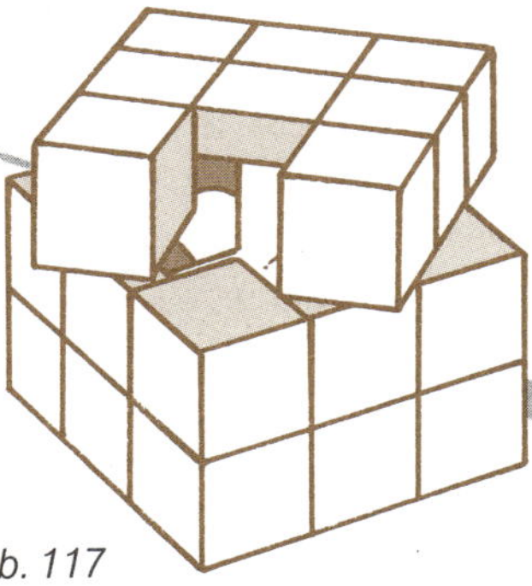

Abb. 117

Abb. 118

Abb. 119

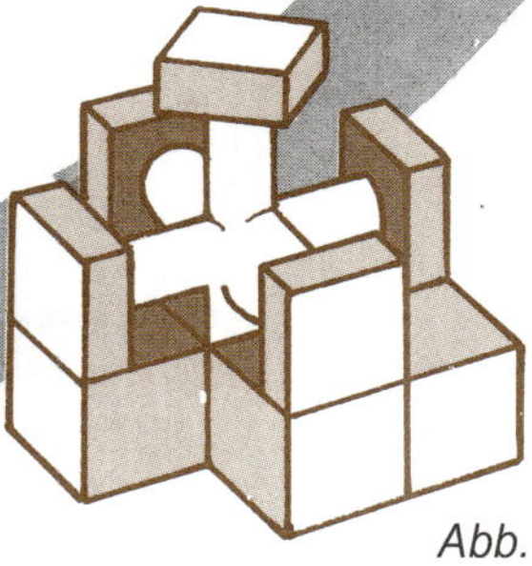

Abb. 120

Abb. 121

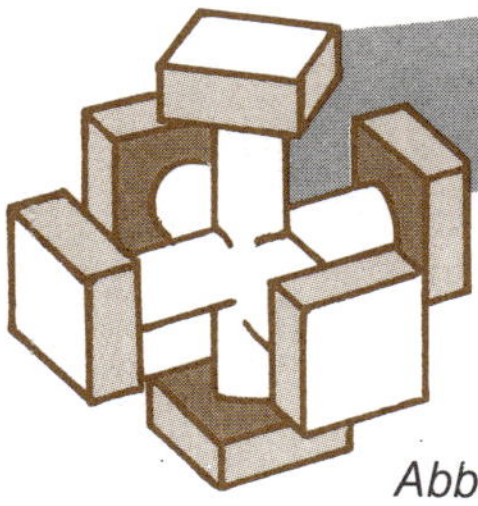

Abb. 122

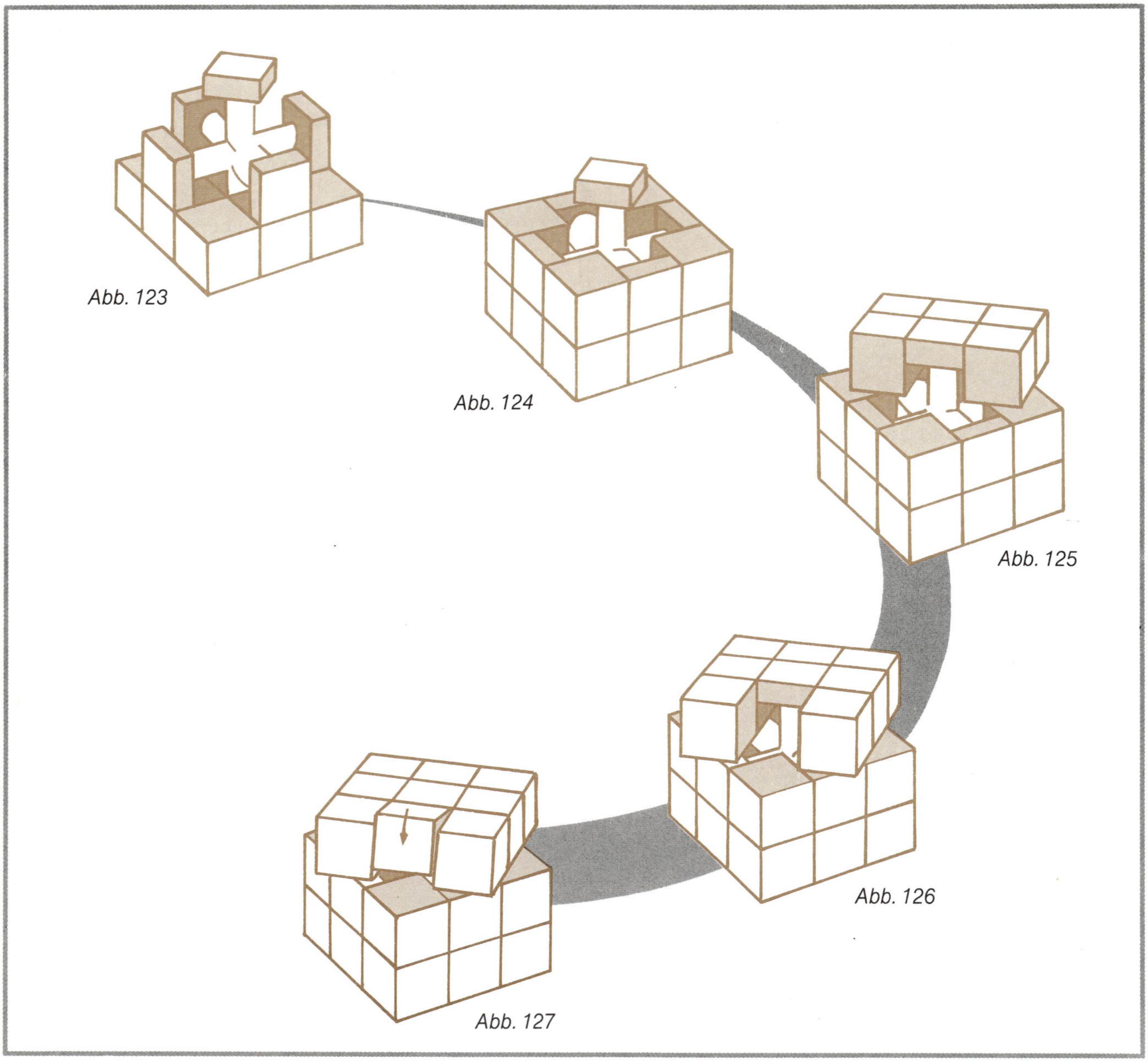

Abb. 123

Abb. 124

Abb. 125

Abb. 126

Abb. 127

Wenn die obere Lage einmal weg ist, lassen sich die anderen Teile ohne weiteres von oben nach unten abbauen (Abb. 120). Die untere Lage zerlegt sich beinahe von selbst (Abb. 121). Zum guten Schluß bleibt nur noch das Skelett mit den sechs verschiedenfarbigen Mittelstücken übrig. Sie hängen an drei senkrecht aufeinanderstehenden Achsen, was ihren Bewegungsspielraum auf eine einfache Drehung beschränkt (Abb. 122).

Anders als diese sechs Mittelstücke sind die übrigen Teile des Würfels ebenfalls kleine Würfel; sie besitzen einen nach innen gerichteten Sockel, der sie mit den anderen Teilen verschränkt. Jetzt ist es leicht, den Drehmechanismus zu verstehen. Ohne aneinander befestigt zu sein, unterstützen sich die Teile gegenseitig. Ein Kantenstück hält den Sockel einer Ecke, die wiederum dem Sockel eines Kantenstücks Halt gibt. Die Mittelstücke bilden den zentralen Angelpunkt.

Abb. 128

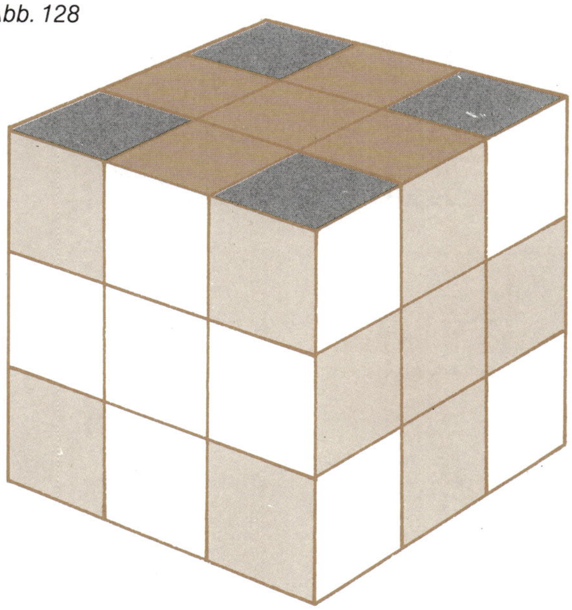

Abb. 129

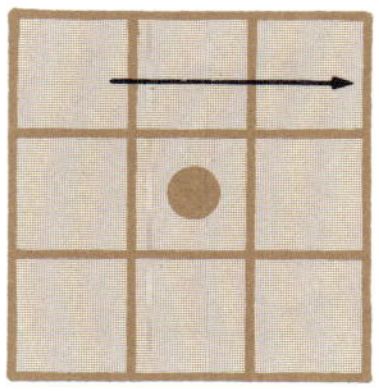

Abb. 130

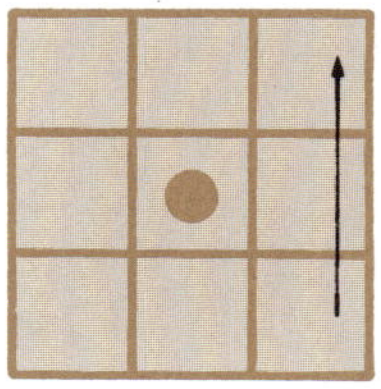

Abb. 131

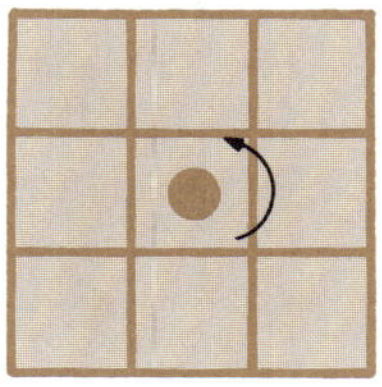

Abb. 132

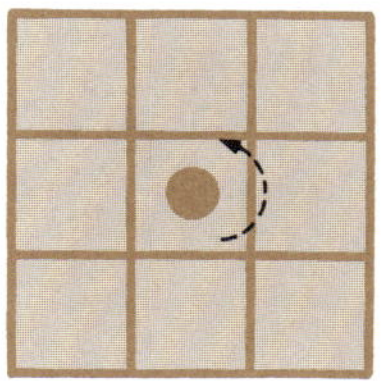

Nun können wir den Würfel wieder zusammensetzen. Zuerst wählen wir die Farbe der unteren Fläche, zum Beispiel Orange. Dann suchen wir die Kanten mit den Farben Orange-Weiß, Orange-Grün, Orange-Gelb und Orange-Blau. Manchmal lassen sie sich nur mit einem leichten Druck oder einer kleinen Drehung befestigen. Jetzt können von oben die vier Ecken eingefügt werden, und es entsteht die Figur von Abbildung 123. Die mittlere Lage entsteht durch Einfügen der Kanten auf den gerade befestigten Ecken. Sie haben die Farben Gelb-Blau, Grün-Gelb, Weiß-Grün und Weiß-Blau (Abb. 124).

Vier Kanten und vier Ecken sind noch übrig. Die Kanten werden genau in umgekehrter Weise wie beim Zerlegen wieder eingebaut. Wenn wir mit der weiß-roten Kante beginnen, geben wir der zu zwei Drittel fertigen grünen Seite eine Achteldrehung und setzen die Kante ein (Abb. 125). Es folgen die weiß-grün-rote und die rot-weiß-blaue Ecke. Nun drehen wir die gelbe Seite um ein Achtel und befestigen die rot-grüne Kante sowie die rot-gelb-grüne Ecke. Ebenso verdrehen wir jetzt die blaue Seite und fügen die rot-gelbe Kante und die rot-gelb-blaue Ecke ein (Abb. 126). Schließlich schiebt man, nachdem man die rote Seite etwas verdreht hat, das rot-blaue Kantenstück mit sanftem Druck an seinen Platz, und der Würfel ist wieder komplett (Abb. 127).

Eine erste Lösung

Wir wollen nun eine einfache Sequenz vorführen, die die Ausgangslage in ein Kreuzmuster überführt (Abb. 128). Doch zuerst sollen unsere Begriffe und Symbole definiert werden, wobei der Leser gleich einen Einblick in die »Kubologie« erhält. Abbildung 129 zeigt eine Vierteldrehung (90°) der oberen Lage gegen den Uhrzeigersinn. Der Kreis in der Mitte markiert den Bezugspunkt sämtlicher Bewegungen.

Der Pfeil in Abbildung 130 zeigt eine Vierteldrehung der rechten Seite. In Abbildung 131 sehen Sie eine Vierteldrehung der Vorderseite gegen den Uhrzeigersinn. Der gestrichelte Pfeil in Abbildung 132 schreibt hingegen eine Drehung der hinteren Fläche vor.

Eine Drehung der mittleren Lage wird wie in Abbildung 133 dargestellt. Schließlich wollen wir festlegen, daß mit einem Doppelpfeil grundsätzlich Drehungen um 180° gemeint sind (Abb. 134–136).

Unsere Operation besteht aus zwölf Zügen. Sie kann mit jeder Fläche beginnen, die dann bei allen Folgezügen als Bezugspunkt beibehalten wird (Abb. 137). Das Ergebnis ist dasselbe, wenn die Züge in umgekehrter Reihenfolge — von 12 bis 1 — ausgeführt werden.

Abb. 137

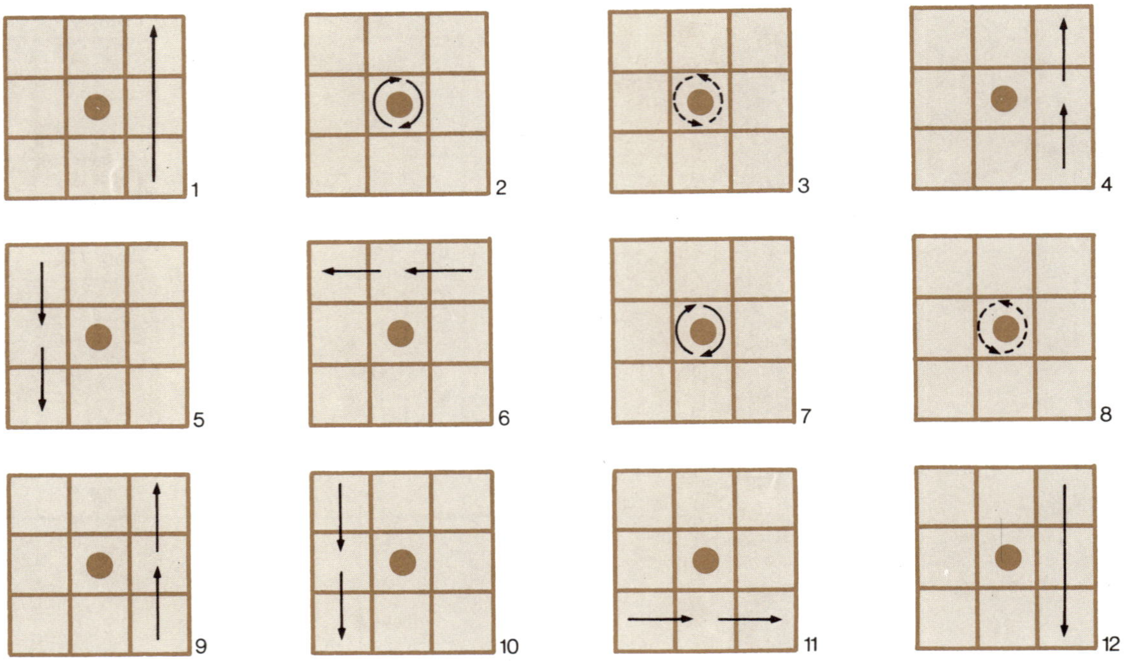

Dies ist nur eine Einführung, und sie wirkt täuschend einfach. Wenn Sie mit den Zügen herumprobieren, werden Sie manche Überraschung und Pein erleben. Darum ist es klug, die Bewegungen der 26 Würfel genau zu studieren und zu üben, wie sich der ganze Würfel notfalls schnell zerlegen und glatt wieder zusammenbauen läßt. Machen Sie kleine Übungen, doch sollten Sie sich dabei auf die Hilfe eines guten Freundes oder eines der zahllosen Bücher stützen, die den Novizen durch das weite Feld der $43 \cdot 10^{18}$ Kombinationen geleiten.

Ein letzter Rat: Verlassen Sie sich nicht auf das mechanische Abspulen vorgefertigter Zugfolgen, sondern versuchen Sie, zum eigenen Nutzen die mathematischen Hintergründe des Würfels zu verstehen.

Abb. 133

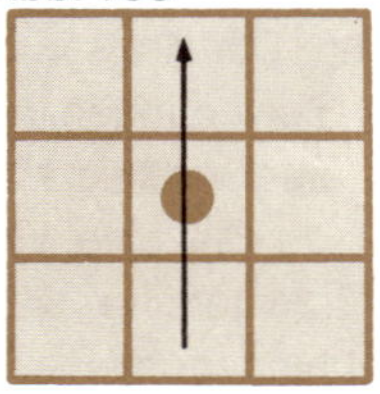

Abb. 134

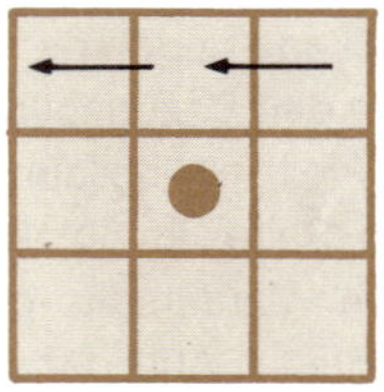

Abb. 135

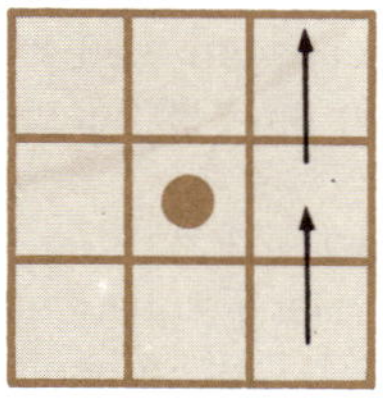

Abb. 136

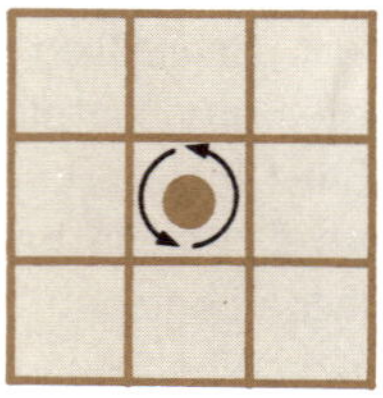

PARADOXA UND ANTINOMIEN

Das Unendliche! Kein anderes Problem hat den menschlichen Geist tiefer bewegt. (David Hilbert)

Die Funktion von Paradoxa in der Entwicklung des mathematischen Denkens

In den vorigen Kapiteln sind wir bei manchen Spielen und mathematischen Fragen bereits auf paradoxe Ergebnisse gestoßen, die der normalen Anschauung oder Einsicht zuwiderliefen und uns überraschten. Eine Ursache für Paradoxa in Zahlenspielen war die Division durch Null (S. 28). Das ist eine sinnlose Operation, die, einmal in eine Beweisführung eingeführt, zu so absurden Ergebnissen wie $2 = 1$ führen kann. Bei den Figurenspielen haben wir das seltsame Ergebnis einer Neuordnung von Flächen erlebt, wo etwas aus nichts zu entstehen schien. Die Ursache war eine ungenaue Zerlegung der Flächen.

Die Geschichte des mathematischen und geometrischen Denkens wird von logischen Problemen begleitet, die man als Paradoxa und Antinomien bezeichnet. Das Wort *Paradoxon* (Plural: *Paradoxa*) stammt aus dem Griechischen und bedeutet ursprünglich »gegen die öffentliche Meinung«. Es bezieht sich auf Aussagen, die in eklatantem Widerspruch zu allgemeinen Ansichten oder elementaren Prinzipien der Logik stehen. Der Begriff *Antinomie* ist ebenfalls griechischen Ursprungs und stammt aus der Rechtssprache; er bedeutet soviel wie »gegen das Gesetz«. Inzwischen gilt er vor allem als philosophischer Fachbegriff und bezieht sich auf logische Widersprüche zwischen zwei gleichermaßen gültigen Aussagen. Der menschliche Verstand hat eine Tendenz, solche Probleme auflösen zu wollen. Für unsere Zwecke genügt es, daß beide Begriffe in enger Sinnverwandtschaft stehen.

Historisch haben Paradoxa und Antinomien immer wieder die positive Rolle gespielt, auf verborgene logische Probleme hinzuweisen. Sie haben Mathematiker und Logiker dazu gezwungen, Fragestellungen zu überdenken und Theorien neu zu begründen. Zu gewissen Zeiten hat das nicht nur in der Mathematik, sondern auch in anderen Wissenschaften zu einem grundsätzlichen Neuanfang geführt.

In diesem Kapitel wollen wir neben einigen Paradoxa, die die Philosophen des antiken Griechenlands interessiert haben, einen Blick auf eine moderne Antinomie werfen, die Bertrand Russell im Jahre 1902 entdeckte und die einige Grundgedanken der Mengenlehre berührt.

Links: Der Satz des Pythagoras aus den *Elementen* Euklids in der Übersetzung von Ishaq Ibn Honein aus dem 9. Jahrhundert.

Rechts: Eine grafische Darstellung des Satzes des Pythagoras. Das Quadrat über der Hypotenuse eines rechtwinkligen Dreiecks ist gleich der Summe der Quadrate über den beiden Katheten. Die kleinen Kästchen verbinden die Figur mit dem arithmetischen Ausdruck und bestätigen ihn anschaulich.

Pythagoras und die Pythagoreer

Ein sehr früh berühmt gewordenes Paradoxon wurde von den Pythagoreern entdeckt, die man für die Begründer der gesamten griechischen Mathematik hält. Man versteht ihre theoretische und historische Bedeutung aber erst nach einigen Vorbemerkungen zu Pythagoras und den Lehren seiner Schüler.

Pythagoras kennt man vor allem wegen seines gleichnamigen »Satzes«. In Wirklichkeit war dieses Theorem bereits Jahrhunderte vorher im Babylonien des Hammurabi wie auch im antiken Ägypten bekannt gewesen. Pythagoras wurde Mitte des 6. Jahrhunderts v. Chr. auf der Insel Samos vor der Westküste Kleinasiens geboren. Um 530 v. Chr. reiste er nach Kroton in Magna Graecia (Süditalien). Hier gründete er eine ethisch-religiöse Gemeinschaft, deren Mitglieder nach moralischen und intellektuellen Gesichtspunkten ausgewählt wurden. Sie waren zur Befolgung strikter Regeln verpflichtet, mußten das heilige Schweigen einhalten und die Autorität der Lehre des Pythagoras anerkennen. Die praktischen Regeln zielten auf eine asketische Vervollkommnung und eine Vorbereitung auf das Jenseits. Die Pythagoreer vertraten die Lehre der Metempsychose, also der Seelenwanderung: Die Seele stirbt nicht mit dem Leib, sondern hält nach dem Tod Einzug in einen anderen menschlichen oder tierischen Organismus. Darin realisiert sich eine bestimmte Form der Gerechtigkeit, weil die Schulden oder Verdienste eines irdischen Lebens, verstanden als größere oder geringere Befreiung von den Leidenschaften, sich in der Wiedergeburt in einem niedriger oder höher stehenden Wesen ausdrücken. Eine verdiente Seele wandert in einen anderen Menschen, während eine, die keinerlei Verdienste erworben hat, in der Gestalt eines abstoßenden Tiers weiterleben muß.

Die Entdeckungen der pythagoreischen Schule, wie auch die Art ihrer Studien, mußten geheimgehalten werden, was darauf schließen läßt, daß die Pythagoreer eine Sekte waren. Es sind verschiedene Legenden überliefert über das tragische Schicksal derjenigen, die es wagten, die geheimen Kenntnisse zu verbreiten.

Das philosophische Fundament der pythagoreischen Lehre war der Satz: *»Die Zahl ist das Wesen aller Dinge.«* Zahlen bilden nicht nur das innere Prinzip der Dinge, sondern geradezu die Substanz und Materie, aus der sie bestehen, materielle

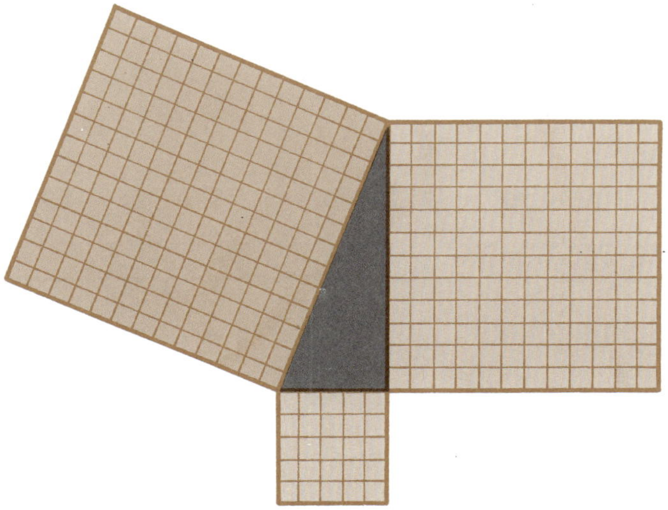

$5^2 + 12^2 = 13^2$

Punkte, die zwar unendlich klein, doch nicht ohne Ausdehnung sind und aus denen alles zusammengesetzt ist. Die Zahlen teilen sich in die Klassen *gerade* und *ungerade,* und jede beliebige Zahl kann als Zusammensetzung aus Geradem und Ungeradem verstanden werden.

Daraus schlossen die Pythagoreer, daß Gerades und Ungerades nicht nur die universellen Elemente der Zahlen, sondern aller Dinge im Kosmos sein müßten. Darüber hinaus identifizierten sie das Ungerade mit dem Begrenzten und das Gerade mit dem Unbegrenzten, insofern jenes der Teilung durch zwei eine Grenze setzt, dieses aber nicht. Daraus folgerten sie, daß alles aus *Begrenztem* und *Unbegrenztem* bestehe. Entsprechend identifizierten sie das Ungerade mit dem Perfekten und das Gerade mit dem Unvollkommenen, was ein späterer Kommentator so zu erklären versuchte: Das Ungerade ist vollkommen, weil es ein »Symmetriezentrum« hat. Unter den ungeraden ist die Drei die vollkommenste Zahl, weil sie »Anfang, Mitte und Ende« hat. Hingegen sind gerade Zahlen ihrem Wesen nach unvollkommen, weil sie in zwei Teile zerlegt werden können und deshalb keinen inneren Zusammenhalt haben.

Alles besteht aus entgegengesetzten Elementen. Die fundamentalen Gegensätze, die die objektive und subjektive Realität erklären, sind in der heiligen Zahl Zehn enthalten:

1) Begrenzt und Unbegrenzt
2) Ungerade und Gerade
3) Einheit und Vielheit
4) Rechts und Links
5) Männlich und Weiblich
6) Ruhe und Bewegung
7) Gerade und Gebogen
8) Hell und Dunkel
9) Gut und Böse
10) Quadrat und Rechteck

Es erscheint seltsam, daß die gerade Zahl Zehn eine heilige Zahl gewesen sein soll. Aber Philolaus, ein Pythagoreer des 5. Jahrhunderts, erklärt das so: »Die Dekade ist das Funda-

Abb. 138

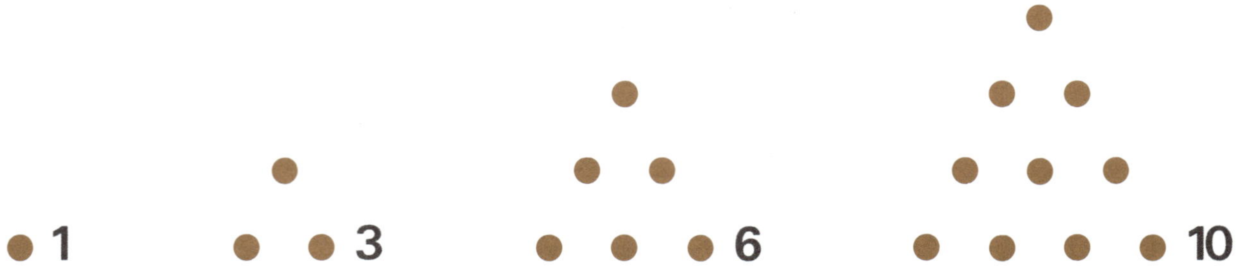

Abb. 139

ment aller Dinge ... zugleich Prinzip des göttlichen, himmlischen und menschlichen Lebens ... ohne sie wäre alles unbestimmt, dunkel und verschlossen ...« In der Tat enthält die Zehn gleich viele gerade und ungerade Zahlen, die Einheit und die erste gerade Zahl, die erste ungerade und die erste Quadratzahl, also die Basis aller anderen Zahlen. Nicht umsonst war das mystische Symbol der Pythagoreer die *Tetraktys,* in der die Zehn als Summe der ersten vier Zahlen ($10 = 1 + 2 + 3 + 4$) vorgestellt wurde.

Da es Gegensätze gibt, muß es auch etwas geben, was sie zusammenführt. Das Bindeglied ist die *Harmonie,* definiert als »Einheit des Vielfältigen und Eintracht des Widerstreitenden«. So besteht alles aus Zahl und Harmonie, wie jede Zahl wieder eine harmonische Verbindung von Geradem und Ungeradem ist.

Geometrische Darstellung von Zahlen

Später dehnten die Pythagoreer ihre Zahlentheorie auch auf die Geometrie aus. Sie erklärten, die geometrischen Figuren und die Beziehungen zwischen ihnen seien von Zahlen bestimmt. Ihre *Dreieckszahlen* weisen auf eine enge Verbindung zwischen Arithmetik und Geometrie (Abb. 138). Auch der Begriff *Quadratzahl* (Abb. 139) scheint pythagoreischen Ursprungs zu sein.

Obwohl diese Darstellungen viel älter als Pythagoras sind und schon auf neolithischen Tonscherben auftauchen, haben die Pythagoreer doch ihre arithmetischen Eigenschaften erhellt. Auch die Benutzung des Abakus, der ebenfalls schon wesentlich früher bekannt war (siehe S. 14–19), hängt mit der geometrischen Darstellung von Zahlen zusammen. Mit dem Abakus hängt wahrscheinlich auch die Methode zusammen, Quadratzahlen als Summe aufeinanderfolgender ungerader Zahlen zu bilden (Abb. 140). Die schwarzen Linien in der Abbildung nannte man *Gnomone,* nach dem griechischen Wort für Zeiger, Lineal oder Sonnenuhr.

Die Zahlen hielt man für so mächtig, daß sich um sie ein ganzer Kult entwickelte. Besonders die Entdeckung, daß sich auch die Musik in Zahlenverhältnissen ausdrücken läßt, beförderte die Mystifizierung der Mathematik. Der Musik gaben die Pythagoreer die Aufgabe, die Seele zu reinigen. Selbst die Vorbereitung der Schüler auf die asketischen moralischen Regeln des Ordens geschah durch Musik.

Ein tragisches pythagoreisches Paradoxon: Das Gerade ist ungerade!

Das scheinbar so elegante System der Pythagoreer hatte einige verborgene Schwächen. Sie stellten sich die Zahlen als

Abb. 140

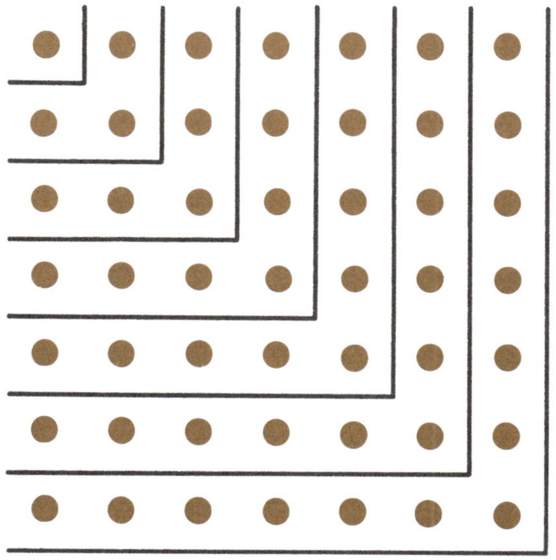

Abb. 141

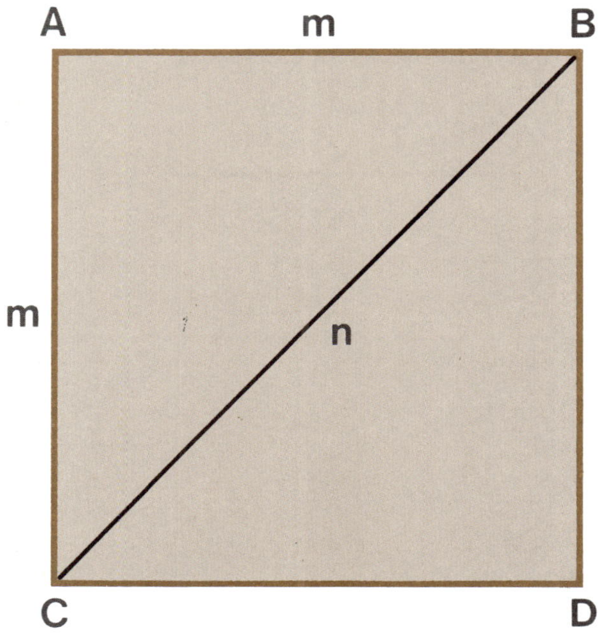

Mengen von *Punkten* (die sie z. B. mit Kieseln darstellten) vor, jeder mit seiner eigenen festen Position. Auch die geometrischen Figuren konnte man sich als endliche Menge von Punkten vorstellen, die wie ebenso viele Getreidekörner dicht nebeneinander liegen. Aus diesem Grund anerkannten sie nur *ganze Zahlen* und drückten auch Längenverhältnisse nur in ganzen Zahlen aus.

Nehmen wir das Quadrat ABCD (Abb. 141), und setzen wir voraus, daß die Seite AB aus Einzelpunkten der Zahl *m* besteht. Die Diagonale dagegen besteht aus *n* Punkten.

Weil sich die Pythagoreer geometrische Figuren als endliche Menge von Punkten vorstellten, gab es für sie keine inkommensurablen (unvergleichbaren) Längen. Zwei beliebige Längen mußten stets mindestens einen gemeinsamen Teiler haben, und sei es die »Monade«, der Einheitspunkt, aus dem alle Längen zusammengesetzt sind. Man kann sich daher das Staunen und die Verwirrung der Schule vorstellen, als man inkommensurable Längen entdeckte, deren Verhältnis sich nicht in ganzen Zahlen ausdrücken ließ. Ironischerweise war es gerade der Lehrsatz, der den Namen des Schulgründers trägt, der die Fundamente der »Universalen Mathematik« erschütterte und das Konzept einer Strecke als numerisch ausdrückbarer endlicher Menge von Punkten zerrüttete.

Betrachten wir das Quadrat ABCD in Abbildung 141. Die Seite AB besteht aus einer ganzen Zahl *m*, die Diagonale aus einer ganzen Zahl *n* von Punkten. Nach dem Satz des Pythagoras gilt:

$$2m^2 = n^2$$

Wir kürzen *m* und *n* um alle gemeinsamen Faktoren, und es entsteht:

$$2r^2 = s^2$$

Hier sind *r* und *s* Primzahlen, die nur noch durch sich selbst oder Eins geteilt werden können. Unter Berücksichtigung des fundamentalen Gegensatzes von Gerade und Ungerade muß in dieser Gleichung s^2 gerade sein, denn sein Äquivalent $2r^2$ enthält den Faktor 2. Demnach muß r^2 ungerade sein. Falls nun *s* eine gerade Zahl ist, kann man sie durch 2t ersetzen, wobei *t* die Hälfte von *s* ist. Aus der vorigen Gleichung entsteht demnach:

$$2r^2 = 4t^2$$

Durch Kürzen erhalten wir:

$$r^2 = 2t^2$$

Aus demselben Grund wie zuvor müßte jetzt r^2 gerade sein. Doch das ist absurd, weil *r* nicht zugleich gerade und ungerade sein kann. Also ist die Diagonale BC mit der Seite AB nicht kommensurabel. Dieser Widerspruch zerstörte die pythago-

Abb. 142

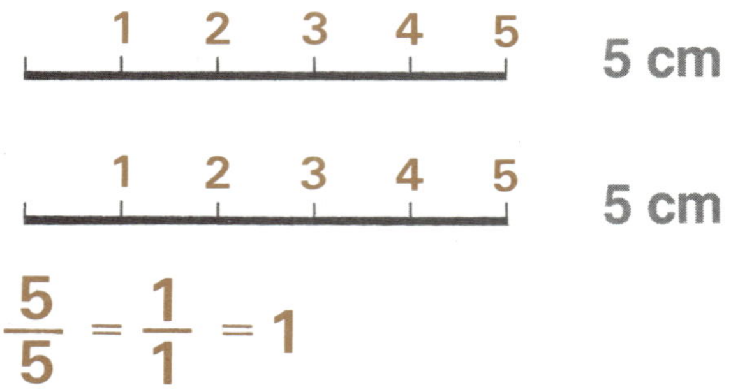

Abb. 143

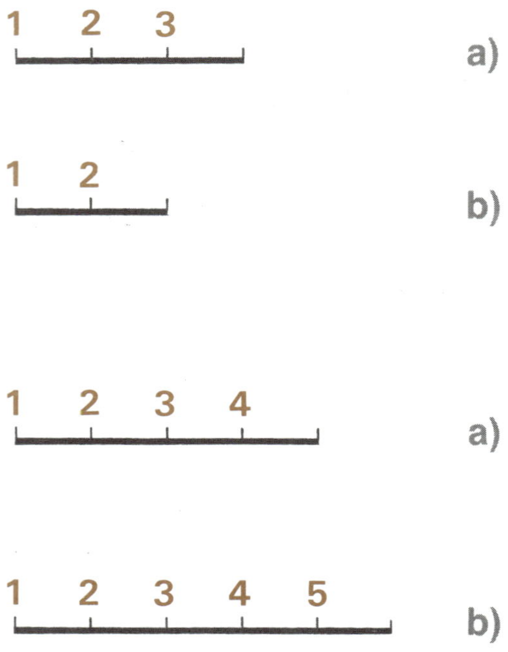

reische Mathematik und ihren Anspruch auf Erklärung des Universums. Hier war das erste Beispiel eines Problems, das nicht mit Zahlen gelöst werden konnte: Es enthielt zwei reale Dinge, eine Seite und eine Diagonale, deren Verhältnis sich jedoch nicht numerisch ausdrücken ließ. Da Seite und Diagonale aber zu den geometrischen Figuren gehörten, die man für identisch mit den Zahlen gehalten hatte, war die Schule am Ende.

Die Gloriole der Zahlen begann zu verblassen. Es wird überliefert, daß die Pythagoreer die Enthüllung der Inkommensurabilität durch Hippasus von Metapontium als Verbrechen ansahen. Die Schule, die entschlossen war, das Geheimnis zu wahren, bat Göttervater Zeus um Bestrafung des Frevels. Der hatte ein Einsehen, und Hippasus starb bei einem Schiffbruch.

Undenkbare Zahlen

Einer der Verdienste der Pythagoreer war sicherlich die Einführung des Konzepts der *Kommensurabilität* und seine Anwendung auf das Verhältnis von geometrischen Figuren. Weniger fachsprachlich kann man »Kommensurabilität« auch mit »Meßbarkeit« umschreiben, etwas, das mit Zahlen ausgedrückt werden kann, was bei den Pythagoreern stets ganze Zahlen waren. Man muß daran erinnern, daß für sie die Mathematik nicht nur eine Sprache war, sondern das Wesen der Dinge selbst. Die mathematische Beschreibung eines Dings war sein Wesen. Der Gehalt dieser Ansicht ist schwer zu verstehen, doch brauchen wir uns nur vor Augen zu halten, daß die wissenschaftliche und technische Revolution nur dadurch möglich wurde, daß die modernsten Entwicklungen der Mathematik auf die äußere Welt angewandt wurden. Historisch begann diese Entwicklung im 17. Jahrhundert. Bereits Galileo Galilei (1564–1642) erkannte deutlich, daß Mathematik und Geometrie die angemessensten und wirksamsten Instrumente der Naturerforschung sind: »Die Philosophie (gemeint sind die Naturwissenschaften) steht in diesem größten Buch geschrieben, das ständig offen vor unseren Augen liegt (ich spreche vom Universum), aber das wir nicht verstehen, wenn wir nicht zuerst die Sprache und die Schriftzeichen lernen, in denen es geschrieben ist. Die Sprache ist die Mathematik, und die Schriftzeichen sind Dreiecke, Kreise und andere geometrische Figuren . . ., ohne die wir ziellos in einem dunklen Labyrinth herumirren . . .«

Die Beschreibung der objektiven Realität durch Zahlen stützt sich auf das elementare Konzept der Meßbarkeit oder »Kommensurabilität«. Damit eine Strecke oder ein anderes Objekt mit Zahlen ausgedrückt werden kann, muß man voraussetzen, daß sie aus Elementen besteht, die sich irgendwie zu Zahlen in Beziehung setzen lassen. Von daher entsteht die

Idee einer Strecke als einer gleichsam aus Weizenkörnern zusammengesetzten endlichen Menge gleichartiger Punkte. Die endliche Zahl *n* von Punkten, aus denen eine Strecke zusammengesetzt ist, dient dazu, die Strecke selbst darzustellen. Dasselbe gilt für zwei Strecken, deren Längenverhältnis sich mit natürlichen Zahlen ausdrücken läßt. Wenn beide Strecken gleich lang sind (Abb. 142), sind dies die Zahlen 1 und 1, denn beide Strecken enthalten dieselbe Anzahl von Punkten. Ihr Verhältnis ist 1/1.

Wenn die zweite Strecke aber in der ersten zwei- oder dreimal enthalten ist, wird das Verhältnis ihrer Längen z. B. von den Zahlenpaaren (2/1) oder (3/1) ausgedrückt, womit gemeint ist, daß die erste die doppelte oder dreifache Länge der zweiten hat. Wenn umgekehrt die erste Strecke entsprechend oft in der zweiten enthalten ist, dreht sich die Ordnung der Zahlenpaare um zu (1/2) bzw. (1/3). In mathematischer Schreibweise sehen solche Verhältnisse so aus:

$$\frac{a}{b}=\frac{2}{1}\,;\ \frac{a}{b}=\frac{3}{1}\,;\ \frac{b}{a}=\frac{1}{2}\,;\ \frac{b}{a}=\frac{1}{3}$$

Bisher haben wir uns auf Strecken bezogen, von denen eine ein genaues Vielfaches der anderen war. In Fällen, wo dies nicht so ist, teilt man eine der Strecken so lange in gleiche Teile, bis man eine Einheit gefunden hat, zu der die andere wieder ein genaues Vielfaches darstellt. In Abbildung 143 werden die Relationen durch die Zahlenpaare (3/2) bzw. (4/5) ausgedrückt. Im ersten Fall ist die Hälfte von *b* genau dreimal in *a* enthalten (oder in anderen Worten: ein Drittel von *a* zweimal in *b)*. Das sollte immer gelten: Man teilt eine der Strecken so lange in gleiche Teile, bis man eine Einheit findet, so klein sie auch sein mag, die exakt in der anderen enthalten ist. Auf dieser Idee von der Möglichkeit, alle Längenverhältnisse in ganzen Zahlen ausdrücken zu können, beruht das Konzept der Kommensurabilität. Auch das Messen physischer Größen folgt diesem Verfahren. Wenn man sagt, ein Tisch habe eine Länge von 175 cm, hat man nichts weiter getan, als zwei Segmente miteinander zu vergleichen, nämlich das der Einheit (1 cm) und das der Länge des Tischs, wobei man feststellt, das eine sei 175mal im anderen enthalten. Derartige Überlegungen stellen wir täglich an, doch verbirgt sich dahinter eine ausgesprochen philosophische Konzeption der Zahlen und ihrer Funktion. Was aber die Pythagoreer von der modernen Mathematik unterscheidet, ist ihre Überzeugung von der objektiven Existenz der Zahlen. Sie ist eine direkte Konsequenz aus ihrer Theorie von der »granularen«, also punktförmigen Zusammensetzung z. B. von Strecken. Wir haben jedoch schon gesehen, daß sich dahinter ein schreckliches Fehlurteil verbirgt, das die Pythagoreer selbst aufdeckten: Es gibt tatsächlich miteinander inkommensurable Größen, deren Verhältnis sich nicht mit ganzen Zahlen ausdrücken läßt.

Abb. 144

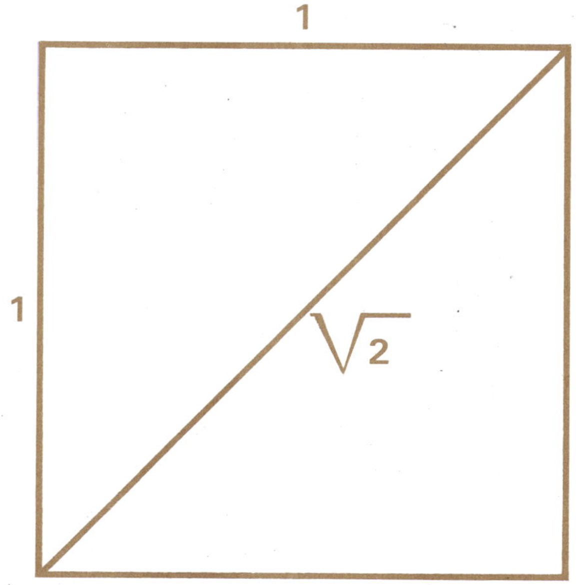

Ein Beispiel dafür sind die Seite und die Diagonale eines Quadrats wie in Abbildung 141. Bei einem Quadrat der Seitenlänge 1 hat die Diagonale nach dem Satz des Pythagoras selbst die Länge $\sqrt{2}$, was, wie wir wissen, eine irrationale Zahl ist (die lateinische Wurzel des Wortes bedeutet »undenkbar«), die sich nicht als Bruch zweier ganzer Zahlen darstellen läßt (Abb. 144).

Die Pythagoreer selbst hätten es so formuliert: »Es gibt keinen Teil der Seitenlänge, der in der Diagonale exakt enthalten ist.« Wir wissen aus der Schule, daß man sich der Zahl $\sqrt{2}$ mit Zahlenreihen annähern muß, die sie entweder unter- oder überschreiten:

kleinere Werte:
1; 1,4; 1,41 . . .

$\sqrt{2}$

größere Werte:
2; 1,5; 1,42 . . .

Wenn man in der Mathematik trotz richtiger Berechnung vor einem Widerspruch steht, war eine der Startprämissen falsch. Der Fehler der Pythagoreer lag in der Vorstellung von der Strecke als einer »endlichen Menge von Punkten«. An dieser Stelle begegnet man zum erstenmal dem Konzept des Unendlichen.

Abb. 146

Zenon von Elea

Die Entdeckung inkommensurabler Größen führte die griechischen Denker zu den Begriffen des unendlich Großen bzw. des unendlich Kleinen. Das bezeugt der Philosoph Anaxagoras, der um 450 v. Chr. aus Kleinasien in das Athen des Perikles kam: »Zu jedem Kleinen gibt es immer noch ein noch Kleineres, und ebenso gibt es zu jedem Großen immer ein noch Größeres.« Dies war die klassische Definition des Unendlichen, die zwar die Griechen nicht weiterentwickelten, die aber die Grundlage der Entwicklung der modernen Mathematik wurde.

Indem er mit der Mehrdeutigkeit der Begriffe »endlich« und »unendlich« spielte, entwickelte Zenon von Elea (ca. 495–435 v. Chr.) einige Paradoxa. In Elea in Lukanien (Unteritalien) lebte und wirkte auch der Philosoph Parmenides, dessen Schüler Zenon war. Parmenides hatte eine Philosophenschule gegründet, die sich der pythagoreischen Auffassung der Welt

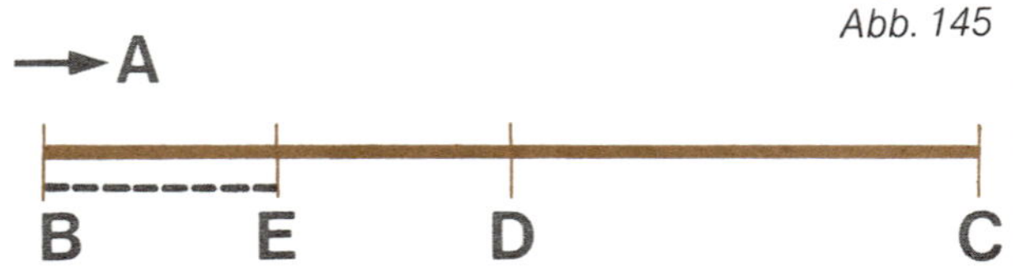

Abb. 145

und der Phänomene widersetzte. Nicht Zahlen seien das Wesen der Dinge, sondern das Sein der Dinge sei eins und unteilbar. Zenon reiste nach Athen, wo er mit scharfsinnigen Argumenten die Lehre seines Meisters vor den dortigen Philosophen verteidigte.

Die Paradoxa des Zenon

Seine Paradoxa enthielten eine Folge von Gedankenschritten, die dadurch amüsierten und verblüfften, daß sie zu einem Widerspruch mit dem gesunden Menschenverstand führten. Über ihren Unterhaltungswert hinaus führten Zenons Paradoxa aber einige der ernsthaften Schwierigkeiten (oder »Aporien«, wie man damals sagte) vor Augen, mit denen sich die griechische Mathematik auseinandersetzte. Der englische Mathematiker und Philosoph Bertrand Russell schreibt hierzu: »Nichts ist unbeständiger als der Ruhm bei den Nachgeborenen. Eins der bekanntesten Opfer eines Mangels an Urteilsvermögen seitens der Nachwelt ist Zenon aus Elea. Er hat vier unglaublich subtile und tiefsinnige Argumentationen erfunden, doch die Stupidität der Philosophen nach ihm hielt Zenon für nichts weiter als einen genialen Gaukler und seine Argumente für bloßen Sophismus. Nach zweitausend Jahren ständiger Zurückweisung kam man auf seine Sophismen zurück und fand in ihnen die Grundlagen für eine mathematische Renais-

Abb. 147

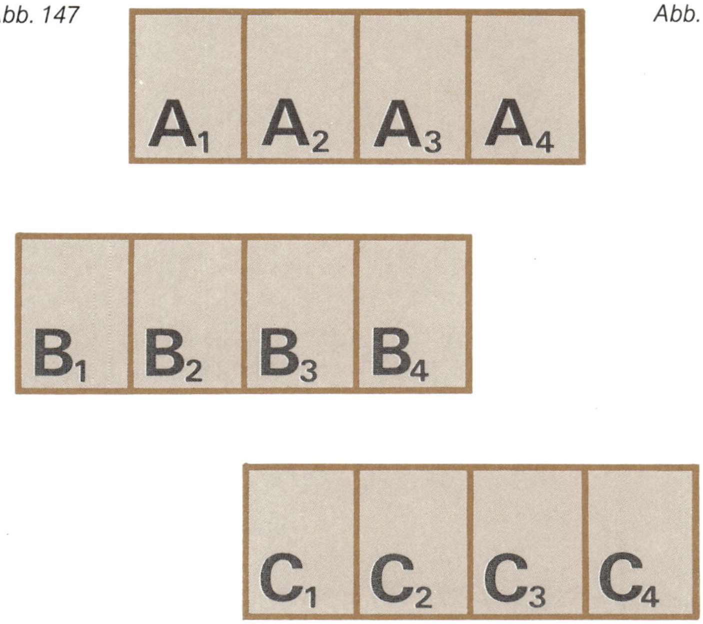

Abb. 148

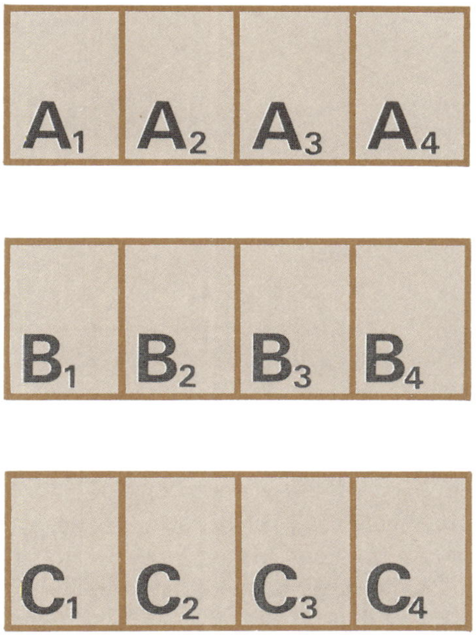

sance...« Laut Aristoteles handelte es sich um die Paradoxa der Dichotomie, von Achilles und der Schildkröte, des Pfeils und des Stacions.

Das Paradoxon der Dichotomie oder Zweiteilung

Die Argumentation ist folgende: Es gibt keine Bewegung, denn bevor etwas sein Ziel erreicht, muß es zuvor die Hälfte der Strecke bewältigt haben, davor aber die Hälfte der Hälfte und davor noch die Hälfte dieser Hälfte und so weiter. In Abbildung 145 ist A ein beweglicher Punkt, beispielsweise ein Läufer. Er wird niemals von B nach C gelangen können, weil er zuvor bis D und davor bis E kommen müßte und so weiter. Die Strecke $\overline{BC}$ läßt sich unendlich oft teilen, und es ist absurd anzunehmen, ein Läufer könne in einer endlichen Zeitspanne eine Strecke von unendlich vielen Punkten überwinden. Also ist Bewegung unmöglich, selbst wenn uns unsere normale Erfahrung das Gegenteil sagt.

Der schnellfüßige Achilles und die Schildkröte

Das zweite Paradoxon ist das berühmteste. In einem Wettrennen zwischen Achilles und einer Schildkröte wird es dem Griechen niemals gelingen, die Schildkröte einzuholen, wenn sie am Start einen kleinen Vorsprung bekommt. Wenn er nämlich ihren Startpunkt erreicht, hat sie schon wieder einen neuen Vorsprung, und so geht es unendlich weiter. Natürlich wird der Abstand zwischen beiden immer kleiner, aber er schmilzt nie zu Null. In Abbildung 146 bewegen sich Achilles (A) und Schildkröte (S) mit gleichförmiger Geschwindigkeit vorwärts; Achilles ist zehnmal so schnell, und der Vorsprung der Schildkröte betrage die Strecke *v*. Wenn A die Strecke *v* zurücklegt, ist S inzwischen $\frac{1}{10}v$ weiter. Wenn A $\frac{1}{10}v$ hinter sich hat, ist S immer noch $\frac{1}{100}v$ vor ihm. Während A $\frac{1}{100}v$ zurücklegt, ist S wieder $\frac{1}{1000}v$ weiter, und so weiter ohne Ende.

»Also«, sagt Zenon, »ist der langsamere Läufer immer ein Stückchen voraus.« Demnach kann A niemals S einholen, weil immer ein winziger Abstand bleibt.

Das Paradoxon des Pfeils

Das dritte Argument behauptet, daß sich ein Pfeil in jedem Augenblick auf einem bestimmten Punkt befindet und daher immer stillsteht. Um sich nämlich zu bewegen, müßte er in einem gegebenen Augenblick gleichzeitig an einer Stelle sein und schon darüber hinaus. Eine Summe von Zuständen aber macht noch keine Bewegung. Also ist Bewegung unmöglich.

Abb. 149

Abb. 150

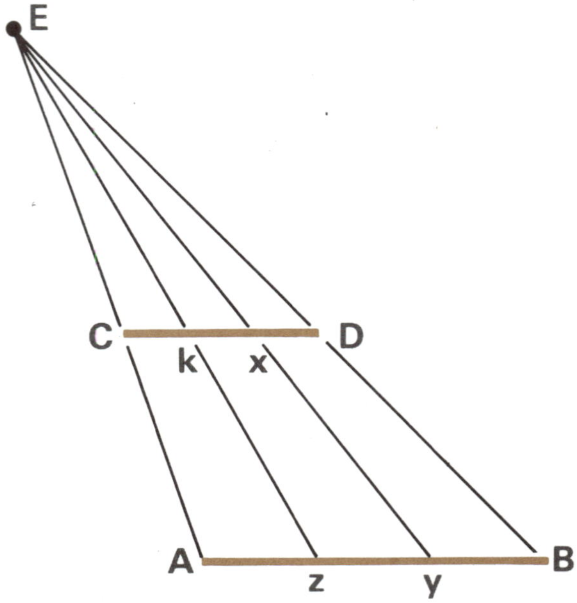

Das Paradoxon des Stadions

Dieses Argument ist zugleich das schwierigste, und wir geben es in vereinfachter Form wieder. In Abbildung 147 seien A_1, A_2, A_3 und A_4 beliebige Körper gleicher Größe, die sich nicht bewegen. Die Körper B_1, B_2, B_3 und B_4 sind genauso groß, doch sie bewegen sich nach rechts, und zwar so, daß jedes B ein A im kleinstmöglichen Zeitintervall überholt. Ebenso sind alle C gleich groß wie A und B; sie bewegen sich genauso schnell nach links, wie sich die B nach rechts bewegen. Zu einem bestimmten Zeitpunkt ergibt sich die Situation in Abbildung 147. Ein Zeitintervall später tritt der Zustand von Abbildung 148 ein. B und C haben sich im selben Augenblick bewegt und nehmen nun die gleiche Position ein. Aber in diesem Zeitintervall hat C_1 zwei Elemente von B passiert. Daher gibt es also ein noch kleineres Zeitintervall, nämlich jenes, in dem sich C_1 nur an einem B vorbeibewegt. Auch diese Reihe läßt sich unendlich fortsetzen.

Theoretische Bedeutung und Auflösung der Paradoxa Zenons

Gewiß hatte Zenon nichts gegen das Konzept der Bewegung. Seine Paradoxa richteten sich eher gegen die Pythagoreer, die sich Raum und Zeit als aus Punkten bzw. Augenblicken zusammengesetzt vorstellten. Statt dessen haben Raum und Zeit die Eigenschaft der Kontinuität. Zenon führte die pythagoreischen Konzepte von »endlich« und »unendlich«, von »unteilbar« und »unendlich teilbar« nur zu ihren absurden Konsequenzen. In diesem Sinn nahm seine Methode die »Maieutik« oder »Dialektik« des Sokrates vorweg, der seine Gegner dadurch widerlegte, daß er die widersinnigen Konsequenzen ihrer eigenen Voraussetzungen entwickelte. Daß sich seine Paradoxa gegen die Pythagoreer richteten, bestätigt auch ihre Verbindung zum Konzept der »Inkommensurabilität« (siehe S. 96) und zu den (allerdings erfolglosen) Versuchen, inkommensurable Größen dadurch zu eliminieren, daß man die Maßeinheit unendlich oft teilte. Hierzu beobachtete auch Aristoteles erstaunt: »Es wirkt verblüffend, daß es etwas geben soll, für das wir keine noch so kleine Maßeinheit finden.«

Die Basis der Paradoxa von Zenon ist folgende logische Schwierigkeit: Auch wenn man eine Länge unendlich oft teilt, bleibt immer ein Rest, der nicht verschwindet und dasselbe logische Problem in einem unendlichen Regreß immer wieder stellt. Zenons Paradoxa, vor allem jenes der Dichotomie und das von Achilles und der Schildkröte, sind von der modernen Theorie der Grenzwerte hinreichend erklärt worden mit ihren Begriffen der *konvergenten* und *divergenten Reihe,* von denen die eine einen endlichen Grenzwert hat, die andere aber gegen Unendlich strebt.

Der fundamentale Irrtum in Zenons Argumentation, der erst von der modernen Mathematik aufgelöst wurde, war es, anzunehmen, eine unbegrenzte Anzahl endlicher Elemente könne zum Unendlichen addiert werden. Wenn die aufeinanderfolgenden Ausdrücke immer kleiner werden, kann der Grenzwert der Summe sehr wohl endlich sein. In dem Paradoxon von Achilles und der Schildkröte hat die ganze Rennstrecke die Länge Eins. Die einzelnen Teilstrecken bilden die Summe

Abb. 151

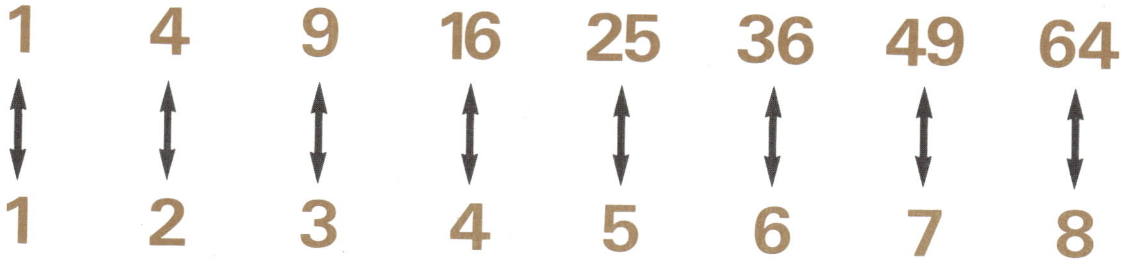

Abb. 152

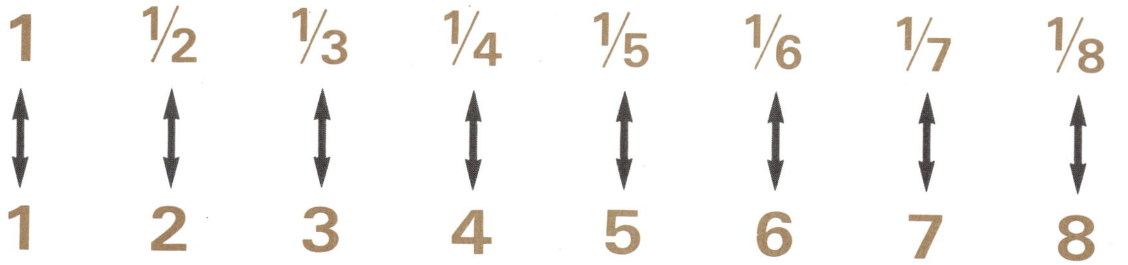

$$\frac{1}{2}+\frac{1}{4}+\frac{1}{8}+\frac{1}{16}+\frac{1}{32}\ldots,$$

deren Grenzwert auch bei unendlich vielen Teilstücken gleich 1, eben der Gesamtlänge der Strecke ist.

Zenons subtile Argumente hatten einen positiven Einfluß auf die nachfolgenden Mathematiker. Sie zwangen sie, auf so vage und logisch verfängliche Konzepte wie »endlich« und »unendlich«, »unteilbar« und »unendlich teilbar« zu verzichten und klarere Begriffe sowie strengere Methoden zu entwikkeln.

Der Teil ist das Ganze

Sehr zu Recht hielt Bertrand Russell die Argumente Zenons für »unglaublich subtil und tiefsinnig«, vor allem das wohl bekannteste von Achilles und der Schildkröte. Der unauflösliche Rest des ursprünglichen Vorsprungs der Schildkröte bildet immer wieder dasselbe Problem wie die Ausgangslage. Hier amüsiert sich Zenon über den vergeblichen Versuch, die Inkommensurabilität zweier ungleicher Größen dadurch zu überwinden, daß man die kleinere auf immer winzigere Bruchteile der größeren reduziert. Natürlich sagt uns der gesunde Menschenverstand, daß Achilles die Schildkröte schließlich überholt, doch das befreit uns nicht von den verborgenen logischen Fallen und paradoxen Schlußfolgerungen. Wir wollen annehmen, daß Achilles die Schildkröte im Punkt B einholt, nachdem sie die Strecke c zurückgelegt hat (Abb. 149). Um unser Argument zu entwickeln, wollen wir hier den Begriff der *Menge* einführen, der auf den folgenden Seiten genau erklärt werden soll. Wir wissen ja alle mehr oder weniger, was damit gemeint ist. Es sei D die Menge aller Punkte, die Achilles zwischen A und B überquert; C sei die Menge aller Punkte, die die Schildkröte zwischen S und B überquert. In der Zeit, in der Achilles die Strecke $b + c$ zurücklegt, bringt die Schildkröte nur c hinter sich. Jedem Zeitpunkt t korrespondiert also ein Punkt aus D und ein Punkt aus C. Somit entspricht auch jedem Element von C ein Element von D, was soviel heißt wie: Die Strecke c hat genauso viele Elemente wie $b + c$. Das scheint unserer Anschauung zu widersprechen, weil wir glauben, das längere Stück müsse auch mehr Elemente haben. Doch das ist ja genau der Fehler der Pythagoreer, die annahmen, Längen bestünden aus einer Anzahl winziger, doch endlich großer Punkte.

Ein »Punkt« ist kein »Ding«. Die Mathematik zwingt uns, auf zu enge Bezüge zur Anschauung physischer Gegebenheiten zu verzichten, wo wir lernten, daß ein Ganzes größer ist als seine Teile.

Schon Galileo war zu diesem Schluß gekommen und hat einen originellen Beweis erdacht: Es seien zwei Strecken AB und CD gegeben, wobei AB die längere ist (Abb. 150). Man kann hier ruhig an die von Achilles und der Schildkröte zurückgelegten Wegstrecken denken. Man verbindet A mit C und B mit D und verlängert diese Linien, bis sie sich in E schneiden. Wenn man nun durch einen beliebigen Punkt x auf CD von E aus eine Gerade zieht, schneidet sie AB im Punkt y. Umgekehrt schneidet eine Verbindung zE die Strecke CD in k. Auf diese Weise entspricht jedem Punkt auf CD ein und *nur* ein Punkt auf AB und umgekehrt. Der Teil hat so viele Punkte wie das Ganze!

Galileo übertrug diesen nur scheinbar paradoxen Schluß auf das Verhältnis von natürlichen und Quadratzahlen: Es gibt genauso viele natürliche Zahlen wie Quadratzahlen, obwohl diese eine Teilmenge der ersteren zu sein scheinen (Abb. 151). Entsprechend steht es mit natürlichen Zahlen n und ihren Reziproken $1/n$ (Abb. 152). So, wie n immer größer wird, ohne je an eine Grenze zu stoßen, wird $1/n$ immer kleiner, ohne aber jemals den Grenzwert Null zu erreichen. Das Überraschende ist also, daß es zwischen 0 und 1 so viele reziproke Zahlen gibt, wie die ganze Reihe der natürlichen Zahlen umfaßt.

Unserem Alltagsverstand mag es widersprechen, daß ein Teil so viele Elemente haben kann wie das Ganze, doch birgt diese Schlußfolgerung keinen Widerspruch, und das ist das einzige, was in der Mathematik zählt.

Mengen — ein widersprüchliches Konzept

Es ist immer ein fundamentales Anliegen der Mathematik gewesen, ihre Begriffe unzweideutig zu definieren. Der Grundbegriff der neuen Theorie der Mengen hat den Mathematikern und Logikern im späten 19. Jahrhundert einiges Kopfzerbrechen bereitet. Wir haben den Begriff schon verwendet, ohne ihn streng definiert zu haben. Das wollen wir jetzt tun, um die Verwirrung um Teil und Ganzes zu beenden.

Was ist eine *Menge?* Wir verwenden den Begriff täglich, wie es auch Mathematiker und Logiker seit undenklichen Zeiten getan haben. Aber der Fortschritt der Mathematik ist ein Prozeß ständiger Verallgemeinerung, der eine strenge Definition der Prinzipien verlangt, auf denen er aufbaut. Seit den ersten Versuchen erwies sich der Begriff der Menge als gespickt mit logischen Fallen und Zweideutigkeiten. Das hatten schon die alten Griechen begriffen, wie der Sophismus des Haufens beweist, mit dem sich die athenischen Sophisten des 5. Jahrhunderts v. Chr. amüsierten: »Ein Weizenkorn macht noch keinen Haufen, auch zwei nicht, auch nicht drei oder vier oder fünf und so weiter. Trotzdem besteht ein Haufen aus einzelnen Weizenkörnern.« Der ganze Scherz beruht auf der Unklarheit solcher Begriffe wie »Haufen« und »viele«, die semantisch mit dem Begriff der Menge verbunden sind.

Lange haben die Mathematiker eine Definition dieses Konzepts vermieden, bis Georg Cantor in einigen Artikeln zwischen 1895 und 1897 eine allgemein akzeptable Definition vorschlug: *»Eine Menge ist eine Zusammenfassung bestimmter, wohlunterschiedener Objekte unserer Anschauung oder unseres Denkens zu einem Ganzen. Diese Objekte heißen die ›Elemente‹ der Menge. Symbolisch drückt man das aus als:* $M = \{m\}$*.«*

Auf den ersten Blick wirkt diese Definition transparent und wenig erklärungsbedürftig. Es bleibt jedoch eine Unklarheit solcher Begriffe wie »Zusammenfassung«, so daß das Problem einer logisch korrekten Definition von »Menge« noch offensteht.

Viele Mathematiker lehnen es ab, dieses Hindernis zu überwinden, und betrachten den Begriff der Menge als eins der Grundkonzepte, mit denen unser Verstand arbeitet. Jedoch gerät man bei dem Versuch, Cantors Definition abzulehnen, um möglichen Antinomien (logischen Widersprüchen) zu entgehen, nur in neue Widersprüche zwischen den Prinzipien und Gesetzen des Denkens.

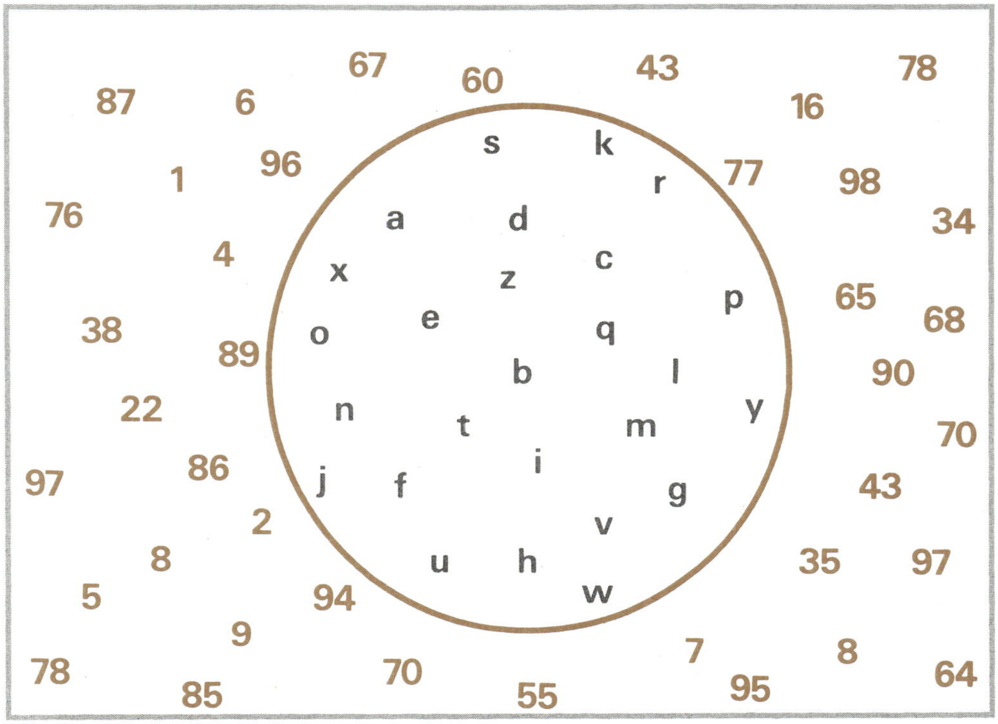

Mengen lassen sich anschaulich mit Euler-Venn-Diagrammen (S. 114) darstellen.

Links: Die Darstellung einer Menge von beliebigen Objekten.

Rechts: Die Menge der Buchstaben des Alphabets, von der die Zahlen ausgeschlossen sind.

Zu Beginn dieses Jahrhunderts unternahm Gottlob Frege, aufbauend auf den Ergebnissen Cantors, den Versuch einer Systematisierung der Mathematik. Kurz vor der Veröffentlichung erreichte ihn aber ein Brief Bertrand Russells, der sein geduldig konstruiertes Gebäude zum Einsturz brachte. »Einem wissenschaftlichen Autor kann kaum etwas Unerfreulicheres zustoßen«, bekannte er später, »als wenn nach der Vollendung eines Werks eins seiner Fundamente erschüttert wird. In diese Lage versetzt mich ein Brief des Herrn Bertrand Russell.« Dieser Brief enthielt die als *Russell'sches Paradoxon* berühmt gewordene Antinomie. Wir wollen sie zunächst in einer populären Version vorstellen.

Ein Briefträger und ein Friseur in Schwierigkeiten

In einem Dorf gibt es zwei merkwürdige Vorschriften: Der einzige Postbote am Ort hat den Auftrag, all denen die Post zu bringen, die sie nicht selbst auf dem Postamt abholen. Ebenso muß der einzige Friseur all jene rasieren, die sich nicht selber rasieren.

»Ich stecke in Schwierigkeiten«, sagte eines Tages der Friseur zum Briefträger, »und ich weiß nicht, wie ich da rauskomme. Laut Vorschrift muß ich alle Leute rasieren, die sich nicht selbst rasieren. Aber was ist mit mir? Wenn ich mich rasiere, gehöre ich zu den Selbstrasierern und darf mich darum nicht selber rasieren. Wenn ich mich aber nicht rasiere, gehöre ich zur anderen Gruppe und muß mich daher rasieren. Was soll ich machen?«

»Mir geht es nicht besser«, erwiderte der Briefträger, »ich darf die Post nur denen bringen, die sie nicht selbst abholen. Aber was ist mit Briefen für mich selbst? Wenn ich sie auf dem Postamt in Empfang nehme, hole ich sie doch selbst ab und darf sie mir daher nicht aushändigen. Hole ich sie nicht ab, gehöre ich zur anderen Gruppe und muß sie mir dann bringen. Darf ich jetzt meine eigene Post abholen oder nicht?«

In diesen beiden Beispielen bewegt sich die Argumentation in einem Teufelskreis, aus dem es keinen logischen Ausweg zu geben scheint: Wenn ja, dann nein; wenn nein, dann ja. Wir wollen jetzt Russells Antinomie auf einem abstrakteren Niveau untersuchen.

Die Russell'sche Antinomie

Auf der Basis von Cantors Definition der Menge (siehe S. 102) läßt sich das Konzept einer Menge bilden, die aus allen Mengen besteht, die sich nicht selbst enthalten. Mengen, die

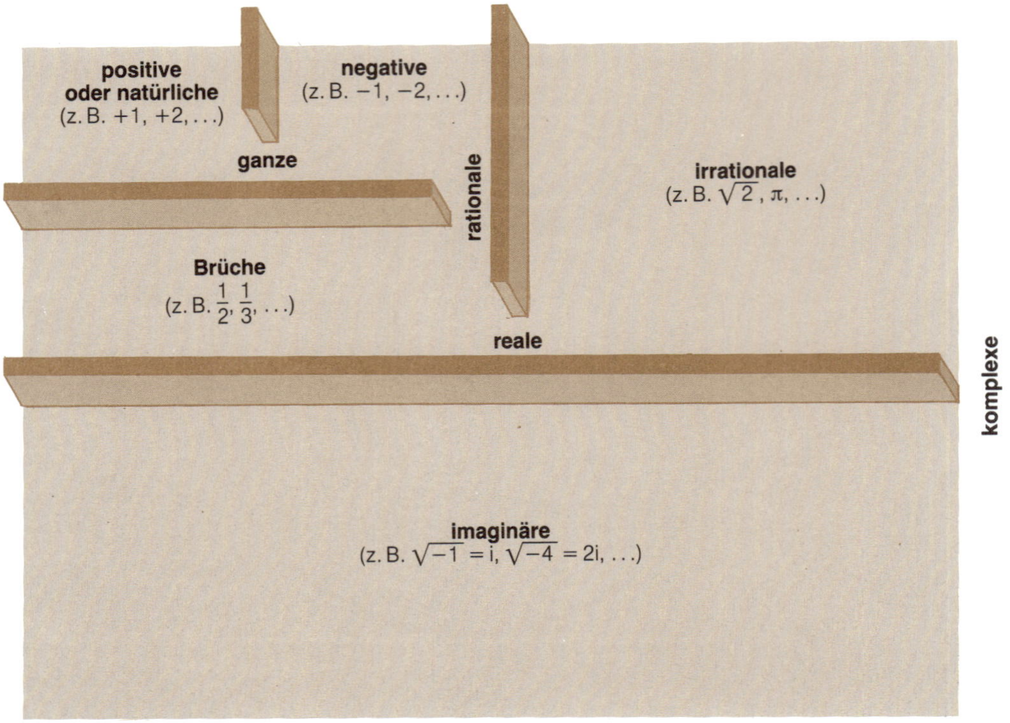

Das logische System der Zahlen entspricht nicht der historischen Reihenfolge ihrer Entwicklung (S. 20). Zunächst bediente sich der Mensch der *natürlichen* Zahlen (N). Wenn man zu diesen *positiven* Zahlen auch die *negativen* und die *Null* hinzunimmt, erhält man die Menge der *ganzen* Zahlen (Z). Wird sie um die positiven und negativen Brüche erweitert, hat man den Bereich der *rationalen* Zahlen mit der Abkürzung Q. Mit ihnen inkommensurabel sind die *irrationalen* Zahlen; gemeinsam bilden beide Gruppen die Menge der *realen* Zahlen (R). Durch Einführung von $i = \sqrt{-1}$ erzeugt man die *imaginären* Zahlen. Zahlen, die aus einem realen und einem imaginären Teil bestehen, nennt man *komplex* und bezeichnet sie mit C.

sich nicht selbst enthalten, sind zum Beispiel die Menge der Bäume, die ja kein Baum ist, oder die Menge der Menschen, die ihrerseits ja kein Mensch ist. Es gibt also Mengen, die frei sind von den Eigenschaften, die die in ihnen enthaltenen Elemente charakterisieren. Das Wort »einsilbig« ist selbst nicht einsilbig, denn es besteht aus drei Silben. Andererseits gibt es aber Attribute, die die von ihnen beschriebene Eigenschaft aufweisen: Der Ausdruck »mehrsilbig« ist selbst mehrsilbig, und das Wort »deutsch« ist deutsch. In gleicher Weise gibt es auch Mengen, die sich selbst enthalten: Die Menge aller abstrakten Begriffe zum Beispiel ist selbst ein abstrakter Begriff, und »die Menge aller Objekte, die mit genau dreizehn deutschen Wörtern beschrieben werden können« weist selber genau diese Eigenschaft auf. Mengen, die sich nicht selbst enthalten, nennt man »normal«, während jene, die sich selbst als Elemente enthalten, »nicht-normal« genannt werden.

Betrachten wir nun die Menge *N,* die wir definieren als »die Menge aller normalen Mengen«. Es fragt sich nun, ob *N* selbst normal ist oder nicht.

1) Wenn *N* normal ist, sich also nicht selber enthält, gehört sie in die Menge *N* aller normalen Mengen. Das aber führt zu dem Widerspruch, daß *N* sich selber enthält und damit nicht-normal ist.

2) Man kann aber auch annehmen, *N* sei nicht-normal und enthalte sich selbst als Element. Aber das steht im Widerspruch zur Definition von *N* als einer Menge von Mengen, die sich nicht selbst enthalten.

Derartige Paradoxa wurden zu Schlüsselerlebnissen der Geschichte der Mathematik und erschütterten in den ersten Jahrzehnten dieses Jahrhunderts genau die Fundamente, auf denen man den gesamten logischen und symbolischen Apparat der Mathematik aufbauen wollte. Die darauffolgenden Entwicklungen bewiesen aber die Fruchtbarkeit jener Krise.

EIN GROSSES SPIEL: DIE MATHEMATISCHE LOGIK

In der Tat gibt es Prinzipien, die aus der Natur der Sprache selbst entspringen und die den Gebrauch jener Symbole bestimmen, aus denen die wissenschaftliche Sprache besteht. (George Boole)

Ein besonderes Schachbrett

Erinnern wir uns an das Schachspiel! Dazu gehören ein Schachbrett, die Spielfiguren und die Regeln, die bestimmte Zugweisen vorschreiben. Jeder Zug führt zu einer neuen Position, bis die Partie schließlich mit dem Sieg eines Kontrahenten oder einem Unentschieden endet. Die Logik, die Wissenschaft vom korrekten Argumentieren, kann man mit einem riesigen Schachbrett vergleichen: Die Spielregeln sind die Prinzipien der Deduktion, und die Spielfiguren werden von einem Satz von Prämissen gebildet, die wir als wahr voraussetzen. Jeder Zug, der sich an die Regeln hält, führt zu einer neuen Aussage. Damit das Spiel zu einem Ergebnis führt, müssen die Regeln präzise formuliert und strikt befolgt werden. Das Ziel des Spiels ist die angestrebte Schlußfolgerung.

Was ist ein logisches Argument?

Untersuchen wir einige Argumentationen:

1) Wenn ich Flügel hätte wie eine Möwe, könnte ich fliegen.
   Da ich aber keine Flügel habe, kann ich auch nicht fliegen.

Wer so argumentiert, vergißt, daß es Flugzeuge gibt. Sein Argument ist also ungültig.

2) Wenn der elektrische Strom ausfällt, hält der Zug an.
   Da aber der Strom nicht ausfällt, hält der Zug auch nicht an.

Auch das ist nicht richtig, denn der Zug kann ja auch aus anderen Gründen anhalten, zum Beispiel weil er im Bahnhof ankommt oder wegen eines Hindernisses auf den Schienen.

2a) Wenn der Strom ausfällt, hält der Zug an.
    Der Strom ist ausgefallen, also hat der Zug angehalten.

Diesmal stimmt das Argument. Der Zug braucht elektrischen Strom. Wenn er ausfällt, muß der Zug anhalten, obwohl sein Anhalten auch andere Gründe haben kann.

3) Wenn es schneit, ist es kalt.
   Es schneit, also ist es kalt.

3a) Wenn es schneit, ist es kalt.
    Es schneit nicht, also ist es nicht kalt.

Das erste Argument ist in Ordnung. Wenn es schneit, setzt das eine niedrige Lufttemperatur voraus. Das zweite Argument ist ungültig, denn es kann auch kalt sein, ohne daß es schneit.

Der Leser möge sich für den Moment damit begnügen, nur intuitiv zu verstehen, daß die Argumente 2a und 3 richtig sind. Die formale logische Erklärung geben wir später. Dabei wird sich zeigen, wie die Logik dazu beitragen kann, die Prinzipien besser zu verstehen, die jeder von uns anwendet, wenn er denkt.

Betrachten wir noch zwei andere Beispiele.

4) Alle Freunde von Helene sind auch meine Freunde.
   Meine Freunde sind alle langweilig.
   Also sind auch alle Freunde von Helene langweilig.

4a) Keiner von Helenes Freunden ist auch mein Freund.
Keiner ihrer Freunde ist langweilig.
Also ist auch keiner meiner Freunde langweilig.

Die erste Schlußfolgerung ist richtig, die zweite nicht.

All diese Argumentationen beginnen mit Aussagen, die wahr oder falsch sein können und die man *Prämissen* nennt. Daraus werden die abschließenden Aussagen abgeleitet, die man Schlußfolgerung oder *Konklusion* nennt:

Wenn der Strom ausfällt, hält der Zug an. Der Strom fällt nicht aus.	Prämissen
Der Zug hält nicht an.	Konklusion

Während in Beispiel 2a, 3 und 4 die Konklusion logisch aus den Prämissen folgt, ist dies in 1, 2, 3a und 4a nicht der Fall.

Die Logik ist eine sehr alte Wissenschaft. Der erste, der sich systematisch damit beschäftigte, war der griechische Philosoph Aristoteles (384–322 v. Chr.). In seiner *Ersten Analytik* errichtete er ihre strengen und allgemeinen Grundlagen, auf die sich die Logik für mehr als zweitausend Jahre berief. Erst in der Mitte des 19. Jahrhunderts, in einer Zeit des allgemeinen Aufbruchs von Wissenschaft und Technik, der die industrielle Revolution begleitete, versuchte man, die traditionelle Logik mit den methodischen Entwicklungen der modernen Mathematik zu verbinden. Die wegen ihrer Anlehnung an die mathematische Sprache so genannte *mathematische Logik* erfuhr seitdem eine stürmische Entwicklung, die immer noch anhält. In den folgenden Abschnitten sollen einige ihrer Grundbegriffe erläutert werden.

Logik und Alltagssprache

Die Alltagssprache ist vage und unpräzise. Sie muß eine gewaltige Vielfalt objektiver und subjektiver Situationen beschreiben. Häufig beziehen sich dabei verschiedene Ausdrükke auf ein und dasselbe Konzept, und eine geistige Operation stellt sich in unterschiedlichen Formen dar. Lesen Sie folgende Beispiele:

1) Schnee ist weiß.
2) Johann, geh' die Milch holen!
3) Im rechtwinkligen Dreieck ist das Quadrat über der Hypotenuse gleich der Summe der Quadrate über den Katheten.

Die Sätze eins und drei sind Aussagen über Tatsachen, die wir durch Augenschein oder mittels einiger Berechnungen überprüfen können. Wir können fragen, ob sie wahr oder falsch sind. Satz zwei ist ein Befehl, und es ist sinnlos, nach seiner Wahrheit zu fragen, da er nichts über die objektive Wirklichkeit aussagt.

Die mathematische Logik hat nicht mit allen Sätzen zu tun, die man in der Alltagssprache bilden kann, sondern nur mit solchen, die wahr oder falsch sein können. Dazu gehören die Aussagen der Naturwissenschaften und allgemein aller Disziplinen, die eine systematische Erkenntnis der objektiven und subjektiven Realität anstreben.

Welche der folgenden Sätze fallen wohl unter die Beurteilung der mathematischen Logik?

1) Bist du zum Arzt gegangen?
2) Ein Wassermolekül besteht aus zwei Wasserstoffatomen und einem Sauerstoffatom.
3) Scher' dich zum Kuckuck!
4) Aischylos schrieb das Stück »Sieben gegen Theben«.
5) Hat Euripides die »Alcestis« geschrieben?
6) $E = mc^2$.

Offensichtlich sind nur die Sätze 2, 4 und 6 Aussagen, die etwas mit Logik zu tun haben. Die übrigen liefern keinerlei Aussage, die man irgendwie als wahr oder falsch qualifizieren könnte.

Die mathematische Logik verlangt präzises und strenges Argumentieren. Dazu muß sie vor allem die von ihr verwendeten Begriffe vereinfachen und unzweideutig definieren. Beachten Sie die unterschiedliche Bedeutung des Wortes »immer« in diesen beiden Sätzen:

1) Immer, wenn ich in die Berge fahre, fängt es an zu regnen.
2) Welche Zahl man sich auch ausdenkt, es gibt immer eine, die noch größer ist.

Im ersten Fall hat »immer« eher etwas mit der emotionalen Einstellung des Sprechers zu tun, während damit im zweiten Fall unzweideutig eine Eigenschaft realer Zahlen beschrieben wird. In der Logik wird »immer« in diesem Sinn gebraucht.

Leibniz' geniale Idee

Ein Weg, die offenbare Ungenauigkeit der Alltagssprache zu überwinden, wurde von dem berühmten Philosophen und Mathematiker Gottfried Wilhelm Leibniz (1646–1716) gewiesen. Er stellte fest: »Obwohl die Alltagssprache im allgemeinen für das diskursive Denken tauglich ist, weist sie doch zahllose Unklarheiten ihrer Bedeutung auf und kann daher nicht die Vorteile eines Kalküls bieten, die vor allem in der Möglichkeit bestehen, Irrtümer in der Deduktion aufzudecken, die aus der Struktur der Wörter herrühren ... Diesen wunderbaren Vorteil bieten bislang nur die Symbole der Arithmetik und Algebra, wo eine Deduktion einfach im Gebrauch der

Symbole besteht und ein Rechenfehler das gleiche ist wie ein Denkfehler.«

Obwohl Leibniz ideengeschichtlich insbesondere als Philosoph und Entdecker der Infinitesimalrechnung bekannt wurde, hat er auch entscheidend zur Entwicklung der Logik beigetragen. Seine geniale Idee bestand darin, mit der *Characteristica universalis* ein universelles Werkzeug in Form einer künstlichen Wissenschaftssprache zu schaffen, deren Symbole sich »ein-eindeutig« auf die verschiedenen Bedeutungen beziehen. »Ein-eindeutig« heißt, daß sich jedes Symbol auf eine und nur eine Bedeutung bezieht und umgekehrt. Auf diese Weise sollte mit einer Sammlung von Symbolen ein getreues Abbild der verschiedenen Ideen entstehen. Leibniz berichtet, daß er mit zwanzig Jahren auf diese Erkenntnis stieß: »Man könnte ein Alphabet der menschlichen Gedanken erfinden . . ., und durch Kombination seiner Buchstaben und Analyse der daraus gebildeten Wörter ließe sich alles entdekken und prüfen.« Um Leibniz' Enthusiasmus zu verstehen, muß man die historischen Umstände kennen. Gerade wurde, insbesondere unter dem Einfluß von René Descartes (1596–1650), die Geometrie einer Revision und Systematisierung unterzogen. Descartes hatte die Geometrie algebraisiert und die Grundlagen zur »analytischen Geometrie« geschaffen. Nach seinem Vorbild schlug Leibniz vor, das menschliche Denken zu mathematisieren und auch »auf die Philosophie eine Methode anzuwenden, sämtliche Wissenschaften mittels einer *ars combinatoria* (Kunst der Kombination) zu verwirklichen, wie es Descartes und andere für Arithmetik und Geometrie mit der Algebra und Analysis getan haben.«

Leibniz schwebte eine symbolische Sprache vor, die uns zusammen mit bestimmten Deduktionsregeln jede Form des Denkens mit derselben Strenge und Gewißheit analysieren ließe wie in der Arithmetik und Algebra. Die neue »mathematische« Logik sollte ein gesichertes Fortschreiten im Argumentieren gewährleisten: »Wenn eine Meinungsverschiedenheit entsteht, braucht die Diskussion zwischen zwei Philosophen nicht hitziger zu werden als die zwischen zwei Rechenmeistern. Sie brauchen nur ihre Stifte zu nehmen, sich vor den Abakus zu setzen und zu sagen: ›Rechnen wir's aus!‹« Im lateinischen Text verwendete Leibniz das Wort *calculemus:* Beginnen wir ein Kalkül, übersetzen wir das philosophische Problem in ein mathematisches, und prüfen wir es auf dieser Ebene.

Die *Characteristica universalis* wurde nie vollendet, so daß uns Leibniz zu diesem Thema kein geschlossenes Werk, sondern nur Spuren und Fragmente hinterließ. Auch die Mathematiker der folgenden Generation wie Lambert und Euler führten es, mit Ausnahme einiger wichtiger Beiträge De Morgans (1805–1871), nicht weiter. Erst der anderthalb Jahrhunderte später lebende George Boole (siehe S. 113) gab der Idee endlich eine konkretere Gestalt. Dabei erwies sich die mathematische Logik keineswegs als das machtvolle Instrument, mit dem sich »alles entdecken und prüfen« ließe, wie Leibniz so enthusiastisch vorausgesagt hatte. Trotzdem zeigt sich, daß zumindest einige Bereiche des menschlichen Denkens mathematisierbar sind, und darauf gründete und stützte sich die rasante Entwicklung der mathematischen Logik in den letzten Jahrzehnten.

Logik — die Wissenschaft vom korrekten Schlußfolgern

Rechts: Wie man seine Weste auszieht, ohne das Jackett abzulegen. Dies ist ein amüsanter Trick für eine Party. Andererseits beweist er, daß — topologisch gesehen — die Weste niemals »unter« dem Jackett war.

Betrachten wir noch einmal zwei Schlußfolgerungen:

1) Wenn ich Flügel wie eine Möwe hätte, könnte ich fliegen.
   Aber ich kann nicht fliegen.
   ____
   Also habe ich keine Flügel wie eine Möwe.

2) Wenn der Strom ausfällt, hält der Zug an.
   Der Zug hält nicht an.
   ____
   Also ist der Strom nicht ausgefallen.

Wir spüren intuitiv, daß diese Schlußfolgerungen richtig sind, wollen den formalen Beweis aber erst später antreten. Im Kapitel über die Zahlenspiele haben wir gesehen, daß das Ersetzen von Zahlen durch Buchstaben den Vorteil bietet, daß ein mathematisches Argument auf ein allgemeineres und abstrakteres Niveau gehoben werden kann. Dasselbe gilt für die Logik, wenn man ganze Aussagen durch Buchstaben ersetzt.

Es soll A für »Heute ist Sonntag« stehen und B für »Ich gehe zum Fußballspiel«. Die zusammengesetzte Aussage lautet: »Wenn heute Sonntag ist, dann gehe ich zum Fußballspiel« und in symbolischer Schreibweise: »Wenn A, dann B«. Die Beziehung »wenn ... dann ...« ist eine logische Verbindung, die normalerweise mit einem Pfeil dargestellt wird: →. Daraus ergibt sich

$$A \rightarrow B$$

Diese Operation nennt man *Implikation;* sie bedeutet: wenn A wahr ist, ist auch B wahr. In anderen Worten: A *impliziert* B.

Um das Gegenteil einer Aussage auszudrücken, setzen wir das Zeichen ¬ davor, das man mit dem lateinischen *non* (nicht) übersetzt. In unserem Beispiel bedeutet ¬A oder non-A daher: »Heute ist nicht Sonntag.«

Betrachten wir den folgenden Schluß:

Wenn heute Sonntag ist, dann gehe ich zum Fußballspiel.
Heute ist Sonntag.
____
Also gehe ich zum Fußballspiel.

In symbolischer Schreibweise heißt das:

$$\begin{array}{l} A \rightarrow B \\ \underline{A} \\ B \end{array}$$

Ein inhaltlich spezieller Schluß wird auf eine einheitliche Form gebracht.

Die Schlußfolgerungen der Beispiele 1 und 2 funktionieren nach dem gleichen Schema. Dazu legen wir fest:

P: Ich habe Flügel.
Q: Ich kann fliegen.

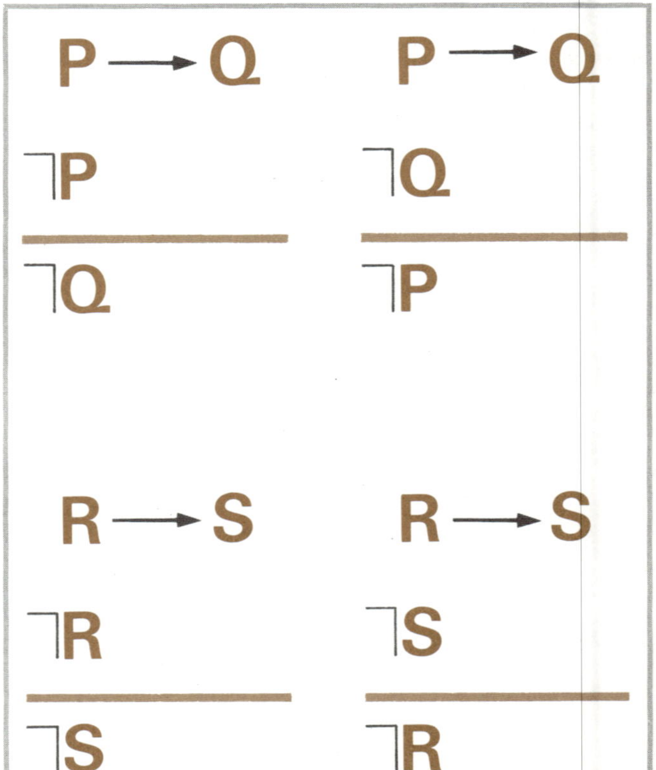

Abb. 153

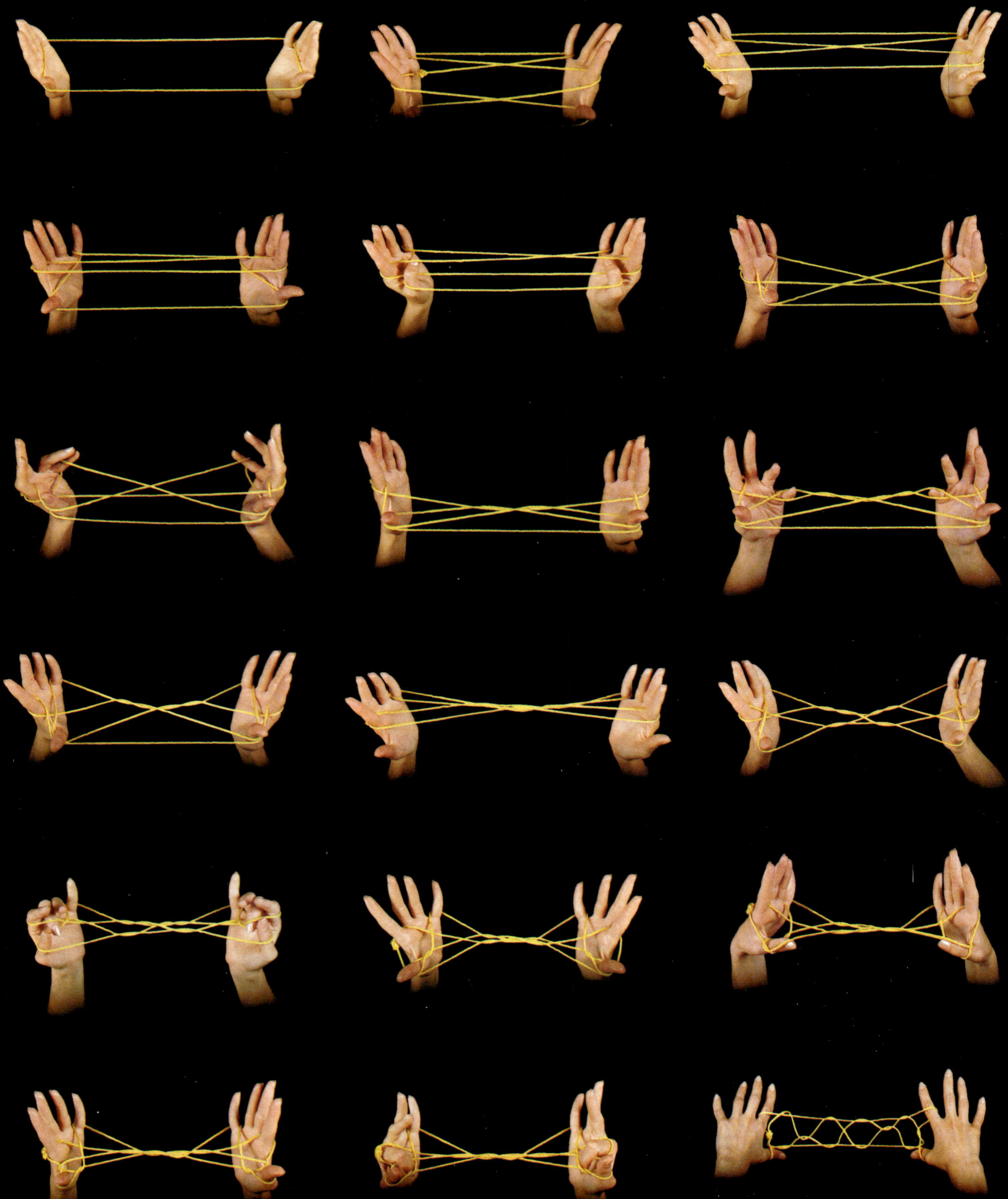

Kaum jemand, der als Kind das Hexenspiel gespielt hat, weiß, daß es etwas mit der Knotentheorie in der Topologie zu tun hat.

Links: Als Beispiel zeigen wir die Figur der *Jakobsleiter*. Von links oben nach rechts unten: 1) Man führt den Faden hinter Daumen und Zeigefinger. 2) Die Zeigefinger nehmen den Faden auf der gegenüberliegenden Seite auf. 3) Die Daumen lassen los. 4) Mit dem Daumennagel den Faden zwischen den kleinen Fingern aufnehmen. 5–6) Die Daumen über den ersten Faden führen und den zweiten Faden von unten aufnehmen. 7–8) Die kleinen Finger lassen los. 9–10) Die kleinen Finger über den letzten Faden führen und den vorletzten von unten aufnehmen. 11) Die Daumen lassen los. 12) Daumen über die ersten beiden Fäden führen und den dritten Faden von unten aufnehmen. 13) Die Mittelfinger nehmen die vorderen Fäden der Zeigefinger von oben auf. 14) Diesen Faden über die Daumen stülpen. 15) Daumen nach unten wenden. 16) Faden am Daumen etwas lockern. 17) Zeigefinger in das Dreieck neben den Daumen stecken. 18) Endspurt: kleine Finger befreien und die Hände rasch untenherum nach vorn drehen. Fertig ist die Jakobsleiter.

Rechts: Hexenspiel für zwei. 1) Ausgangsposition. 2–3) Je eine Drehung mit der rechten und der linken Hand. 4) Mit der Rückseite der Mittelfinger den Faden vor der anderen Handfläche aufnehmen und herausziehen. 5–6) Der zweite Spieler steigt von unten mit Daumen und Zeigefinger ein. Die Figur sieht jetzt wie ein Fenster aus. 7) Der erste Spieler ergreift mit dem rechten kleinen Finger den inneren Faden links und mit dem linken kleinen Finger den inneren Faden rechts. 8) Er zieht die Figur auseinander. 9) Der zweite Spieler greift wieder ein, nimmt mit den kleinen Fingern die oberen Fäden, dreht die Hände nach oben 10) und zieht die Figur auseinander, die jetzt wie ein Schmetterling aussieht. 11–12) Der erste Spieler greift mit Daumen und Zeigefinger von unten ein und zieht den Faden auseinander. 13–14) Der andere Spieler nimmt mit den kleinen Fingern den Rand der Figur und zieht sie mit Daumen und Zeigefinger auseinander; sie erinnert jetzt an zwei Hahnenfüße. 15) Die kleinen Finger lassen los, und das Spiel ist zu Ende.

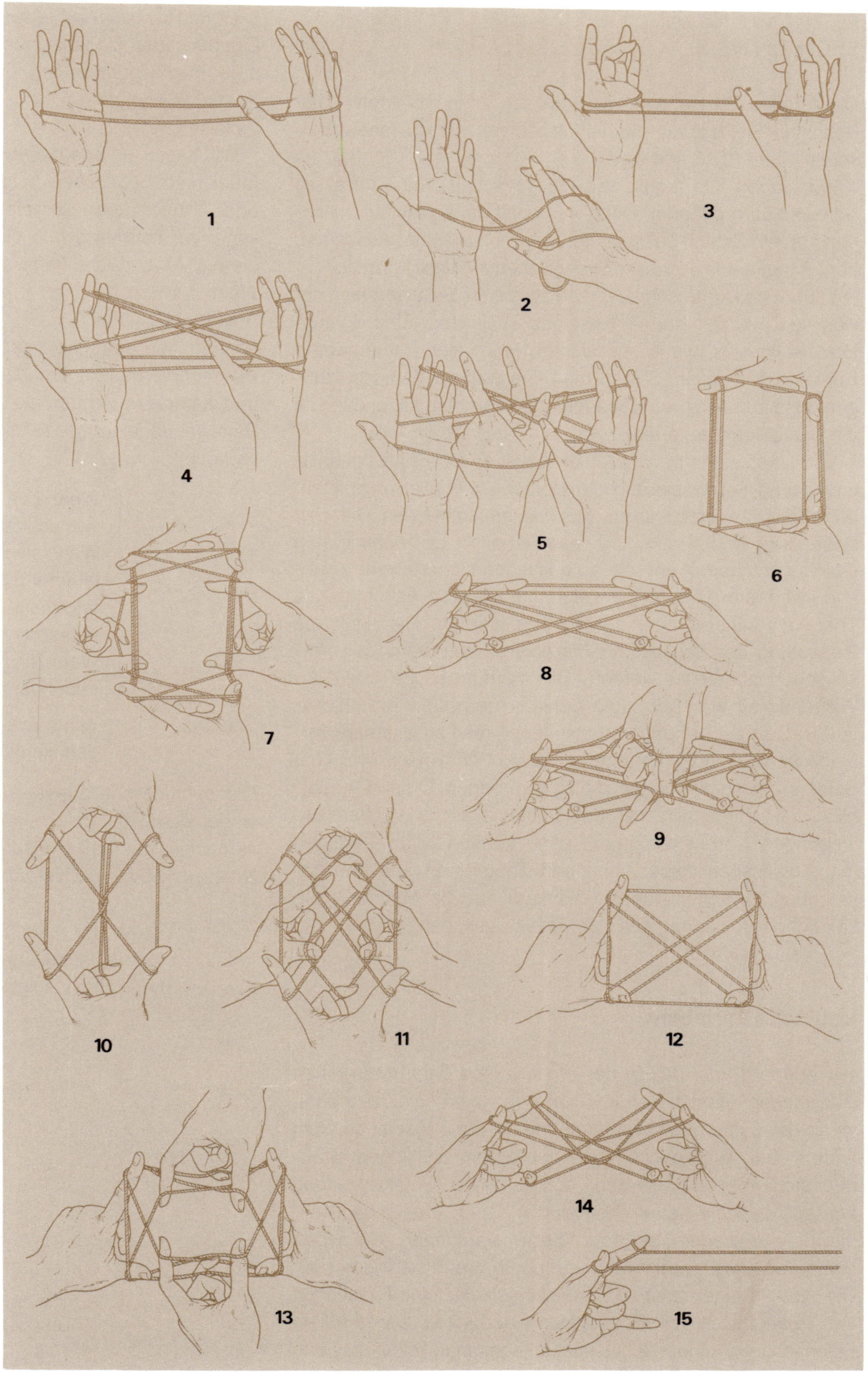

R: Der Strom fällt aus.
S: Der Zug hält an.

Die formale Darstellung der Schlüsse zeigt Abbildung 153. Beachten Sie, daß nur die beiden rechten Konklusionen (Beispiele 1 und 2) korrekt sind.

Wir haben die Logik die Wissenschaft vom korrekten Schlußfolgern genannt. Doch was heißt es, korrekt zu schließen? Ist ein Schluß gültig wegen des Inhalts seiner Aussagen, oder hängt seine Richtigkeit vom Schema seiner Form ab?

In der Logik unterscheidet man zwischen der *Wahrheit* einer Aussage und der *Korrektheit* eines Schlusses. Eine Schlußform ist *korrekt,* wenn aus wahren Prämissen immer wahre Konklusionen folgen. Wenn man von wahren Voraussetzungen auch zu unwahren Behauptungen kommen kann, dann ist die Schlußform unkorrekt.

Wir hatten zuvor behauptet, die Logik erlaube eine Vereinfachung und Formalisierung der Sprache der Wissenschaften. Wir verstehen jetzt, warum. Aus wissenschaftlichen Theorien lassen sich Voraussagen über das Verhalten der beobachteten Objekte ableiten. Wenn die Voraussagen sich als wahr erweisen, wird die Theorie bestätigt. Im anderen Fall muß die Theorie verändert oder aufgegeben werden. Hier liegt die Bedeutung der Regeln und Prinzipien, nach denen die Voraussagen abgeleitet werden. Die mathematische Logik als Wissenschaft vom korrekten Schlußfolgern stellt die objektiven Regeln zur Verfügung, nach denen man zu allgemeinverbindlichen Schlußfolgerungen gelangen kann. Wenn wir zum Beispiel die Kräfte kennen, die zu gegebenem Ort und Augenblick auf einen sich mit bestimmter Geschwindigkeit bewegenden Körper einwirken, dann können wir mit einigen mathematischen Ausdrücken und Theoremen und der Anwendung logischer Regeln in bezug auf die Mechanik die zukünftige Bewegung des Körpers voraussagen.

Logische Variablen

Wir erinnern uns, daß in der Algebra eine Zahl durch einen Buchstaben ersetzt werden kann, den man *Variable* nennt, wenn der Zahlenwert sich verändert. In der Logik ist es nicht anders. Ein Aussagesatz kann von einem beliebigen Großbuchstaben ersetzt werden, den man zur Unterscheidung *logische Variable* nennt. Also sind A, B, C... logische Variablen, die entweder wahr oder falsch sein können. Wir geben ihnen den Wert 1, wenn sie wahr, und 0, wenn sie falsch sind. Die Vorteile einer solchen Darstellungsweise sind Einfachheit und Sparsamkeit, mithin Verallgemeinerbarkeit. Die formalen Eigenschaften eines Schlusses erkennt man leichter, wenn man nicht mit umständlichen Satzkonstruktionen operiert.

Ohne Rücksicht auf Inhalt und Bedeutung sind die formalen Eigenschaften die logischen Merkmale, die unsere Schlußformen miteinander teilen. Es ist wie bei der algebraischen Formel $(x + y)(x - y) = x^2 - y^2$, wo x und y jede beliebige Zahl vertreten.

Wir haben bereits gesehen, daß unser Verstand aus zwei (oder mehr) einfachen Aussagen durch logische Verbindung oder Umformung komplexe Aussagen zusammensetzen kann. Wir kennen schon die Negation einer logischen Variablen ($\neg A$) und die Implikation »wenn... dann...« ($A \rightarrow B$). Wenn $A = 1$, d. h.: wenn A wahr ist, dann ist $\neg A = 0$, d. h.: non-A ist falsch.

Wir haben erst einige der elementarsten logischen Begriffe kennengelernt, und doch lassen sich damit schon recht lange und komplexe Argumentationen untersuchen. Im folgenden Beispiel ist eine ganze Reihe von Prämissen miteinander verknüpft:

Prämissen:
Wenn Eva eine Katze mit nach Hause nimmt, vernachlässigt sie ihre Schulaufgaben.
Wenn sie ihre Schulaufgaben vernachlässigt, bekommt sie schlechte Noten.
Wenn sie schlechte Noten hat, wird sie nicht versetzt.
Wenn sie nicht versetzt wird, darf sie nicht in Ferien fahren.

Schluß: Wenn Eva eine Katze mit nach Hause nimmt, darf sie nicht in Ferien fahren.

Die symbolische Darstellung sehen Sie in Abbildung 154, wobei G = Eva nimmt eine Katze mit nach Hause, H = Sie vernachlässigt die Schulaufgaben, I = Sie bekommt schlechte Noten, L = Eva wird versetzt und M = Eva darf in Ferien fahren.

Nahtlos folgt hier jeder Schritt aus dem anderen, weil die Induktion die logische Eigenschaft der *Transitivität* genießt. Aus $A \rightarrow B$ und $B \rightarrow C$ folgt $A \rightarrow C$.

Abb. 154

$$G \rightarrow H$$
$$H \rightarrow I$$
$$I \rightarrow \neg L$$
$$\neg L \rightarrow \neg M$$

$$G \rightarrow \neg M$$

Auch in der Algebra ziehen wir oft Schlußfolgerungen, hinter denen logische Operationen stecken. Angenommen, wir haben die »Aussage« $2x + 9 = 13$ und wollen das Theorem beweisen: *Wenn $2x + 9 = 13$, dann $x = 2$.* Die Variable D steht für $2x + 9 = 13$, E für $2x = 4$ und F für $x = 2$. Wir formulieren den Schluß:

$$\begin{array}{c} D \rightarrow E \\ \underline{E \rightarrow F} \\ D \rightarrow F \end{array}$$

Offensichtlich ist die letzte Behauptung nur dann wahr, wenn sämtliche Prämissen wahr sind; eine einzige falsche Prämisse macht den Schluß ungültig.

George Boole und die Anfänge der Aussagenlogik

Das formale System aus logischen Variablen mit den Werten 1 und 0 sowie Zeichen für die logischen Operationen ist als Boolesche Algebra bekannt. Der Engländer George Boole (1815–1864) stammte aus einfachen Verhältnissen, sein Vater war ein Schuhmacher. Als Autodidakt erwarb er große Kenntnisse auf dem Gebiet der Mathematik, aber auch in den Sprachen Griechisch, Latein, Französisch, Deutsch und Italienisch (besonders liebte er die *Göttliche Komödie* von Dante). 1847 veröffentlichte er ein schmales Bändchen, *The Mathematical Analysis of Logic,* in dem er sich vorgenommen hatte, »die fundamentalen Gesetze jener geistigen Operationen zu erforschen, die beim Schlußfolgern beteiligt sind, sie in der symbolischen Sprache eines Kalküls auszudrücken und darauf die Methoden einer wissenschaftlichen Logik aufzubauen«. In seinem Werk *An Investigation on the Laws of Thought, on which are founded the Mathematical Theories of Logic and Probabilities* (»Eine Untersuchung der Denkgesetze, auf denen die mathematischen Theorien der Logik und Wahrscheinlichkeit beruhen«) lieferte er 1854 eine logische Interpretation seines algebraischen Systems und zeigte, daß es auf »bivalente« Aussagen angewandt werden kann, die nur die beiden Werte wahr (1) oder falsch (0) haben. Die Ausarbeitung dieser Idee leisteten erst seine Nachfolger.

Vor Boole war es unklar, in welcher Beziehung die Logik zu Mathematik und Philosophie steht. Booles prägender Einfluß bestand in einer gegen die Philosophie gerichteten stärkeren Anlehnung der Logik an die Mathematik. Wenn die Philosophie die Wissenschaft vom wirklichen Sein der Dinge und der Suche danach ist, dann gehört die Logik nicht dazu. Vielmehr ist sie der Mathematik verwandt, weil sie wie diese auf einem eigenen *symbolischen Kalkül* beruht, bestehend aus einem Satz von Symbolen und den dazugehörigen Operationsregeln. Darüber hinaus erkannte Boole die Beschränkungen der traditionellen Logik, die damals immer noch aristotelischen und mittelalterlichen Regeln und Schemata unterworfen war; er demonstrierte, wie diese durch neue, strenge Methoden überwunden werden konnten, analog zum symbolischen Kalkül der Algebra. Booles Konzepte, speziell das der engen Verbindung von Logik und Mathematik, bilden die Basis der meisten Entdeckungen der formalen Logik in den letzten hundert Jahren.

Was ist ein logisches Kalkül?

Bei Boole also nahm die Idee eines logischen Kalküls, wie sie Leibniz entworfen hatte, konkrete Gestalt an. Wir wollen nun einige seiner Konzepte, die wir bisher schon stillschweigend eingeführt haben, genauer erklären. Boole hatte ein sehr klares Bild von einem logischen Kalkül und seinen Eigenschaften. In jeder theoretischen Ableitung, sei es in der Mathematik oder Geometrie, der Physik oder Philosophie, konzentrierte sich seine Untersuchung auf die Prämissen, auf jene Aussagen also, »die als Fundamente dienen, auf denen die abschließende Behauptung aufgebaut wird«. Die logische

Analyse übersetzt die Prämissen in Symbole und leitet daraus mit Hilfe logischer Regeln die entscheidenden Schlußfolgerungen ab. Nach diesem Modell läßt sich die Gültigkeit der gefundenen Konklusionen abschätzen. Boole verschob also das Interesse vom Inhalt der Prämissen und Konklusionen auf die formale Prozedur.

In erster Linie hat die Logik nicht zu entscheiden, wie glaubwürdig oder wahr die Prämissen sind, sondern welche Schlußfolgerungen sich korrekterweise aus ihnen ziehen lassen. Sie studiert also die Ableitung und nicht den Inhalt der Prämissen. Dies macht den »formalen« Charakter eines logischen Kalküls aus. Im logischen Kalkül wird von einer Interpretation der Symbole abgesehen, weil sich aus ihrer Bedeutung die »formale Struktur« des Arguments nicht abstrahieren läßt. In *The Mathematical Analysis of Logic* schreibt Boole: »Wer mit dem gegenwärtigen Stand der Theorie der symbolischen Algebra vertraut ist, weiß, daß die Gültigkeit der Analyse nicht von der Interpretation der verwendeten Symbole abhängt, sondern allein von den Gesetzen ihrer Kombination. Jede Interpretation, die nicht gegen die Geltung der symbolischen Beziehungen verstößt, ist gleichermaßen zulässig, so daß ein und derselbe Prozeß nach einem Interpretationsschema die Lösung einer Frage nach den Eigenschaften von Zahlen darstellt, nach einem anderen die Lösung eines geometrischen Problems und nach einem dritten eine Schlußfolgerung auf dem Gebiet der Dynamik oder Optik.« So gelangte Boole zu einem rein formalen Kalkül, das sich auf keinerlei Quantitäten, Zahlen oder geometrische Größen beziehen muß, weil es auf Symbolen und Verknüpfungsregeln ohne spezifische Bedeutung beruht. Die *formale* oder *mathematische Logik,* die Boole begründete, wurde von Bertrand Russell (1872–1970), Giuseppe Peano (1858–1932) und Friedrich Gottlob Frege (1848–1925) weiterentwickelt. Ein Kalkül, das auf zweiwertigen (0 und 1) Aussagen beruht, nennt man *logisches Kalkül* oder *Aussagenlogik.*

Aussagenlogische Zusammenhänge lassen sich mit *Euler-Venn-Diagrammen* grafisch darstellen; diese mengentheoretischen Darstellungen logischer Beziehungen werden inzwischen in vielen Ländern schon im Rechenunterricht der Grundschulen eingesetzt. Eulers Beiträge zur Mathematik wurden bereits erwähnt (siehe S. 54–55). Der Engländer John Venn (1834–1923) wurde mit 25 Jahren zum Priester geweiht, doch zog er sich 1883 vom Dienst zurück, um sich ganz seinen logischen Studien zu widmen. Er lehrte in Cambridge; seine Hauptwerke sind *The Logic of Chance* (1866) und *Symbolic Logic* (1881). Die Diagramme heißen so, weil sie von Euler entwickelt, aber von Venn vereinfacht und verbessert wurden.

Die Negation

Wir beginnen mit der einfachsten logischen Operation. Die Negation verändert den Wahrheitswert einer Aussage. Wenn M = *Heute ist Samstag,* dann bedeutet die Negation $\neg$M: *Heute ist nicht Samstag.* Beachten Sie, daß die Negation von M nicht lautet: *Heute ist Sonntag* oder ähnliches. Mit einem Venn-Diagramm können die zwei Zustände einer logischen Variablen wie in Abbildung 155 dargestellt werden. Der Kreis repräsentiert alle Samstage, alle Tage also, bei denen M wahr ist; hingegen stellt die Umgebung des Kreises (in Begriffen der Mengenlehre: die »Komplementärmenge«) alle Tage dar, bei denen M falsch bzw. die Negation $\neg$ M wahr ist.

Wenn man es mit einer Eigenschaft zu tun hat, durch die eine Menge definiert wird, muß man zunächst das »Universum« oder den Gesamtbereich der Untersuchung festlegen. Die *Universalmenge* U läßt sich vorläufig definieren als die Gesamtheit aller Elemente, von denen in einem bestimmten Zusammenhang die Rede ist. In unserem Beispiel besteht die Universalmenge aus allen Tagen im Jahr und wird vom ganzen Diagramm dargestellt. Für einen Mathematiker besteht die Universalmenge aus allen Zahlen und für einen Botaniker aus allen Pflanzen der Erde. Die *Komplementärmenge* $\overline{M}'$ (Abb. 155 a) wird dann definiert als die Menge aller Elemente, die nicht zu M′ gehören, oder symbolisch: $\overline{M}' = U - M'$.

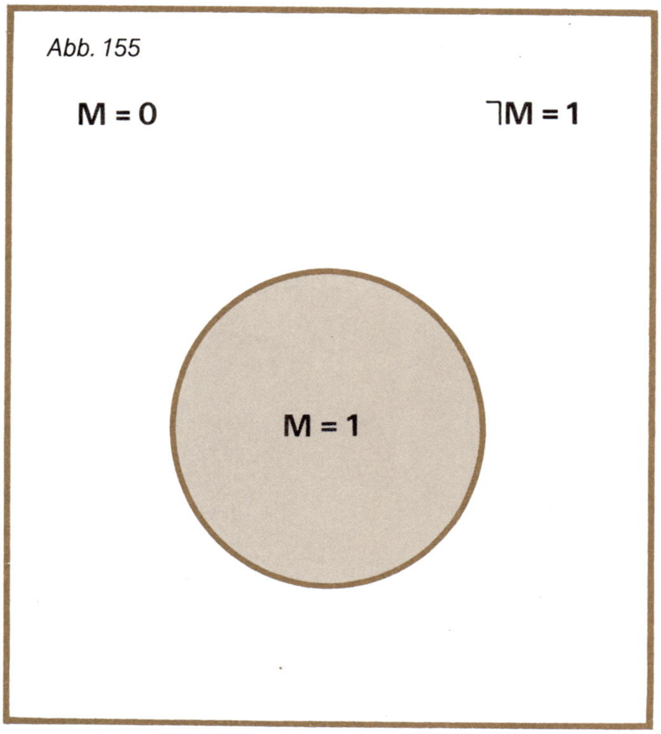

Abb. 155

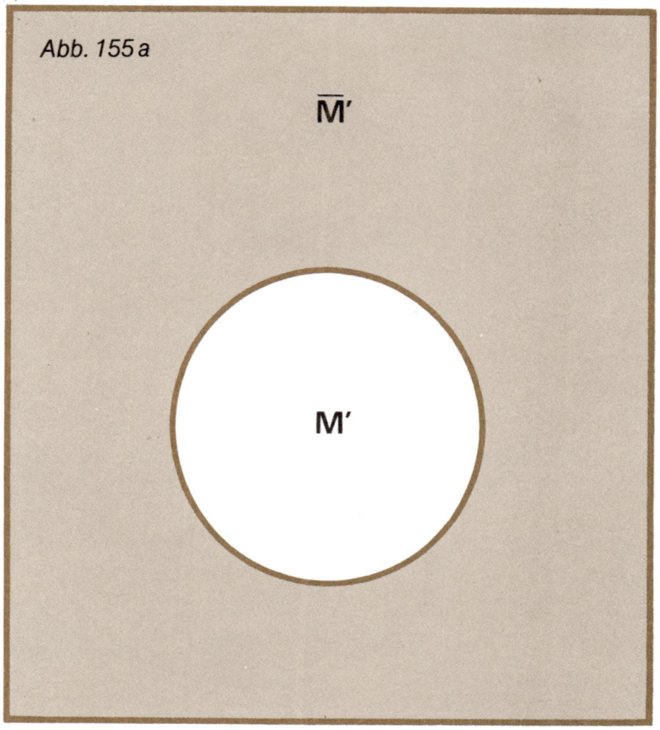

Abb. 155 a

Erläuterung der Symbole

Die logische Klarheit verlangt es, für verschiedene Dinge auch verschiedene Symbole zu verwenden. Weiterhin sollen Großbuchstaben (A, B, C...) als logische Variablen für Aussagesätze dienen. Die dazugehörende Menge von Elementen, die die im Aussagesatz beschriebene Eigenschaft besitzen, wird mit dem entsprechenden Großbuchstaben und einem kleinen Strich bezeichnet. Wenn M für *Heute ist Samstag.* steht, dann symbolisiert M′ die Menge aller Samstage.

Konjunktion und leere Menge

Die Konjunktion zweier logischer Variablen M und N geschieht mit dem Zeichen $\wedge$, man schreibt $M \wedge N$. Wenn N die Bedeutung *Heute ist es kalt* hat, dann bedeutet $M \wedge N$:

Heute ist Samstag, und es ist kalt.

Im Venn-Diagramm wird die Konjunktion als der Überschneidungsbereich zweier Mengen dargestellt (Abb. 156). M′ ist die Menge aller Samstage und N′ die Menge aller kalten Tage. Darum ist $M' \cap N'$ die Menge aller Tage, bei denen $M \wedge N$ wahr ist, nämlich aller kalten Samstage.

Die Negation von $M \wedge N$ schreibt man als $\neg(M \wedge N)$. Sie bedeutet:

Es ist nicht wahr, daß heute Samstag ist und daß es kalt ist.

Nun wollen wir überlegen, welche grafische Darstellung die folgende Aussage hat: *Paul ist in England und in Australien.* E steht für *Paul ist in England* und F für *Paul ist in Australien.* Da es unmöglich ist, an zwei Orten zugleich zu sein, ist die Schnittmenge von E′ und F′ leer. Eine *leere Menge* enthält kein Element (Abb. 157), daher ist sie eine Teilmenge aller anderen Mengen. Man symbolisiert sie mit $\emptyset$. Ein anderes Beispiel für eine leere Menge in der Mathematik ist die Menge aller Zahlen, die sowohl positiv als auch negativ sind. Es gibt keine derartige Zahl.

Abb. 156

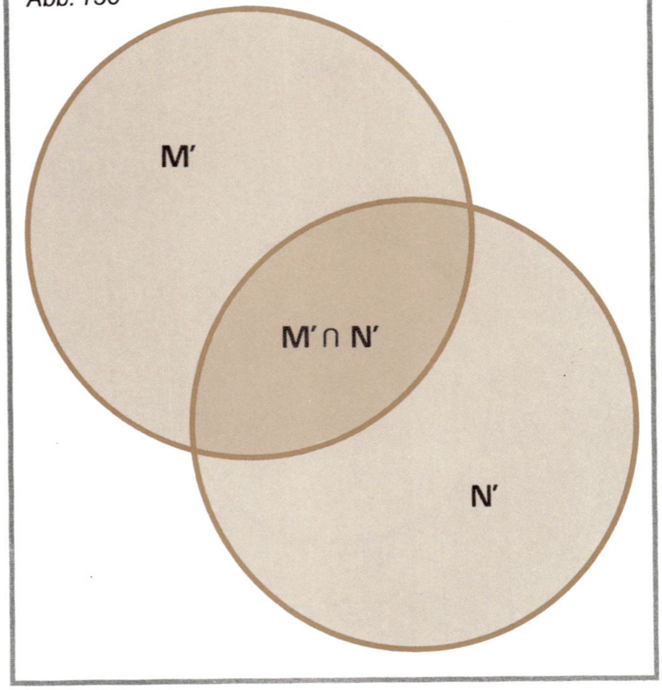

Abb. 157

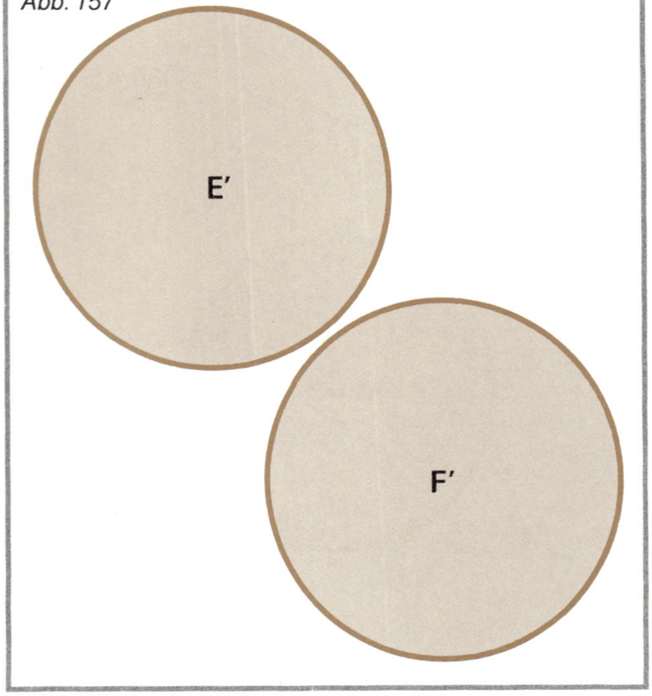

Die Leere Menge

Der Begriff der »Leeren Menge« gestattet uns, ein grundlegendes Prinzip der Mengenlehre zu erläutern, das Prinzip der *Extensionalität.* Es seien zwei verschiedene Mengen gegeben. Dann muß es mindestens ein Element geben, das zur einen Menge gehört, aber nicht zur anderen. Wenn zwei Mengen genau dieselben Elemente haben, ist es dieselbe Menge. Die Leere Menge hingegen hat kein Element und ist darum einzigartig. Damit zwei Mengen sich unterscheiden, muß eine wenigstens ein Element besitzen, das die andere nicht hat.

Man darf die Leere Menge ∅ nicht mit der Zahl 0 verwechseln, obwohl letztere die Anzahl der Elemente der ersteren angibt. Wie die Null ist auch die Leere Menge mit der Idee des Nichts verknüpft, mit dem, was nicht existiert. Doch der *Begriff* des Nichts existiert sehr wohl, wie alle unsere Begriffe. Solche Begriffe spielen in der Mathematik, der Philosophie und im täglichen Leben eine wichtige Rolle.

In der Mengentheorie kommt dem Begriff des Nichts die Leere Menge am nächsten. Immerhin hat sie, ähnlich wie die Null bei den Zahlen, die gleiche Art von Existenz, die wir auch allen anderen Mengen zuschreiben. Trotzdem ist sie die einzige Menge ohne Element, eine Teilmenge aller anderen Mengen, und das macht sie irgendwie einzigartig.

Auf was nun bezieht sich die Leere Menge? In Abbildung 156 bezieht sich M′ auf die Menge aller Samstage. Auf was bezieht sich die Leere Menge in Abbildung 157? Man kann lediglich feststellen, daß sie etwas »bezeichnet«, ohne sich auf etwas zu beziehen. Wie schon im Fall des Nichts beginnen wir, uns wieder im Gestrüpp eines Paradoxons zu verirren.

Eine erste paradoxe Konsequenz ist daher: Die Menge der Hunde, die dieses Buch lesen können, ist identisch mit der Menge der quadratischen Kreise, die wiederum identisch ist

Abb. 158

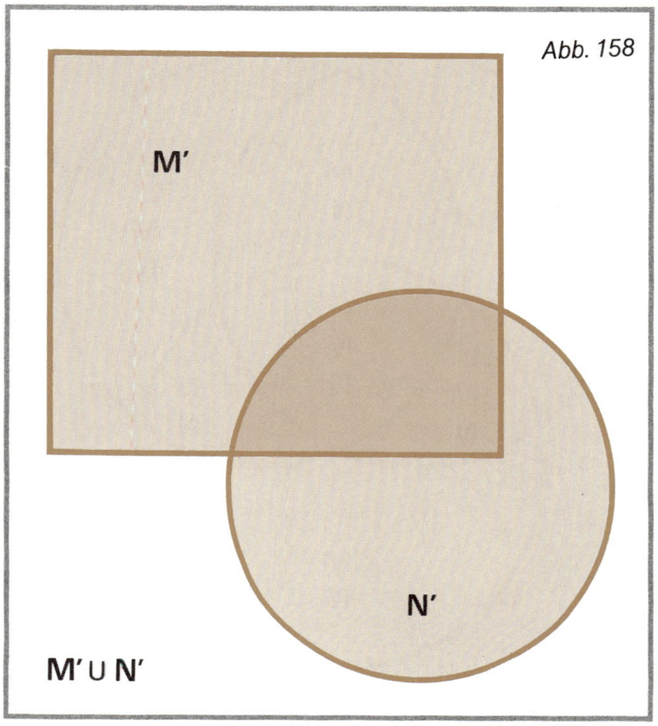

Abb. 159

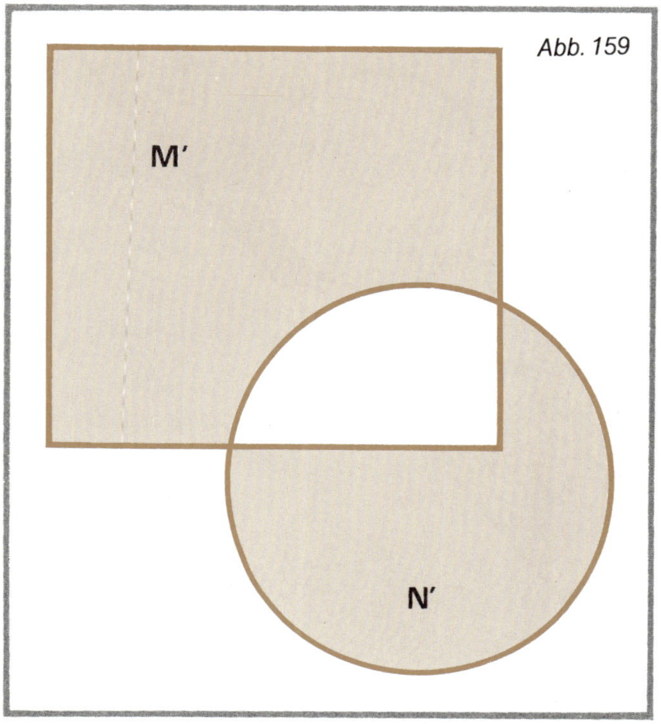

mit der Menge aller Leute, die sich gleichzeitig in England und in Australien aufhalten.

Um nun zu entscheiden, was eine Leere Menge denn »bezeichnet«, könnte man sagen: Sie bezeichnet die Menge jener Elemente, die einige widersprüchliche Aussagen zugleich erfüllen. Außerdem, welche Aussage man auch immer über die Elemente der Leeren Menge macht, sie wird wahr sein! Denn es gibt kein Element, das sie falsifizieren könnte.

Die Disjunktion

Die Disjunktion zweier Aussagen beziehungsweise zweier logischer Elemente M und N geschieht mit dem Zeichen $\vee$, und man schreibt $M \vee N$. Im Fall unseres Beispiels heißt $M \vee N$:

Heute ist Samstag, oder es ist kalt.

Im Venn-Diagramm wird die Disjunktion als die Vereinigung zweier Mengen dargestellt (Abb. 158). Die *Vereinigungsmenge* von M′ und N′, nämlich $M' \cup N'$, ist die Menge aller Tage, bei denen $M \vee N$ wahr ist, also sämtlicher Tage, die Samstag sind oder an denen es kalt ist.

In der Arithmetik korrespondiert diese Operation mit der Addition (z. B. $3 + 4 = 7$). Die oben vorgestellte Form der Disjunktion nennt man *nichtausschließliche Disjunktion.* In der Alltagssprache gibt es aber noch ein anderes »oder« mit der Bedeutung »das eine oder das andere, aber nicht beides zusammen«. Das Lateinische war hierin sehr genau und unterschied das nichtausschließliche »vel ... vel« (entweder ...

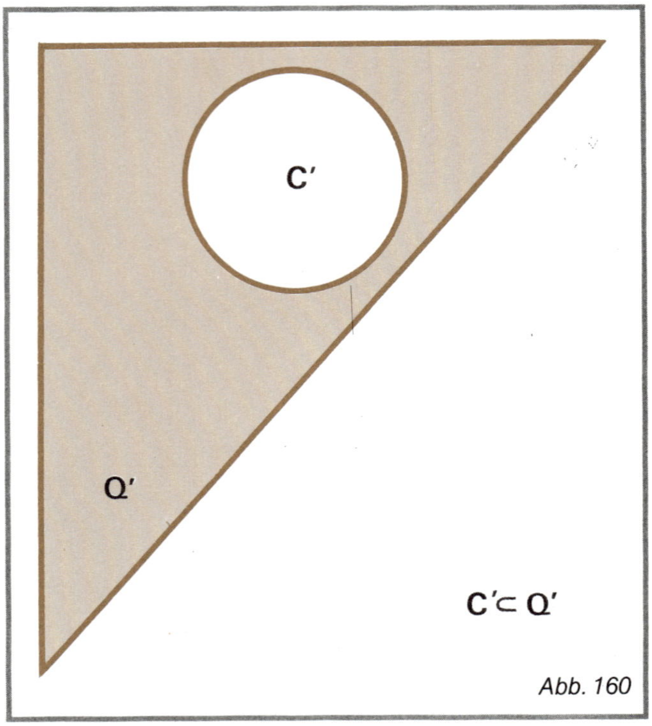

Abb. 160

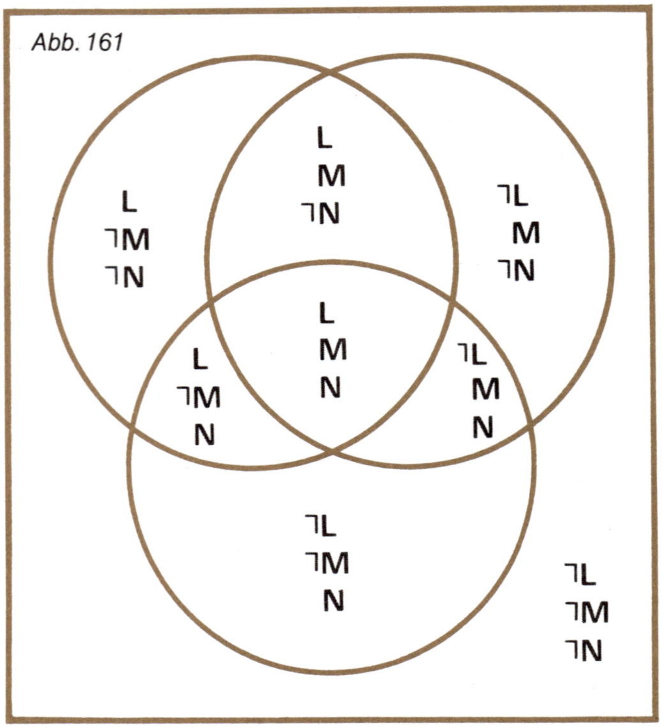

Abb. 161

oder ... oder beides) vom *ausschließlichen* »aut ... aut« (entweder ... oder ..., aber nicht beides).

In Abbildung 159 sehen Sie die grafische Darstellung der *ausschließlichen Disjunktion.* Der Aussagenverknüpfung M ∨ N *Heute sind wir in Köln oder in Rio* entspricht die Menge M′ ⊎ N′, die die Elemente beider Mengen mit Ausnahme der Schnittmenge umfaßt, da man ja nicht zugleich in Köln und Rio sein kann.

Von einem dritten »oder« in der mathematischen Logik, der *Inkompatibilität* soll später (siehe S. 122) die Rede sein.

Die Implikation

Wie wir bereits gesehen haben, wird die Implikation von einem Pfeil zwischen den logischen Variablen dargestellt. Sie entspricht dem umgangssprachlichen »wenn ... dann«. Ihre grafische Umsetzung sieht man in Abbildung 160.

Hier bedeutet zum Beispiel C′ die Menge aller Pferde und Q′ die umfassendere Menge aller Vierfüßler. Es wird unmittelbar deutlich, daß C′ eine Teilmenge von Q′ ist, weil in Q′ ja auch noch Elefanten, Giraffen usw. enthalten sind. Mengentheoretisch symbolisiert man die Teilmenge mit $C' \subset Q'$. Als Aussage bedeutet dies:

Alle Pferde sind Vierfüßler.

Derselbe Satz in Form einer Implikation lautet:

Wenn dies ein Pferd ist, dann ist es ein Vierfüßler.

Man unterscheidet echte von unechten Teilmengen. C′ bildet eine *echte Teilmenge* von Q′, wenn alle Elemente von C′ auch in Q′ enthalten sind, es aber in Q′ mindestens ein Element gibt, das nicht zu C′ gehört. Wenn diese Einschränkung nicht gemacht wird, wird auch die *unechte Teilmenge* zugelassen, und man schreibt z. B. $M' \subseteq M'$.

Wenn zwei Mengen identisch sind, weil sie *dieselben* Elemente haben, setzt man das Gleichheitszeichen: $A' = B'$. Haben zwei Mengen die *gleiche Anzahl* von Elementen, nennt man sie *gleich mächtig.*

Das Enthaltensein eines Elements in einer Menge, dargestellt durch das Zeichen $\in$, muß man unterscheiden vom Begriff der Teilmenge mit dem Zeichen $\subset$. Die Menge der Pferde ist eine Teilmenge, aber kein Element der Menge der Vierfüßler. Hingegen ist jedes beliebige Pferd Element der Menge aller

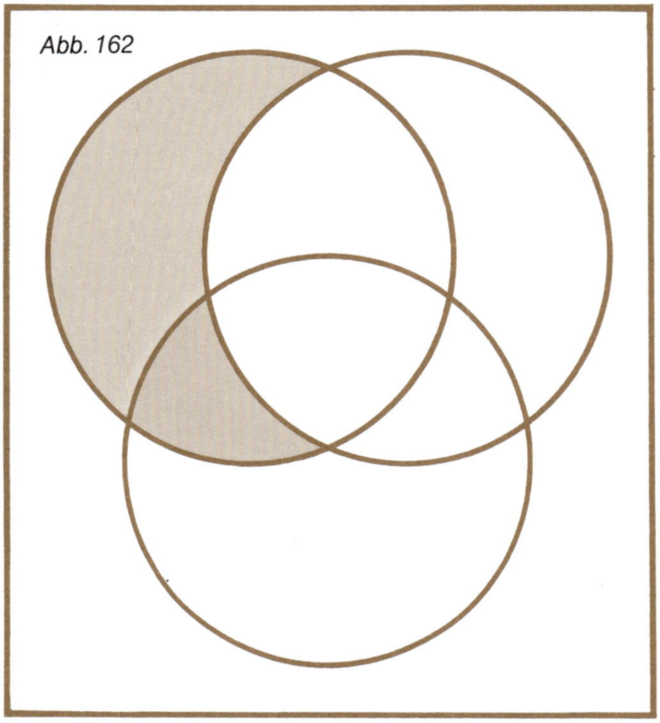

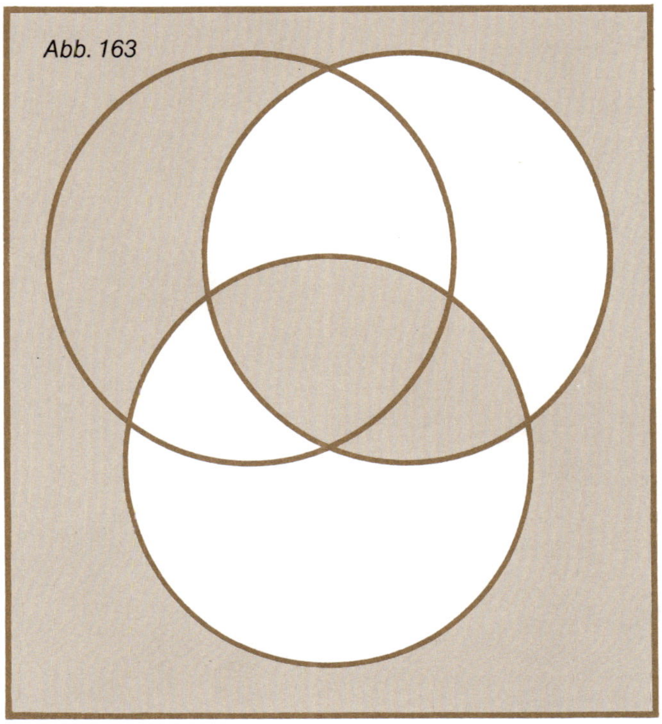

Pferde, aber selbst keine Teilmenge aller Vierfüßler (obwohl eine Menge, die nur dieses eine Pferd enthält, es sehr wohl ist).

Wer hat den Brandy getrunken?

Mit Venn-Diagrammen lassen sich viele Spielchen veranstalten, wie etwa das folgende Rätsel. Leo, Mark und Nick essen oft zusammen, aber wir wissen nicht, wer von ihnen nach dem Essen gern einen Brandy trinkt. Allerdings wissen wir:

a) Wenn Leo einen Brandy bestellt, bestellt auch Mark einen.
b) Es kann vorkommen, daß Mark oder Nick einen Brandy bestellen, aber nie beide zusammen.
c) Hingegen geschieht es, daß Leo und Nick einzeln oder gleichzeitig Brandy bestellen.
d) Wenn Nick einen Brandy bestellt, will Leo auch einen.

Es sei L = *Leo trinkt den Brandy,* M = *Mark trinkt den Brandy* und N = *Nick trinkt den Brandy.* Acht Kombinationen sind möglich:

1) L, M, N sind alle falsch;
2) L, M, N sind alle wahr;
3) L ist wahr (also: Leo trinkt Brandy), aber M, N sind falsch (d. h. Mark und Nick trinken keinen Brandy);
4) L, M sind wahr, und N ist falsch;
5) L, N sind wahr, und M ist falsch;
6) M, N sind wahr, und L ist falsch;
7) L, M sind falsch, und N ist wahr;
8) L, N sind falsch, und M ist wahr.

Diese acht Situationen sind in Abbildung 161 grafisch dargestellt. Wir setzen nun voraus, daß die Prämissen a–d wahr sind, und schraffieren nacheinander die Flächen, die von ihnen ausgeschlossen werden:

a) Wir schraffieren die Fläche, wo Mark keinen Brandy bestellt, wenn Leo einen trinkt, also L, ¬M (Abb. 162).
b) Wir schraffieren die Flächen, in denen weder Mark noch Nick einen Brandy trinken, sowie wenn sie beide einen trinken, also ¬M, ¬N und M,N (Abb. 163).
c) Wir schraffieren ¬L und ¬N (Abb. 164).
d) Hier wird die Fläche N, ¬L (Abb. 165) ausgeklammert.

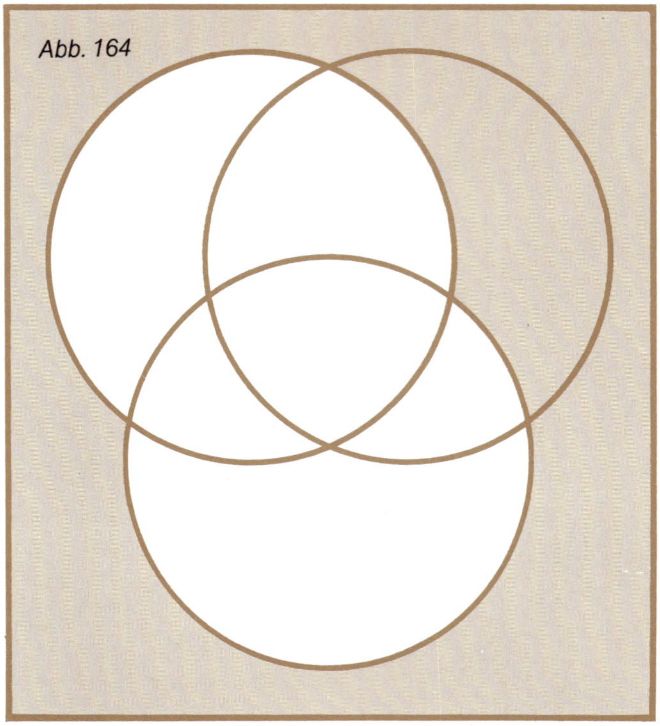
Abb. 164

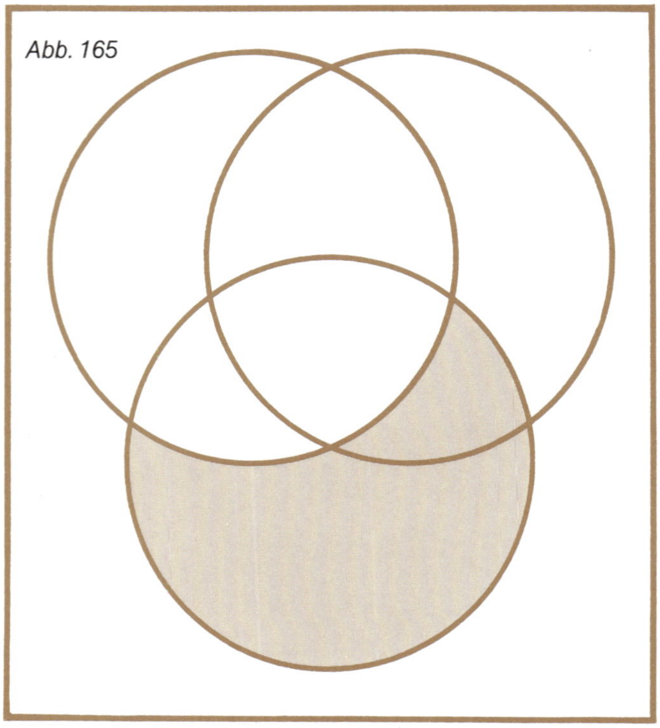
Abb. 165

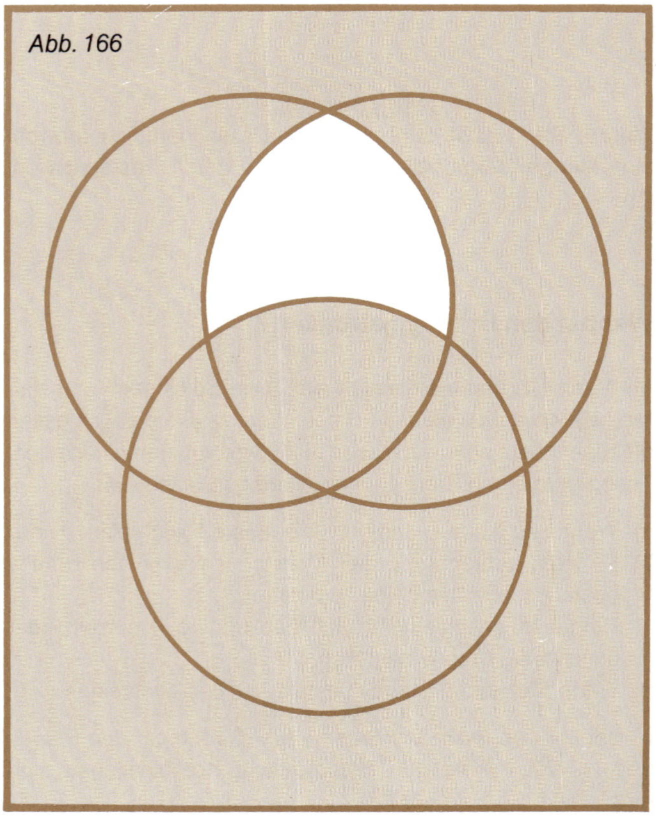
Abb. 166

Legt man jetzt die vier Diagramme übereinander, ergibt sich die Situation in Abbildung 166. Wenn alle vier Prämissen wahr sind, trifft nur Situation L, M, ¬N zu, das heißt: Leo und Mark trinken einen Brandy, aber Nick nicht. Gegen Ende des nächsten Abschnitts werden wir für dieses Rätsel eine einfachere Lösung erarbeiten.

Die Wahrheitstafel

Wir wollen noch einmal auf das Beispiel von Abbildung 156 und die dazugehörige Konjunktion M ∧ N zurückgreifen. Sie ist wahr bei allen kalten Samstagen. In Tabelle 167 sind zunächst alle möglichen Kombinationen der Wahrheitswerte von M und N getrennt aufgeführt, in Tabelle 168 finden Sie die Wahrheitswerte der entsprechenden Konjunktion. Sie ist nur dann wahr (1), wenn M und N beide wahr sind. Sind M und N beide falsch oder ist nur eine von beiden wahr, ist die Konjunktion insgesamt falsch (in der Logik gibt es keine halbe Wahrheit).

A	¬ A
1	01
0	10

Abb. 169

	M	N
a	1	1
b	0	1
c	1	0
d	0	0

Abb. 167

M	∧	N
1	1	1
0	0	1
1	0	0
0	0	0

Abb. 168

M	∨	N
1	1	1
0	1	1
1	1	0
0	0	0

Abb. 170

M	∨	N
1	0	1
0	1	1
1	1	0
0	0	0

Abb. 171

Mit Hilfe von Wahrheitstafeln läßt sich die Wahrheit verknüpfter Aussagen genau bestimmen. Welche der folgenden Sätze sind wahr, und welche sind falsch?

a) Paul hat ein Auto, und der Mond ist viereckig.
b) Der Rhein ist ein Fluß, und Helgoland ist eine Insel.
c) Im Frühling gibt es mehr Allergien, und Möwen brüten im Winter.

Nur b) ist wahr; in a) und c) ist jeweils wenigstens eine der Teilaussagen falsch, und die Wahrheitstafel zeigt, daß die Konjunktion falsch ist. Man könnte einwenden, die Tatsache, daß Paul ein Auto hat, habe doch nichts mit der viereckigen Form des Mondes zu tun. Das stimmt, doch der Logik ist der Inhalt der Aussagen gleichgültig, sie kümmert sich nur um ihre Wahrheitswerte. Wir werden darauf nochmals im Zusammenhang mit den Implikationen zurückkommen.

Abbildung 169 zeigt die Wahrheitstafel für die Negation. Bei komplizierteren Kombinationen verschiedener Operationen muß man die Wahrheitstafeln Schritt für Schritt ausarbeiten. So fragt man sich z. B. im Fall des Junktors »oder«, ob die Aussage *Heute ist Samstag, oder es ist kalt* nur dann wahr ist, wenn sich die beiden Teilaussagen ausschließen (Abb. 159), oder ob auch beide gleichzeitig wahr sein können, wenn das »oder« nichtausschließlich gemeint ist (Abb. 158). Die entsprechenden Wahrheitstafeln sehen Sie in den Abbildungen 171 und 170. Die nichtausschließliche Disjunktion ist wahr, wenn mindestens eins der Glieder wahr ist. Die ausschließliche Disjunktion hingegen ist nur dann wahr, wenn eins der Glieder allein wahr ist. Sie ist nicht nur dann falsch, wenn beide Glieder falsch sind, sondern auch wenn sie wahr sind.

Zu welchem Typ von Disjunktion gehören die folgenden Aussagen?

a) Das Krokodil ist ein Fisch oder ein Säugetier.
b) Der Mond ist ein Planet oder ein Satellit.
c) Wenn du zu oft essen oder ins Kino gehst, machst du Pleite.

Die beiden ersten Sätze sind offensichtlich ausschließliche Disjunktionen, während Satz drei nichtausschließlich gemeint ist: Wenn du dein Geld für beides ausgibst, wirst du es um so schneller los.

Untersuchen wir ein neues Beispiel:

Ein wohlerzogener Mensch ißt bei Tisch, oder er redet.

A	/	B
1	0	1
1	1	0
0	1	1
0	1	0

Abb. 172

M	→	N
1	1	1
0	1	1
1	0	0
0	1	0

Abb. 174

P	→	Q	┐	P	v	Q
1	1	1	0	1	1	1
0	1	1	1	0	1	1
1	0	0	0	1	0	0
0	1	0	1	0	1	0

Abb. 173

Hier wird festgestellt, daß jemand, der bei Tisch gleichzeitig ißt und spricht, schlechte Manieren hat. Es soll aber nicht behauptet werden, er wäre schlecht erzogen, wenn er keins von beidem tut. Das »oder« kommt hier also in einem dritten Sinn vor: Der Satz ist nur dann falsch, wenn beide Teilsätze wahr sind. Hier haben wir die bereits erwähnte *Inkompatibilität,* die mit einem / symbolisiert wird. Die Wahrheitstafel zeigt Abbildung 172.

In Abbildung 173 erkennt man etwas Merkwürdiges. Die Wahrheitswerte der beiden Junktionen sind dieselben (graue Spalte). Das bedeutet, daß die beiden Aussageformen *logisch identisch* sind. Eine Implikation (Abb. 174) ist nur dann falsch, wenn die Bedingung wahr, aber die Konsequenz falsch ist. In allen anderen Fällen ist sie wahr. Das ist nicht leicht zu begreifen, besonders, wenn man die Fälle studiert, in denen sie wahr ist. Doch man muß immer wieder daran denken, daß die Logik nichts mit der Umgangssprache und ihren vielfachen Bedeutungen zu tun hat, die vom Kontext, der Betonung oder der Beziehung der Sprecher abhängen.

Nehmen wir ein konkretes Beispiel. Wenn S = *Heute ist Samstag* und K = *Ich gehe ins Kino,* dann bedeutet S→K:

Wenn heute Samstag ist, gehe ich ins Kino.

In Abbildung 175 sehen wir: Wenn heute Samstag ist, gehe ich ins Kino. Wenn es nicht Samstag ist, kann ich ins Kino gehen oder nicht. Man sagt, daß S eine *hinreichende,* aber keine *notwendige Bedingung* für K ist.

Natürlich brauchen die beiden Teile einer Implikation überhaupt nicht in irgendeiner inhaltlichen Verbindung zu stehen. In dem Satz *Wenn heute Samstag ist, haben Hunde vier Pfoten* gibt es keinerlei Zusammenhang zwischen den beiden Teilsätzen. In diesem Fall kann man den Wert der Implikation nur nach der Wahrheitstafel bestimmen. Falls wir feststellen, daß S wahr ist (Heute ist Samstag) und daß V (Hunde haben vier Pfoten) ebenfalls wahr ist, dann ist auch S→V wahr. Die Implikation ist hingegen falsch, wenn S wahr, V aber falsch ist. Aber was ist, wenn S falsch und V wahr oder sogar S und V beide falsch sind? Wir wissen, daß in der Logik eine Aussage entweder wahr oder falsch ist, aber nicht beides zugleich sein kann (Gesetz vom ausgeschlossenen Dritten). Wenn S nun falsch ist, ist es egal, ob V wahr oder falsch ist. Man nimmt einfach an, daß in diesen Fällen S→V ebenfalls wahr ist. Erstens ist diese Annahme widerspruchsfrei, und zweitens wäre es unsinnig, die Wahrheitstafel der Implikation nur auf die Fälle zu beschränken, wo S wahr ist. In vollständiger Form ist die Wahrheitstafel der Implikation identisch mit der nicht-ausschließlichen Disjunktion. Die mittelalterlichen Logiker hatten den Ausspruch: *Ex absurdis sequitur quodlibet* (»Aus dem Absurden kann man jeden Schluß ziehen«). Aus einem fal-

S: Heute ist Samstag.	**K:** Ich gehe ins Kino.	**S→K** Wenn heute Samstag ist, dann gehe ich ins Kino.
Wahr: Heute ist Samstag.	**Wahr:** Ich gehe ins Kino.	Es ist **wahr,** daß ich ins Kino gehe, wenn heute Samstag ist.
Wahr: Heute ist Samstag.	**Falsch:** Ich gehe nicht ins Kino.	Es ist **falsch,** daß heute Samstag ist und ich nicht ins Kino gehe.
Falsch: Heute ist nicht Samstag.	**Wahr:** Ich gehe ins Kino.	S→K ist **wahr:** Ich gehe ins Kino, auch wenn heute kein Samstag ist.
Falsch: Heute ist nicht Samstag.	**Falsch:** Ich gehe nicht ins Kino.	S→K ist **wahr:** Es ist kein Samstag, und ich gehe nicht ins Kino.

Abb. 175

schen S kann daher jedes V folgen, eben auch ¬V. Deshalb sind die folgenden Implikationen beide wahr:

A) Wenn Goethe ein Spanier ist, ist der Mond rund.
A′) Wenn Goethe ein Spanier ist, ist der Mond viereckig.

Der normale Alltagsverstand sträubt sich zu verstehen, wie man aus einer falschen Voraussetzung etwas Beliebiges folgern kann und daß dieser Schluß auch noch wahr ist. Hier muß die Bemerkung genügen, daß diese Setzung vorteilhaft und vor allem widerspruchsfrei mit den anderen Regeln der Logik zu vereinbaren ist, und das ist das einzige, worauf es in der Logik ankommt.

Eine der Hauptschwierigkeiten, die Wahrheitstafel der Implikation zu verstehen, mag daher kommen, daß man in der Alltagssprache die Verbindung »wenn ... dann ...« nur dann verwendet, wenn die Voraussetzung auch zutrifft. Mit dem Satz *Wenn heute Samstag ist, gehe ich ins Kino* setzt man stillschweigend voraus, daß man nicht ins Kino geht, falls es nicht Samstag ist. Das heißt aber, daß S für K auch eine notwendige Bedingung darstellt. Wenn S für K sowohl notwendige wie hinreichende Bedingung ist, spricht man von einer *Bisubjunktion* mit der Bedeutung »wenn und *nur* wenn«. Das Symbol ↔ deutet an, daß sich die beiden Elemente gegenseitig bedingen. Diese Aussageform ist vor allem in mathema-

S	↔	K
1	1	1
1	0	0
0	0	1
0	1	0

Abb. 176

S	↔	K	(S	→	K)	∧	(K	→	S)
1	1	1	1	1	1	1	1	1	1
1	0	0	1	0	0	0	0	1	1
0	0	1	0	1	1	0	1	0	0
0	1	0	0	1	0	1	0	1	0

Abb. 177

P	→	Q	¬	P	¬	Q
1	1	1	0	1	0	1
0	1	1	1	0	0	1
1	0	0	0	1	1	0
0	1	0	1	0	1	0

Abb. 178

P	→	Q	¬	Q	¬	P
1	1	1	0	1	0	1
0	1	1	0	1	1	0
1	0	0	1	0	0	1
0	1	0	1	0	1	0

Abb. 178 b

tischen Beweisen sehr nützlich, weil sie die notwendigen und hinreichenden Bedingungen eines mathematischen Sachverhalts beschreibt. Abbildung 176 zeigt die Wahrheitstafel. Die Bisubjunktion ist wahr, wenn beide Bestandteile entweder wahr oder falsch sind.

Im Alltag sagt man oft Sätze wie *Ich gehe ins Kino, wenn (und nur wenn) ich eine Karte bekomme.* Man kann auch sagen: *Wenn ich eine Karte bekomme (und nur dann), gehe ich ins Kino.* Diese zusammengesetzte Aussage ist wahr, wenn beide Bestandteile wahr sind.

Wir haben bereits gesehen, daß $P \rightarrow Q$ und $\neg P \vee Q$ logisch identisch sind (Abb. 173). Das können wir jetzt formal ausdrücken mit:

$$(P \rightarrow Q) \leftrightarrow (\neg P \vee Q)$$

In analoger Weise ist $S \leftrightarrow K$ logisch identisch mit der zusammengesetzten Formel

$$(S \rightarrow K) \wedge (K \rightarrow S)$$

Dies beweisen die Wahrheitstafeln in Abbildung 177. Wahrheitstafeln sind ein Instrument, um die Gültigkeit der Schlußfolgerung einer Argumentationsform zu prüfen. Man bildet getrennte Wahrheitstafeln für die Prämissen und die Konklusion und vergleicht, ob die Konklusion immer wahr ist, wenn die Prämissen wahr sind. Eine einzige Zeile mit wahren Prämissen und falscher Konklusion demonstriert, daß die Schlußform ungültig ist.

Untersuchen wir nun die Wahrheitstafel des Arguments 1) von Seite 108, das folgende Form hat:

$$\begin{array}{l} P \rightarrow Q \\ \neg P \\ \hline \neg Q \end{array}$$

In Abbildung 178 erkennt man, daß in der zweiten Zeile die beiden Prämissen wahr sind, die Konklusion aber nicht. Also ist diese Schlußform insgesamt ungültig. Anders steht es mit dem Argument 1a (S. 108) mit den Prämissen $P \rightarrow Q$, $\neg Q$ und der Schlußfolgerung $\neg P$. Im einzigen Fall, wo beide Prämissen wahr sind (Zeile 4 in Abb. 178 b), ist auch die Schlußfolgerung wahr, so daß diese logische Schlußform gültig ist. Alle anderen Argumente der Seiten 105–112 können Sie nun in der gleichen Weise überprüfen.

L → M
M ∨̇ N
L ∨ N
N → L

Abb. 179

L	→	M	M	∨̇	N	L	∨	N	N	→	L
1	1	1	1	0	1	1	1	1	1	1	1
0	1	1	0	1	1	0	1	1	0	1	1
1	0	0	1	1	0	1	1	0	1	0	0
0	1	0	0	0	0	0	0	0	0	1	0

Abb. 180

Wer hat den Brandy getrunken? (Ein anderer Lösungsweg)

Kehren wir noch einmal zum Brandyproblem zurück, dessen grafische Lösung wir auf Seite 119–120 untersucht hatten. Hier geht es darum, eine unbekannte Schlußfolgerung aus vier Prämissen zu ziehen, die in Abbildung 179 nochmals dargestellt werden. Die richtige Schlußfolgerung besteht in der Bestimmung der Wahrheitswerte von L, M und N, bei denen sämtliche Prämissen (graue Spalten in Abb. 180) den Wert 1 haben. Dazu muß man ein bißchen herumprobieren.

Wir nehmen zunächst an, L sei wahr (Leo trinkt Brandy). Wenn gleichzeitig Prämisse *a* wahr sein soll, bleibt nur die Möglichkeit von Zeile eins der ersten Tafel: M ist auch wahr. Läßt sich das mit der zweiten Prämisse vereinbaren? M und M ∨ N sind nur dann beide wahr, wenn N falsch ist (dritte Zeile von Tafel zwei). Dies läßt sich auch mit der ersten Prämisse vereinbaren. Die Verbindung von L = 1 mit der dritten Prämisse zeigt, daß sie wahr ist, egal ob N wahr oder falsch ist. Doch nur die Möglichkeit N = 0 (Zeile 3 der dritten Tafel) ist ohne Widerspruch mit Tafel zwei zu verbinden. Dort konnte N nur wahr sein, wenn M falsch war (zweite Zeile in Tabelle zwei), doch das steht im Widerspruch zur ersten Zeile von Tabelle Eins. Eine letzte Bestätigung findet das Ergebnis von L, M und ¬N in der zweiten Zeile von Tafel vier. Die letzte Prämisse ist wahr bei falschem N und wahrem L. Unsere Schlußfolgerung lautet also: Leo und Mark trinken Brandy, Nick aber nicht.

Als Gegenprobe kann man von der Annahme ausgehen, N sei wahr. In dem Fall ist die zweite Prämisse nur dann wahr (Zeile 2), wenn M falsch ist. Wenn aber M falsch ist, muß nach Tafel eins auch L falsch sein (Zeile 4). Doch die Annahme von N = 1 und L = 0 führt zu einem Widerspruch mit der vierten Prämisse, die in diesem Fall falsch würde (Zeile 3). Also bestätigt sich auch auf umgekehrtem Weg, daß N falsch sein muß.

Natürlich ist es nicht selbstverständlich, daß solche Probleme überhaupt eine Lösung haben. In unserem Beispiel trifft das zwar zu, doch wenn die Prämissen selbst miteinander unvereinbar sind, gibt es keine Lösung.

Die Mengentheorie bildet das Fundament der Mathematik des 20. Jahrhunderts, und ihre Begriffe, wie »Funktion« und »Beziehung«, kommen auf allen Fachgebieten zur Anwendung. Die Mengenlehre bietet auch eine stabile Grundlage für den Mathematikunterricht, auch wenn das noch nicht überall erkannt wird. Obwohl der Mengenbegriff die gesamte Entwicklung der Mathematik stillschweigend begleitete, entdeckte man erst im späten 19. Jahrhundert seine fundamentale Bedeutung. Nach vielen fruchtlosen Versuchen einer logisch befriedigenden und nicht zirkulären Definition der Begriffe »Menge« und »Element einer Menge« erklärte man sie für »primitiv«, das heißt nicht definierbar. Die klassische Mengentheorie Georg Cantors (siehe S. 102) nahm an, zur Bestimmung einer Menge genüge eine Beschreibung ihrer Elemente oder die Angabe eines bestimmten Merkmals, an dem man ihre Elemente erkennen könnte. Die »naive« Mengentheorie glaubte, für jede Eigenschaft existiere eine entsprechende Menge, bestehend aus all jenen Elementen, die diese Eigenschaft aufwiesen. Doch dieses *Prinzip der unbegrenzten Abstraktion* wurde später fallengelassen, weil es zu Widersprüchen führte. Die Frage ist also noch offen, denn eine Menge kann jede beliebige Sammlung von Objekten sein, selbst wenn zwischen ihnen kein innerer Zusammenhang besteht.

Hier sehen Sie zwei mögliche Mengenbildungen. Q ist die nach dem Kriterium der Form gebildete Menge der Quadrate; hingegen ist R die hinsichtlich ihrer Farbe unterschiedene Menge der roten Objekte.

Wer ist der Lügner?

Mit Wahrheitstafeln lassen sich etliche Probleme lösen, die zunächst sehr kompliziert scheinen. Dazu muß man die Fragen allerdings in Ausdrücke der Aussagenlogik übersetzen, um Wahrheitstafeln der möglichen Lösungen erstellen zu können. Hier ist ein Beispiel.

Ein Junge und ein Mädchen, deren Namen wir nicht kennen, sitzen nebeneinander. Wir wissen nur, daß eine Person dunkle, die andere aber blonde Haare hat. »Ich bin ein Junge«, sagt das dunkelhaarige Individuum. »Ich bin ein Mädchen«, antwortet das blonde Geschöpf. Wir wissen außerdem, daß einer von beiden lügt, aber wer?

Es sei N = *Ich bin ein Junge* und B = *Ich bin ein Mädchen.*

Wenn einer von beiden lügt, können wir also ausschließen, daß N und B gleichzeitig wahr sind. Die entsprechende Prämisse lautet: »Es stimmt nicht, daß N und B gleichzeitig wahr sind.« Oder in symbolischer Schreibweise:

$$\neg(N \wedge B)$$

Die korrespondierende Wahrheitstafel sehen Sie in Abbildung 181. Uns geht es um die Wahrheitswerte des gesamten

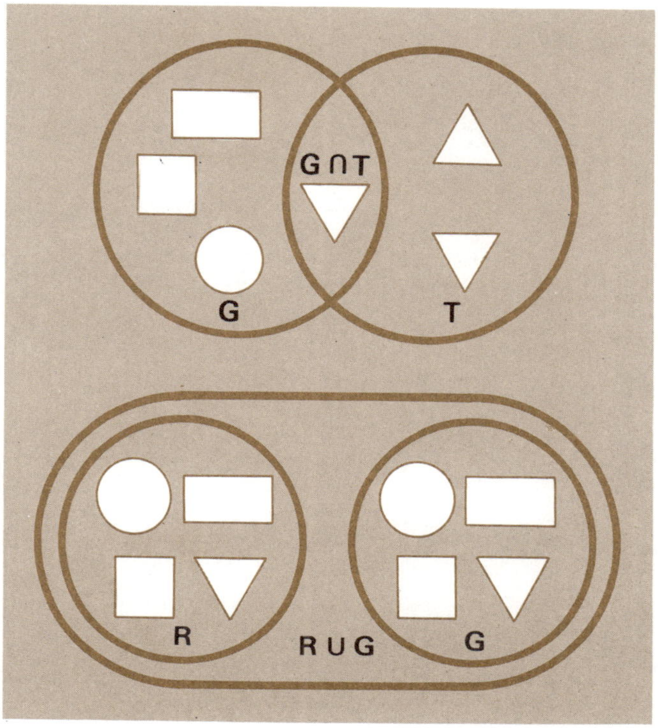

Links: Eine Veranschaulichung von Schnittmenge und Vereinigungsmenge mit Hilfe der logischen Blöcke von Dienes, einem Mathematiker und Psychologen der Universität Adelaide in Australien. Die obere Darstellung zeigt die Schnittmenge der Mengen G (gelbe Objekte) und T (Dreiecke). Das einzige Element von G ∩ T ist das gelbe Dreieck. Darunter sehen Sie die Vereinigung der Mengen G und R (rote Objekte). Zu G ∪ R gehören alle Elemente, die entweder rot oder gelb sind.

Ausdrucks, die unter dem Negationszeichen stehen. Fall a) kann man sofort ausklammern. Wenn man nun annimmt, Fall b) sei zutreffend, dann muß die blonde Person gelogen haben, als sie sagte, sie sei ein Mädchen. Sie ist also ein Junge — aber dann hat auch die dunkelhaarige Person gelogen!

Dieselbe Überlegung gilt für den Fall c), so daß man schließlich zu dem Ergebnis kommt, daß nur Fall d) zutreffen kann und beide gelogen haben. Die dunkelhaarige Person ist das Mädchen und die blonde der Junge.

	¬	(N	∧	B)
a)	0	1	1	1
b)	1	1	0	0
c)	1	0	0	1
d)	1	0	0	0

Abb. 181

Das Schlußfolgern per Bleistift

Bisher haben wir die Gültigkeit von Schlüssen mit Wahrheitstafeln überprüft. Doch man kann dieselben Ergebnisse auch mit simplen Diagrammen erzielen, die die Situation optisch darstellen.

Wir wollen beispielsweise die Wahrheit der folgenden Aussage testen:

Alle Katzen sind Säugetiere.

Es sei G′ = die Menge aller Katzen und F′ = die Menge aller Säugetiere. Das Venn-Diagramm von Abbildung 182 liefert eine mengentheoretische Interpretation der in dieser Aussage angesprochenen Beziehung zwischen Katzen und Säugetieren. Dieselbe Beziehung hätte man auch mit

Einige Säugetiere sind Katzen

ausdrücken können, womit wiederum nichts anderes gemeint ist, als daß die Menge der Katzen in der Menge der Säugetiere enthalten ist. In der Logik werden Sätze wie »alle A sind B« *Allaussagen* genannt, und Diagramm 182 zeigt, wie die Allheit

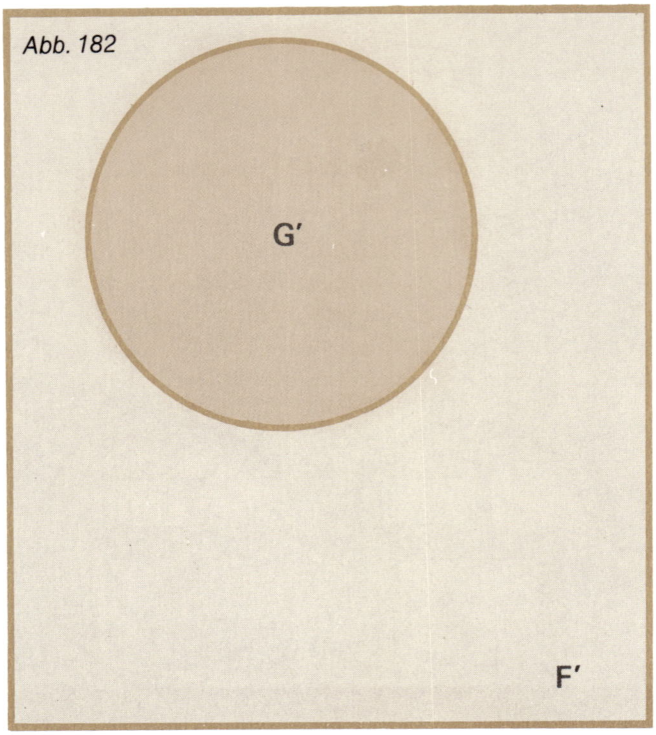

Abb. 182

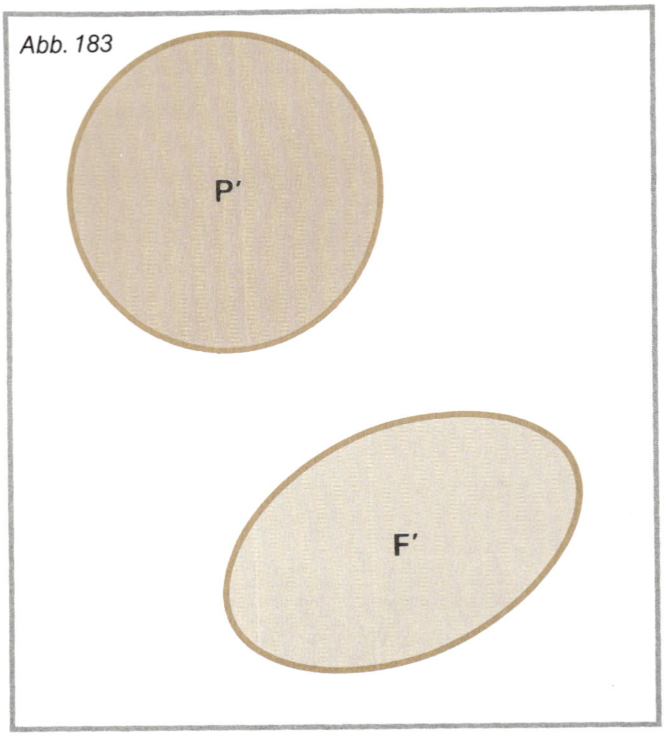

Abb. 183

der Katzen mit der Menge der Säugetiere verknüpft ist. Eine Allaussage kann auch negativ sein, wie z. B.:

Kein Pinguin ist ein Säugetier.

Wenn P' = die Menge der Pinguine und F' = die Menge der Säugetiere, dann zeigt Diagramm 183, daß beide Mengen kein gemeinsames Element haben. Man kann denselben Sachverhalt auch so formulieren:

Kein Säugetier ist ein Pinguin.

Das heißt: Negative Allaussagen sind »symmetrisch«. Betrachten wir jetzt ein anderes Beispiel:

Einige Politiker sind intelligent.

Es sei R' = die Menge der Politiker und I' = die Menge der intelligenten Personen. Man kann sich drei verschiedene grafische Darstellungen der Beziehung zwischen beiden Gruppen vorstellen (Abb. 184, 185, 186), die jedoch nicht äquivalent sind. Nur Diagramm 184 stellt die fragliche Aussage dar, während die Interpretation von Diagramm 185 lautet: »Alle intelligenten Personen sind Politiker« und Diagramm 186: »Alle Politiker sind intelligent« bedeutet.

In Abbildung 184 wird wie in dem korrespondierenden Aussagesatz nur bezüglich einiger Elemente von R' eine Feststellung getroffen. Nur einige Politiker sind intelligent. Derartige Aussagen kann man *Partikularaussagen* nennen. Auch sie können negiert werden. Sie kommen auch in der Mathematik vor, wie zum Beispiel:

Einige gerade Zahlen lassen sich nicht durch 5 teilen.

Wenn N' = die Menge der geraden Zahlen und 0' = die Menge der geraden Zahlen, die sich durch 5 teilen lassen, dann zeigt Diagramm 187 die grafische Darstellung des Sachverhalts. Diagramm 188 veranschaulicht den Satz: »Alle geraden

Abb. 184

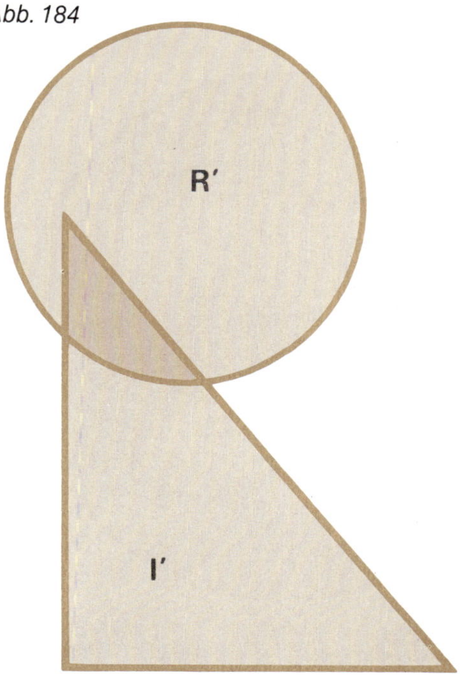

Abb. 185

Abb. 186

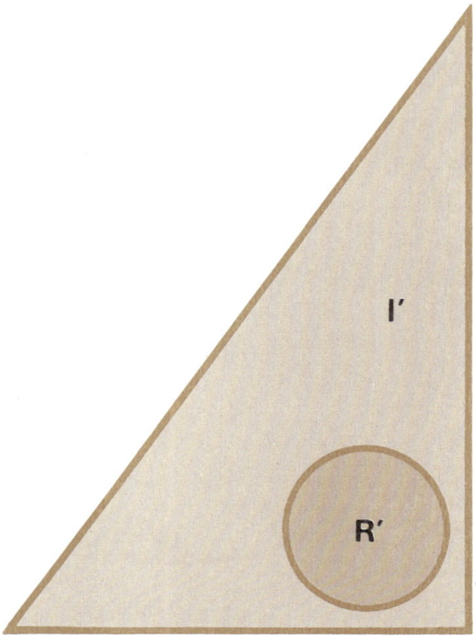

Abb. 187

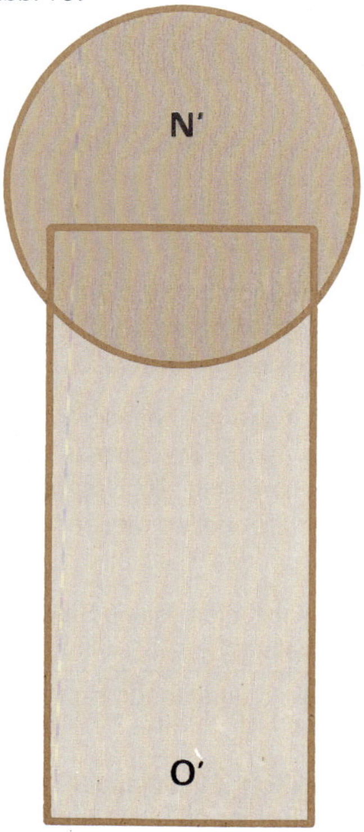

Abb. 188

Abb. 189

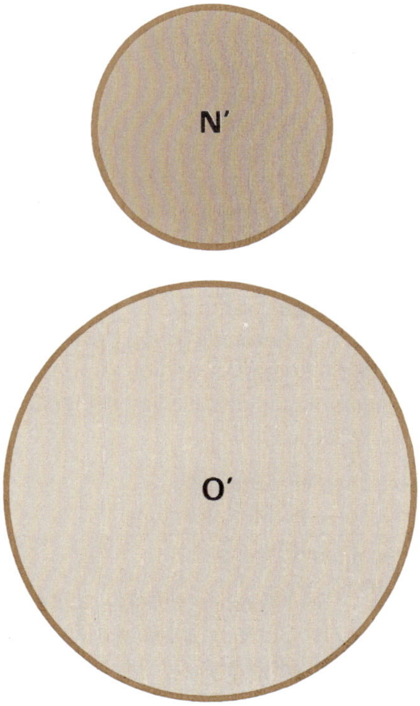

Abb. 190

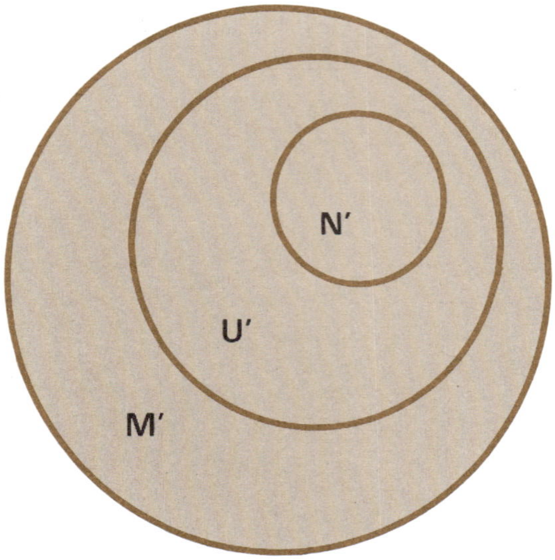

Abb. 191

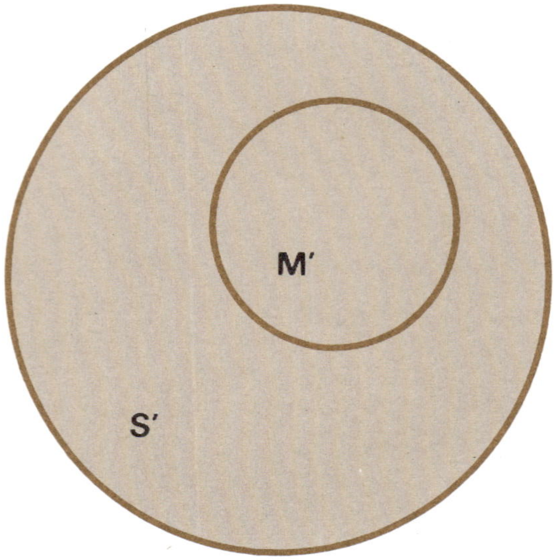

und durch 5 teilbaren Zahlen sind gerade.« Es sollte Ihnen jetzt nicht schwerfallen zu erkennen, warum Diagramm 189 nicht richtig ist. (Es behauptet: »Alle geraden und durch 5 teilbaren Zahlen sind nicht gerade.«)

Die vier Aussageformen, die wir hier mengentheoretisch interpretiert haben, waren schon dem griechischen Philosophen Aristoteles bekannt. Er hielt sie für die Bausteine, aus denen sich die komplexeren Formen des Schlußfolgerns, die er *Syllogismen* nannte, zusammensetzen. Hier ist ein klassisches Beispiel:

Alle Menschen sind sterblich.
Alle Griechen sind Menschen.

Alle Griechen sind sterblich.

Abbildung 190 veranschaulicht diesen Schluß, wobei M' = Menge der Sterblichen, U' = Menge der Menschen und N' = Menge der Griechen. Gewiß haben Sie erkannt, daß auf diese Weise auch die Implikation dargestellt wird, und in der Tat ist ein Syllogismus nichts anderes als eine Implikation.

Ein Syllogismus besteht aus drei Teilen, die im Diagramm als Mengen abgebildet sind:

1) dem *Obersatz* (hier: Alle Menschen sind sterblich.)
2) dem *Untersatz* (hier: Alle Griechen sind Menschen.)
3) der *Konklusion* (hier: Alle Griechen sind sterblich.)

Jede der beteiligten Mengen wird zweimal angesprochen.

Dies ist die einfachste Form eines Syllogismus. Es gibt kompliziertere Formen, bei denen es nicht leicht ist zu beurteilen, ob sie gültig sind oder nicht. Hier helfen wieder die Venn-Diagramme. Untersuchen wir folgendes Beispiel:

Jeder, der an der Universität Köln studiert, ist ein Student.
Einige Studenten sind Tennisspieler.

Einige der an der Universität Köln Studierenden sind Tennisspieler.

Es sei M' = die Menge der in Köln Studierenden, S' = die Menge der Studenten und T' = die Menge der Tennisspieler. Der Obersatz ist in Diagramm 191 dargestellt, während die

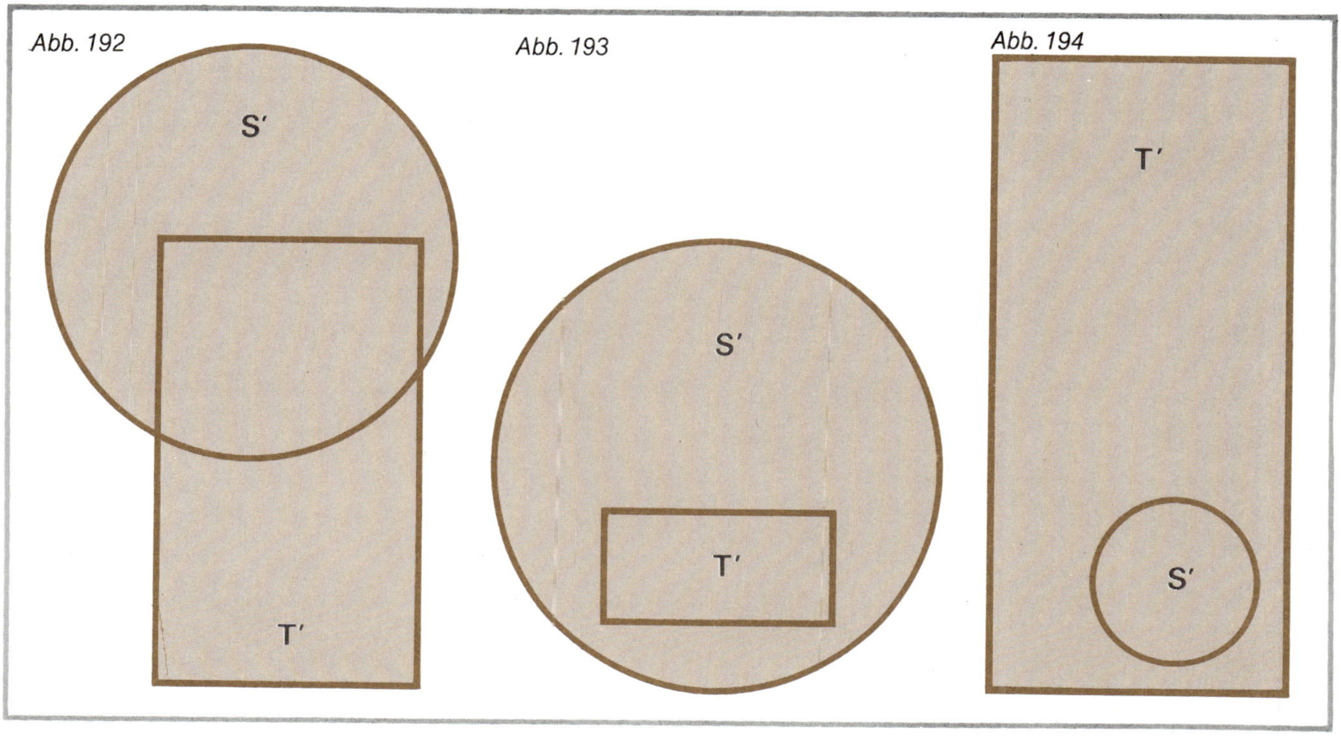

zweite Prämisse die grafischen Interpretationen 192, 193 und 194 haben kann. Daher gibt es acht mögliche Kombinationen der Mengen M′, S′ und T′, die in den Diagrammen 195–202 dargestellt sind. Es zeigt sich, daß ein Element von T′ (ein Tennisspieler) nicht immer ein Element von M′ (ein in Köln Studierender) sein muß. Also ist dieser Syllogismus falsch, und die Konklusion folgt nicht aus den Prämissen.

Prüfen Sie nun selbst mittels eines Venn-Diagramms, ob das folgende Argument stimmt:

Alle Kinder haben zwei Beine.
Alle Hühner haben zwei Beine.

Also sind alle Hühner Kinder.

Es sei B′ = die Menge der Kinder, G′ = die Menge der Zweibeiner und P′ = die Menge der Hühner. Diagramm 203 veranschaulicht die erste Prämisse. Die einzig mögliche Darstellung der Beziehung zwischen Kindern und Hühnern zeigt Diagramm 204, sie haben keinerlei gemeinsame Elemente. Daher verhalten sich die Mengen zueinander wie in Abbildung 205. Kein Element von G′ ist gleichzeitig ein Huhn und ein Kind. Auch dieser Syllogismus ist ungültig.

Probieren Sie nun die grafische Darstellung des folgenden Sachverhalts:

a) Alle rationalen Zahlen sind reale Zahlen.
b) Alle ganzen Zahlen sind rationale Zahlen.
c) Alle irrationalen Zahlen sind reale Zahlen.
d) Keine ganze Zahl ist eine irrationale Zahl.

Schauen Sie sich die Anordnung auf Seite 136 an, und vergleichen Sie dann mit Abbildung 206.

Entscheiden Sie nun zum Abschluß, ob dieser etwas merkwürdige Syllogismus formal korrekt ist:

Kein Mensch ist ein Wasserlebewesen.
Einige Wasserlebewesen sind Säugetiere.

Also gibt es einige Säugetiere, die nicht zur Gattung der Menschen gehören.

Abb. 195

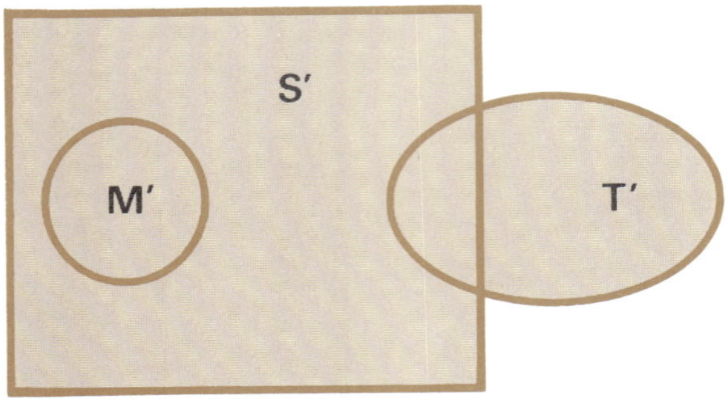

Abb. 196

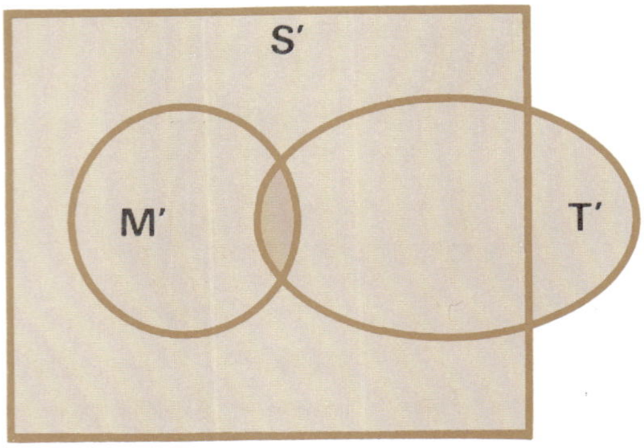

Abb. 197

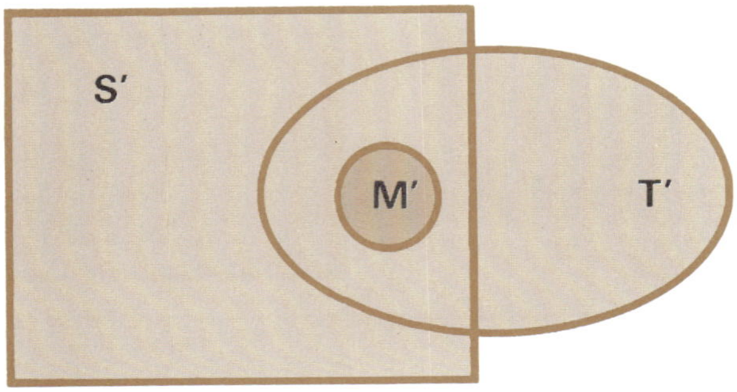

Abb. 198

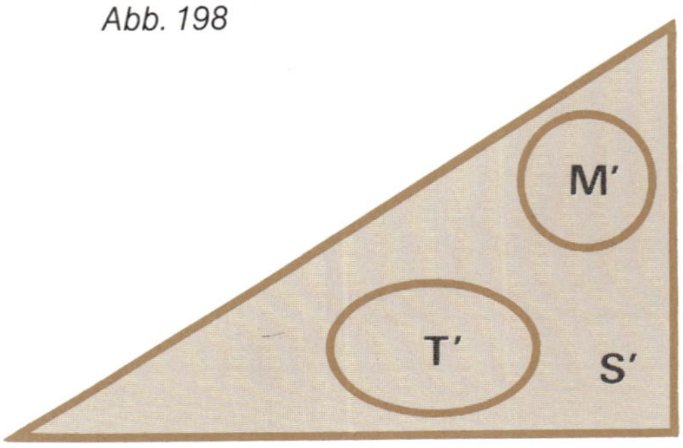

Abb. 199

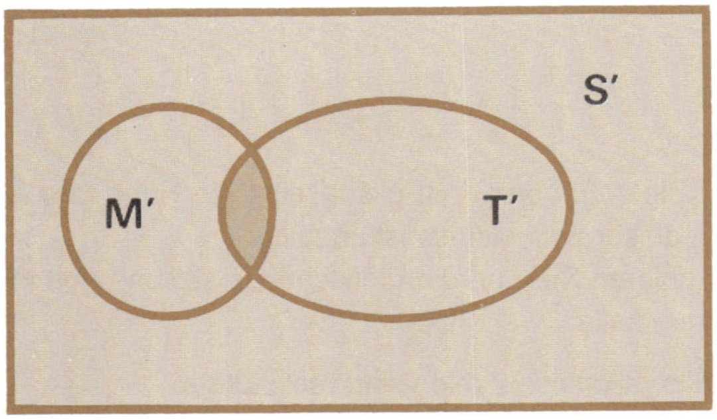

Abb. 200

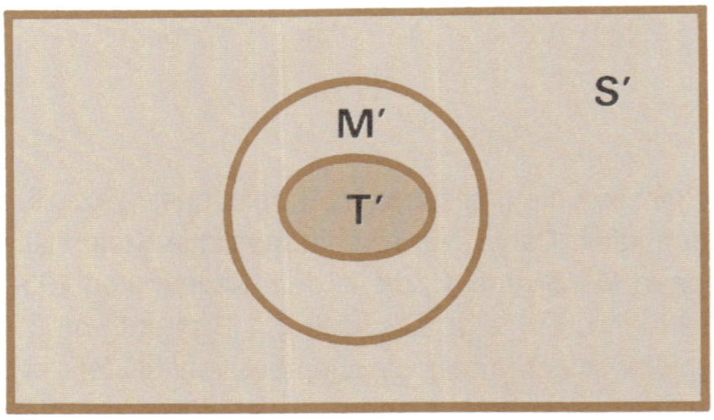

Abb. 201

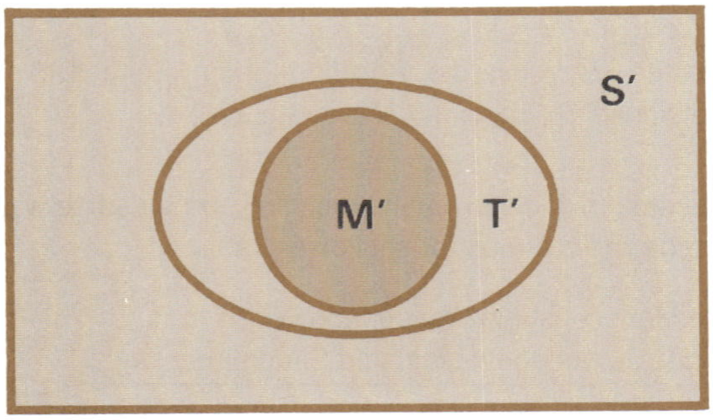

Abb. 202

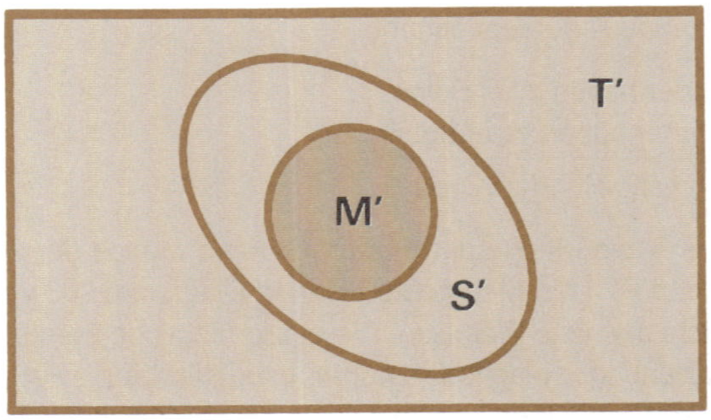

Abb. 203

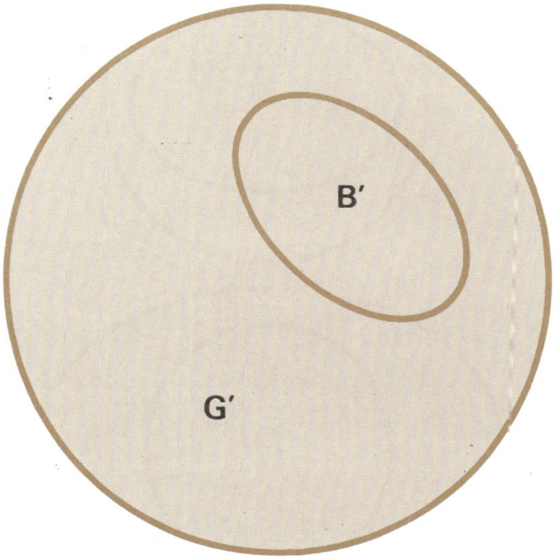

Abb. 204

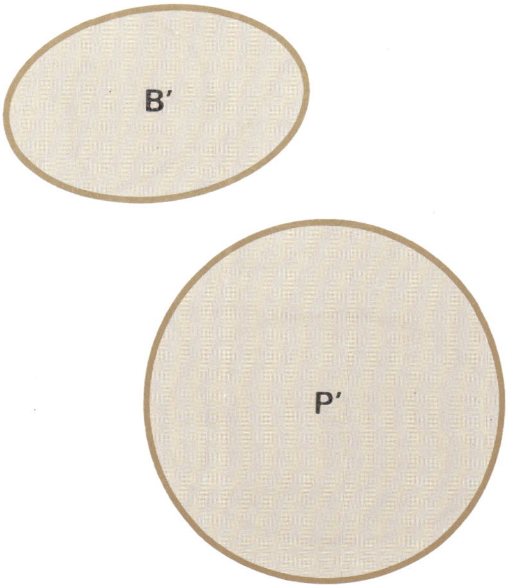

Abb. 205

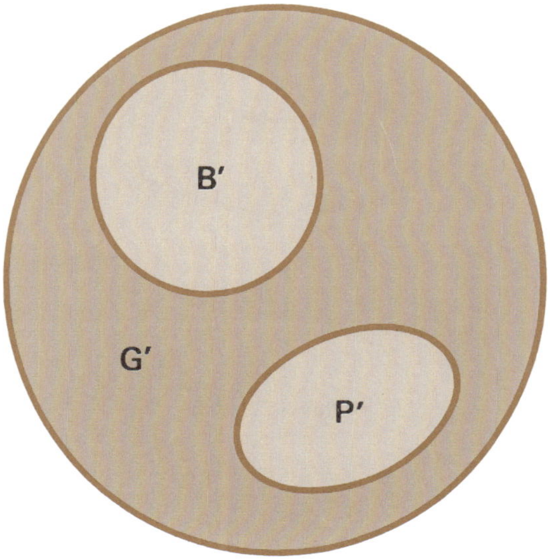

Es sei U′ = die Menge der Menschen, A′ die Menge der Wasserlebewesen und M′ = die Menge der Säugetiere. Der Obersatz ist in Diagramm 207 dargestellt. Der Untersatz kann in den drei Formen der Diagramme 208–210 abgebildet werden. Wir wissen, daß weder alle Wasserlebewesen Säugetiere sind (Abb. 209), noch alle Säugetiere im Wasser leben (Abb. 210). Wir schließen diese Möglichkeiten hier trotzdem nicht aus, um zu sehen, ob es wenigstens einen Fall gibt, der unsere Konklusion widerlegt, daß einige Säuger nicht zur Menschengattung gehören. Die drei Mengen lassen sich wie in den Diagrammen 211–217 miteinander kombinieren. Man sieht, daß es stets einige Elemente von M′ gibt, die nicht zu U′ gehören. Somit ist unser Syllogismus gültig.

Abb. 207

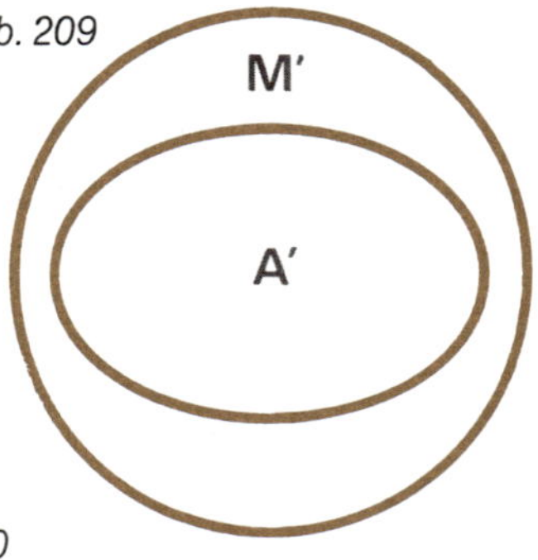

Abb. 209

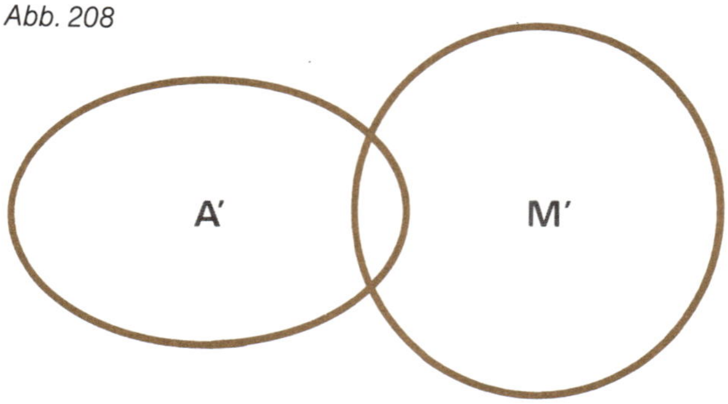

Abb. 208

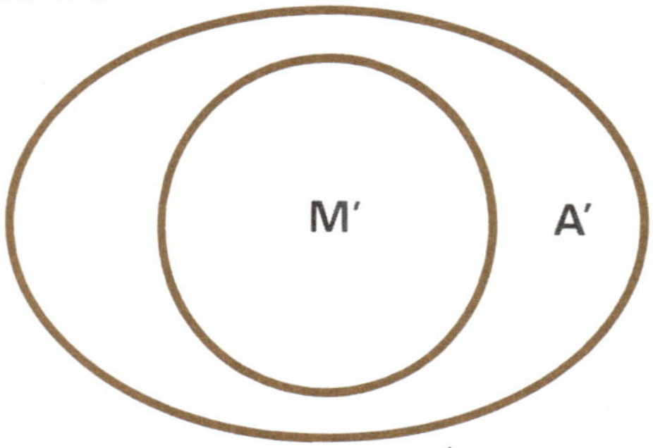

Abb. 210

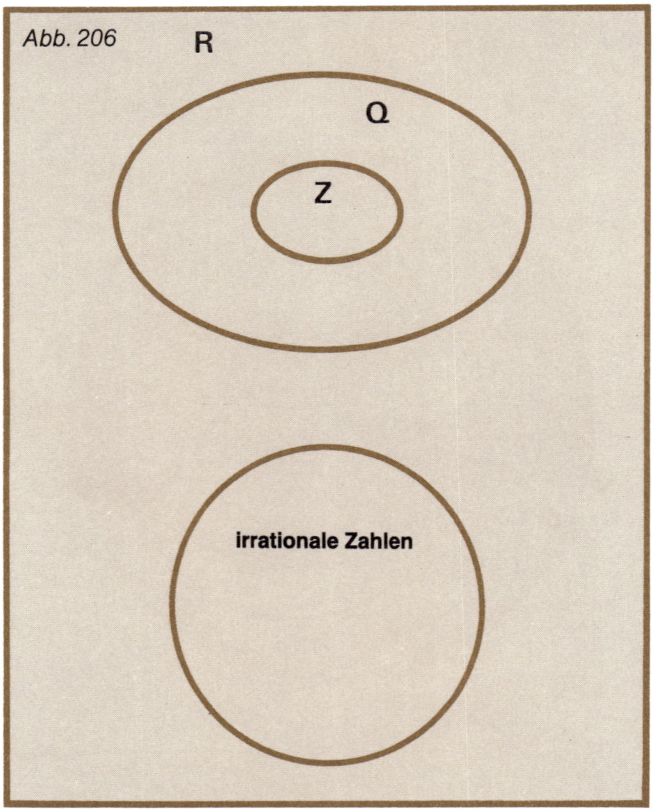

Abb. 206

Abb. 211

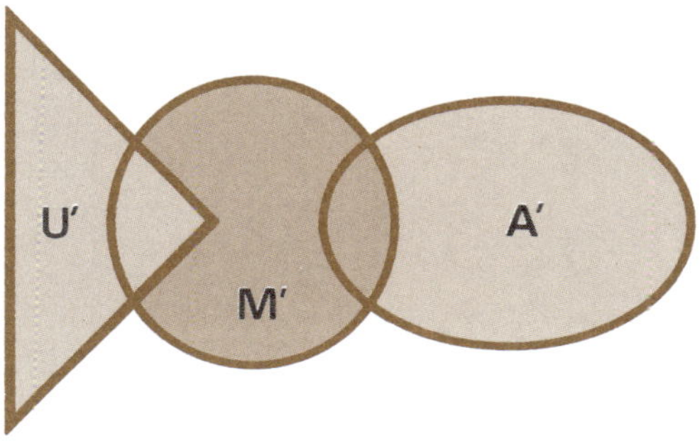

Abb. 212

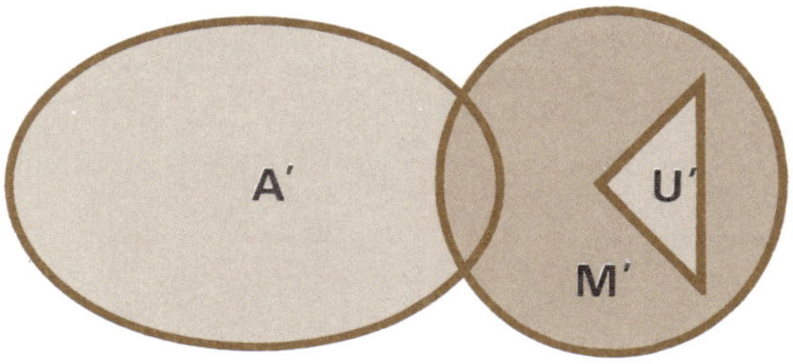

Abb. 213

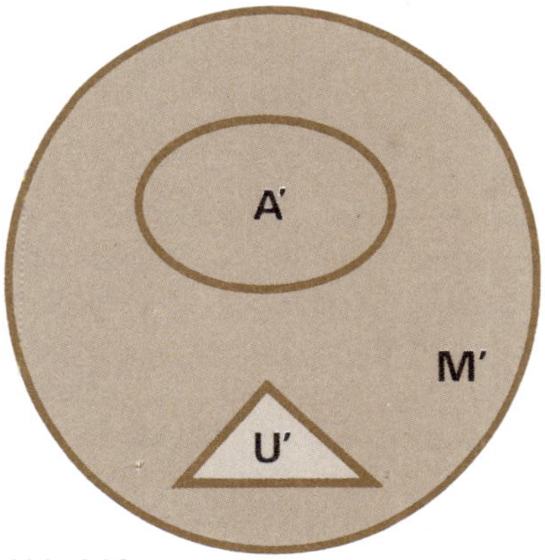

Abb. 214

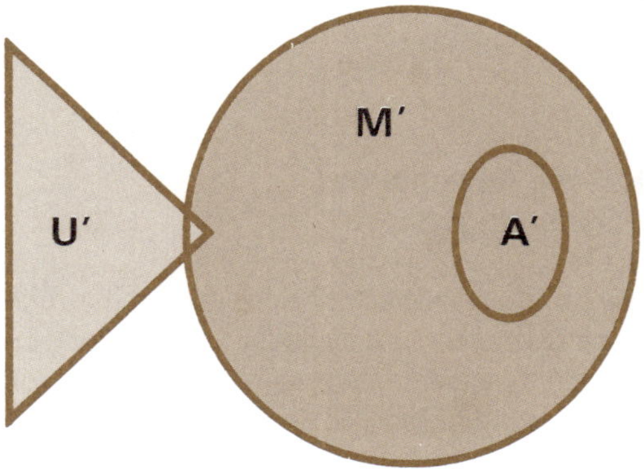

Abb. 215

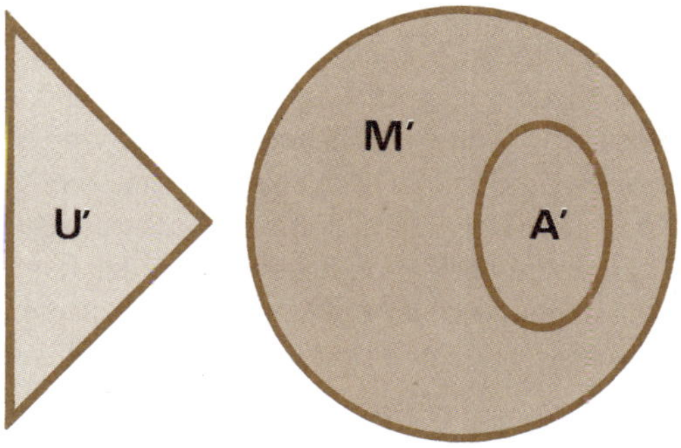

Abb. 216

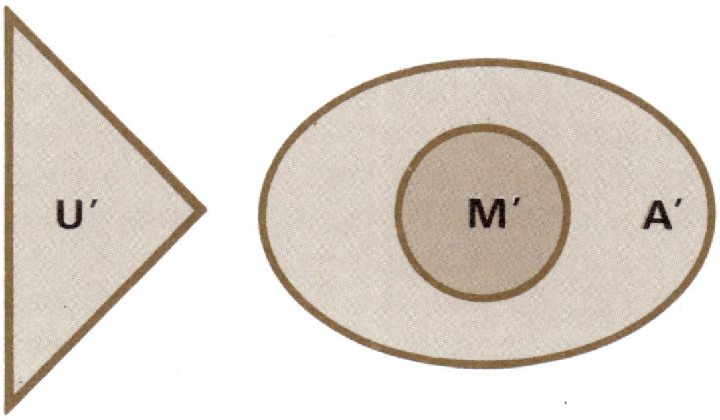

Abb. 217

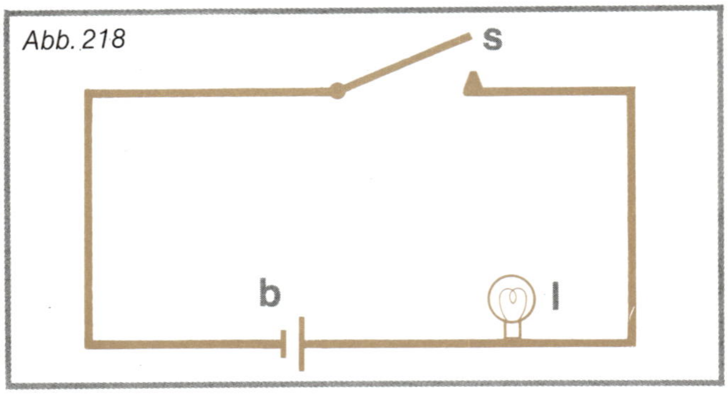

Abb. 218

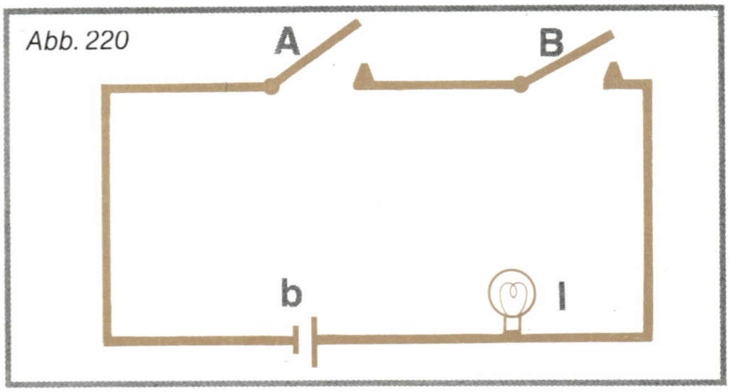

Abb. 220

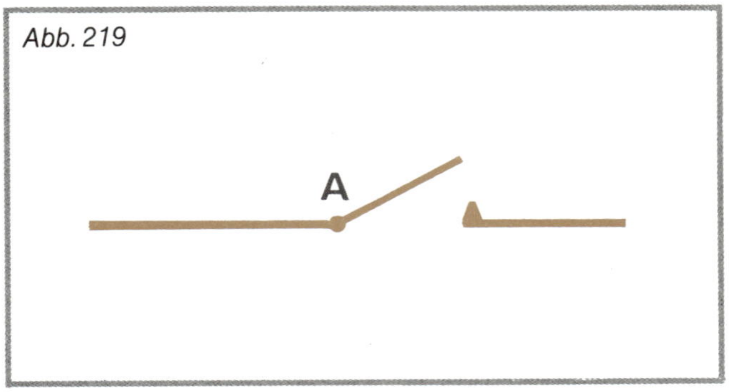

Abb. 219

A	∧	B
1	1	1
0	0	1
1	0	0
0	0	0

Abb. 221

A	∨	B
1	1	1
0	1	1
1	1	0
0	0	0

Abb. 222

Eine praktische Anwendung: Logische Schaltungen

Zu einer wahren technologischen Revolution führte die Anwendung der mathematischen Logik auf die Konstruktion der modernen Elektronengehirne. Im folgenden werden einige der an diesem Wandel beteiligten allgemeinen Prinzipien vorgestellt und erläutert.

Abbildung 218 zeigt einen elektrischen Schaltkreis, der aus einer Batterie b, einem Schalter s und einer Glühlampe l besteht. Wenn der Schalter geschlossen ist, fließt Strom, und die Lampe brennt. Ist der Schalter geöffnet, fließt kein Strom, und die Lampe bleibt aus. Entweder fließt also Strom durch die Leitung, oder es fließt kein Strom. Die Schaltung kann, genau wie die Variablen in der Aussagenlogik, zwei verschiedene Zustände annehmen (1 oder 0). Dieser Sachverhalt läßt sich wie in Abbildung 219 darstellen, wo A eine Art von Aussage vertritt (»Der Schalter ist geschlossen«), die wahr ist, wenn der Schalter geschlossen ist und Strom fließt, und falsch, wenn der Kreislauf unterbrochen ist. So eine Verbindung zweier Punkte mittels eines Schalters nennt man einen *kommutativen Kreislauf.* An diesem schlichten Beispiel erkennt man schon, wie sich Boolesche Algebra und Aussagenlogik in elektrische Schaltungen übersetzen lassen, die dieselben logischen Funktionen übernehmen.

Das Prinzip ist recht einfach: Wenn für einen korrekten Schluß nur einige Regeln auf die Prämissen angewendet werden müssen und wenn sich sämtliche Beziehungen zwischen den Prämissen in einigen Tabellen zusammenfassen lassen, dann kann auch ein Elektronenrechner solche Schlüsse ziehen, das heißt: errechnen. Betrachten wir die Abbildung 220, in der die vorige Schaltung um einen zusätzlichen Schalter erweitert wurde. Die Lampe leuchtet nur dann auf, wenn beide Schalter A und B gleichzeitig geschlossen sind. Sind einer oder beide geöffnet, fließt kein Strom. Nun geben wir dem Aufleuchten der Lampe den Wert 1 und der Stromunterbrechung den Wert 0. Wir erkennen sofort, daß die Schaltung die logische Operation der Konjunktion darstellt, die ebenfalls nur dann wahr ist, wenn beide Aussagen A und B wahr sind (Abb. 221).

Wie könnte die Schaltung des nichtausschließlichen Oder aussehen? Die Wahrheitstafel (Abb. 222) zeigt uns, daß die

Abb. 223

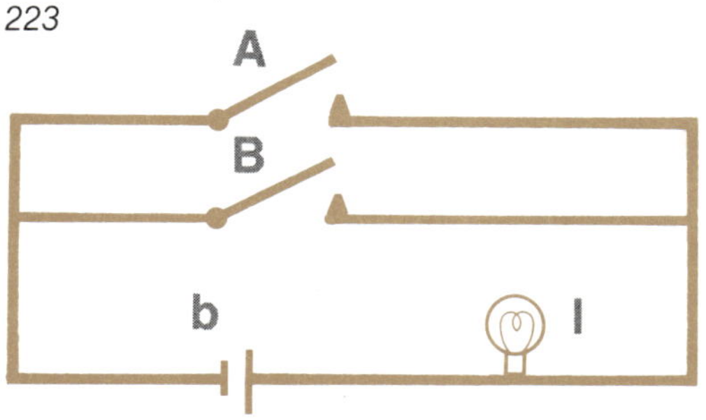

A	→	B	¬	A	∨	B
1	1	1	0	1	1	1
0	1	1	1	0	1	1
1	0	0	0	1	0	0
0	1	0	1	0	1	0

Abb. 224

Abb. 225

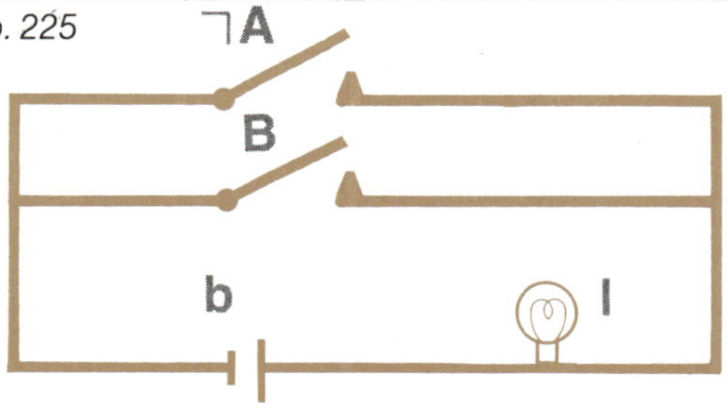

Abb. 226

K	∧	J	∧	H	I	II
1	1	1	1	1	1	1
0	0	1	1	1	0	1
1	0	0	0	1	0	1
1	1	1	0	0	0	1
0	0	0	0	1	0	0
0	0	1	0	0	0	0
1	0	0	0	0	0	0
0	0	0	0	0	0	0

Disjunktion wahr ist, wenn schon eine der beiden Aussagen wahr ist. Genau diese Bedingung erfüllt die Parallelschaltung in Abbildung 223, wo es für das Aufleuchten der Lampe genügt, daß ein Schalter geschlossen ist.

Nun suchen wir die Schaltung der Implikation. Die Wahrheitstafel (Abb. 224) erinnert noch einmal daran, daß A→B logisch identisch ist mit ¬A ∨ B. Man muß also nur eine disjunktive Schaltung wie in Abbildung 225 aufbauen. Hier ist ¬A immer dann wahr, wenn A falsch ist. Wenn A die Bedeutung hat »Der Schalter ist geöffnet«, dann leuchtet die Lampe auf, wenn ¬A wahr ist, also wenn der Schalter geschlossen ist und der Strom fließt.

Wir haben hier die Operation der Implikation durch die für uns einfachere Disjunktion ersetzt. Man kann beweisen, daß in der mathematischen Logik die Konjunktion, die Disjunktion und die Negation ausreichen, um alle anderen logischen Operationen darzustellen.

Ein ungarischer Mathematiker hat sich folgendes interessante Problem ausgedacht. Es geht darum, die elektrische Schaltung für einen Schlafwagen mit drei Betten zu konstruieren, bei der das Licht nur dann leuchtet, wenn die Mehrheit

Abb. 227

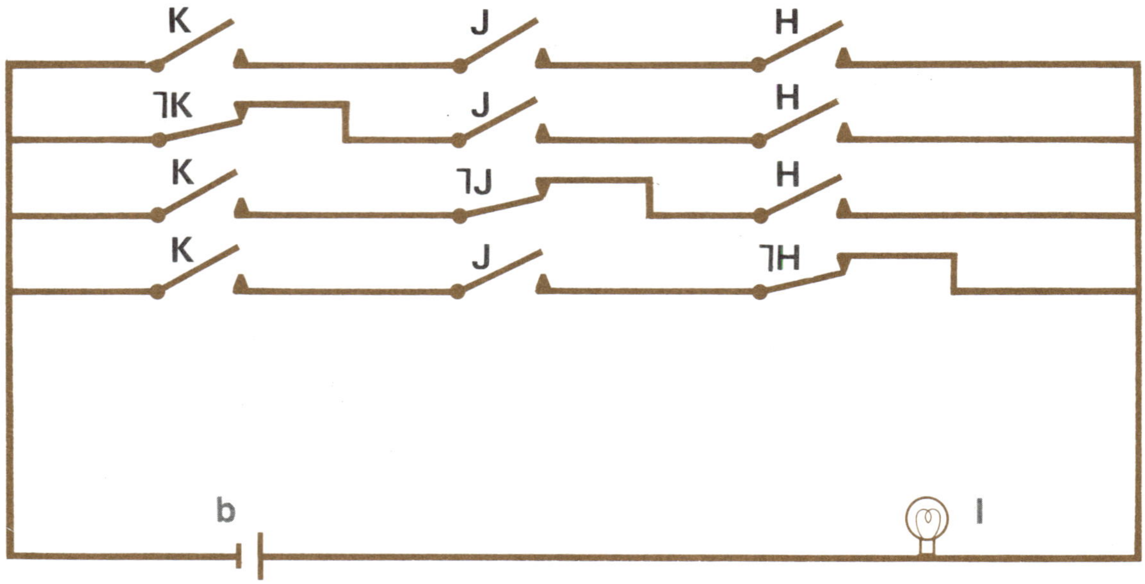

von mindestens zwei Passagieren es möchte. Wer Licht haben will, muß einen entsprechenden Schalter betätigen. Das Licht soll nur dann an sein, wenn mindestens zwei Schalter betätigt werden. Abbildung 226 zeigt die Wahrheitstafel der drei Schalter K, J und H. Sie unterscheidet sich von der normalen Konjunktion dadurch, daß sie auch dann wahr ist, wenn nur zwei Schalter geschlossen sind. Diesen logischen Sachverhalt drückt die folgende Formel aus:

$$(K \wedge J \wedge H) \vee (\neg K \wedge J \wedge H) \vee (K \wedge \neg J \wedge H) \vee (K \wedge J \wedge \neg H)$$

Ihre Interpretation lautet: *Das Licht ist an, wenn K, J und H den Schalter betätigen oder wenn J und H, aber nicht K ihn betätigen oder wenn K und H, aber nicht J, oder wenn K und J, aber nicht H ihn betätigen.* Die entsprechende Schaltung zeigt Abbildung 227. Schalter mit gleichem Buchstaben muß man sich als in der Weise verbunden vorstellen, daß sich alle Schalter mit gleichem Buchstaben schließen, wenn ein Passagier einen von ihnen betätigt; entsprechend öffnen sich die Schalter mit einem Negativzeichen. Wenn umgekehrt ein Passagier seinen Schalter nicht schließt, bleiben alle Schalter mit diesem Buchstaben offen, während diejenigen mit dem Negationszeichen geschlossen bleiben.

Versuchen Sie jetzt einmal, die Schaltung von Abbildung 228 mit einer aussagelogischen Formel zu umschreiben. Sie sehen, daß die Lampe brennt, wenn wenigstens eins der Schalterpaare S, T oder U, V geschlossen ist.

[Lösung: $(S \wedge T) \vee (U \wedge V)$]

Abb. 228

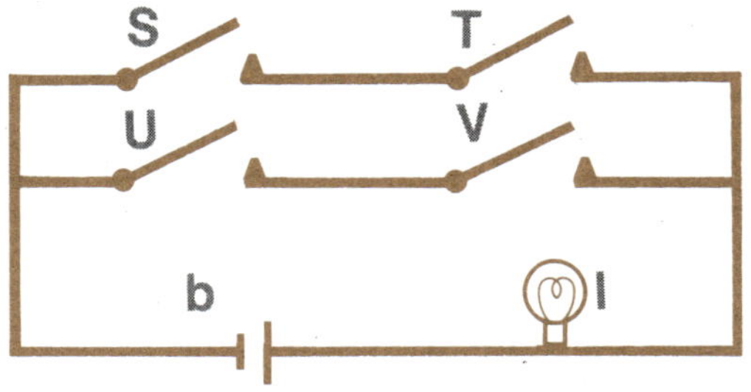

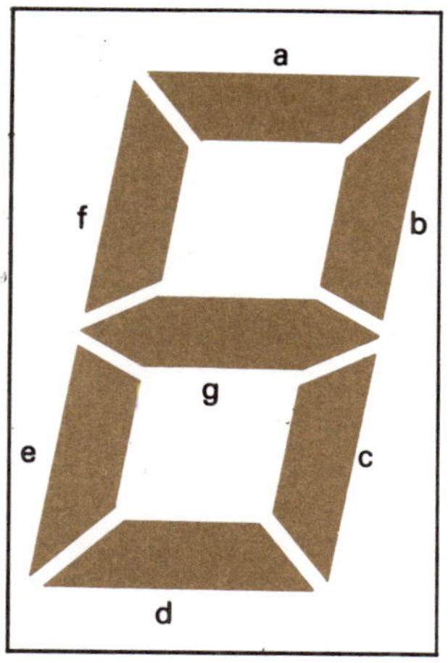

Kode BCD

V_1	V_2	V_3	V_4	**Ziffer**
F	F	F	F	0
F	F	F	W	1
F	F	W	F	2
F	F	W	W	3
F	W	F	F	4
F	W	F	W	5
F	W	W	F	6
F	W	W	W	7
W	F	F	F	8
W	F	F	W	9

Kode LED

a	*b*	*c*	*d*	*e*	*f*	*g*
W	W	W	W	W	W	F
F	W	W	F	F	F	F
W	W	F	W	W	F	W
W	W	W	W	F	F	W
F	W	W	F	F	W	W
W	F	W	W	F	W	W
W	F	W	W	W	W	W
W	W	W	F	F	F	F
W	W	W	W	W	W	W
W	W	W	W	F	W	W

Elektronische Anzeigen, wie sie sich etwa in Taschenrechnern, Digitaluhren oder Ladenkassen finden, sind ein Beispiel dafür, wie Aktivitäten, die man einmal für typisch menschlich hielt, inzwischen von Maschinen ausgeführt werden können. Rechts sehen Sie das Diagramm eines LED-Generators von Dezimalzahlen. Jeder der sieben kleinen Balken (a–g) ist eine winzige Leuchtdiode. Die Kodes der Tabelle werden von einem Mikroprozessor in elektrische Impulse verarbeitet. Für die Ziffer 7 zum Beispiel werden die Segmente a, b und c, für die 1 die Segmente b und c angesteuert.

ZUFALLSSPIELE

*Die wichtigsten Fragen im Leben sind
zum größten Teil nur Probleme der Abschätzung
von Wahrscheinlichkeiten. (Laplace)*

Die Realität von Zufall und Ungewißheit

Die mathematische Logik bezieht sich auf Aussagen, bei denen man eindeutig entscheiden kann, ob sie wahr oder falsch sind, oder auf Gegenstände, denen eine bestimmte Eigenschaft entweder zukommt oder nicht. Mit 0 bezeichneten wir die Falschheit einer Aussage bzw. das Fehlen einer Eigenschaft, mit 1 hingegen die Wahrheit einer Aussage oder das Vorhandensein einer fraglichen Eigenschaft.

Bei der Behandlung der Paradoxa und Antinomien hatten wir gesehen, daß die Menge der Brüche mit dem Zähler 1 zwischen 0 und 1 in eine ein-eindeutige Beziehung gesetzt werden kann zur unendlichen Reihe der natürlichen Zahlen (Abb. 152). 0 und 1 bilden die beiden Extreme, die Grenzfälle jener Menge. Wir hatten ferner erfahren, wie der Wahrheitswert einer komplexen Aussage, die aus einfacheren Aussagen mit bekanntem Wahrheitswert zusammengesetzt ist, automatisch abgeleitet werden kann, so daß man selbst Maschinen dazu bringen kann, schneller und exakter zu denken als der menschliche Verstand.

Aber genauso, wie es zwischen Null und Eins unendlich viele Zwischenschritte gibt, von denen 0 und 1 nur die Grenzfälle darstellen, gibt es unendlich viele Situationen, die nicht mit den mächtigen Instrumenten der Logik behandelt werden können.

Die Welt, in der wir leben, ist weniger von Eindeutigkeit und bedingungsloser Gewißheit oder Ungewißheit bestimmt als von Meinungen und Positionen, die nur in bestimmten Grenzen wahr sind und wo jede Entscheidung zwischen möglichen Alternativen wieder vom Eintreffen anderer Bedingungen abhängt. Unsere Welt wird beherrscht von Risiko, Ungewißheit und Zufall. Trotzdem leben wir mit der psychologischen Tendenz, der Realität mit absoluten Positionen zu begegnen und alles, was sich nicht mit Gewißheit bestimmen läßt, für ein Zeichen von Unvollkommenheit und Schwäche zu halten. Der Mensch neigt dazu, die Informationen, die er hat, für wahr zu halten.

Aber ist es nicht viel klüger und realistischer, absolute Standpunkte zu vermeiden, Veränderung zu akzeptieren, Gegebenheiten auf ihre Vor- und Nachteile hin abzuschätzen und unsere Überzeugungen eher in Begriffen von Wahrscheinlichkeit als von Wahrheit und Falschheit zu fassen? Bestimmen Risiko und Ungewißheit unser Leben nicht viel stärker als absolute Sicherheit?

Karten, Würfel, Glücksspiele und Wetten: Die historischen Ursprünge der Wahrscheinlichkeitsrechnung

Die mathematische Wahrscheinlichkeitstheorie entstand Mitte des 17. Jahrhunderts beim Versuch einiger Wißbegieriger, die Gewinnchancen einiger Glücks-, Würfel- und Kartenspiele zu bestimmen. Sie selbst bot dann wieder die Möglichkeit, neue Spiele zu erfinden.

Galileo Galilei (1564–1642) und Girolamo Cardano (1501–1576) waren die ersten, die bestimmte Probleme des Würfelspiels mit Begriffen der Wahrscheinlichkeitstheorie behandelten. Später lieferte der französische Philosoph und Mathematiker Blaise Pascal (1623–1662) eine systematische Behandlung verschiedener Fragen des Glücksspiels. Man hält Pascal und Pierre Fermat (1601–1665) für die Begründer der mathematischen Wahrscheinlichkeitstheorie. Obwohl sie sich in ihrem Briefwechsel von 1654 über grundsätzliche Prinzipien der Theorie verständigten, gelangten sie unabhängig voneinander zu ihren Schlußfolgerungen, die nur in Details voneinander abwichen.

In unserer Zeit hat sich die Wahrscheinlichkeitstheorie zum unentbehrlichen Werkzeug der Forschung entwickelt; sie spielt nicht nur in beinahe allen Wissenschaften, sondern auch im täglichen Leben eine wichtige Rolle. Man kann die Ansicht vertreten, daß all unser Wissen in gewissem Grad unsicher und unbestimmt ist und daß man daher von der objektiven und der subjektiven Realität nicht anders als in Begriffen von Wahrscheinlichkeit sprechen kann. Das gilt für den Politiker wie für den Wissenschaftler, für den Ökonomen wie für den Biologen.

Die folgenden Aussagen sollen ein Bild von der Vielfalt der Situationen vermitteln, in denen die Wahrscheinlichkeitstheorie heute eine Rolle spielt:

1) Das Kind ist zu lange im Kalten gewesen; es wird sich wahrscheinlich erkälten.

2) Der Himmel ist bewölkt; es wird wahrscheinlich regnen.

3) Hans ist ein starker Raucher und riskiert, daß er Lungenkrebs bekommt.

4) Wenn Arbeitslosigkeit und wirtschaftliche Ungleichheit wachsen, ist es nicht unwahrscheinlich, daß sich auch die Kriminalitätsrate erhöht.

5) Dieses Auto steht im Halteverbot, und es ist ziemlich sicher, daß der Besitzer eine Verwarnung bekommt.

Bevor wir einige Wahrscheinlichkeitsspiele und Rätsel vorstellen, wollen wir einige Grundbegriffe der Theorie einführen.

Was ist ein Zufallsereignis?

Wenn man eine Münze in die Luft wirft, ist es *sicher,* daß sie wieder herunterfällt, aber es ist *nicht sicher,* welche Seite oben liegt. Wenn man einen Würfel rollt, ist es sicher, daß er irgendwann zur Ruhe kommt, aber man kann nicht vorhersagen, welche Zahl er dann zeigt. Solche Würfe von Münze oder Würfel sind typische Zufallsereignisse. Ganz allgemein ist ein Zufallsereignis ein Phänomen, das in einer *Vielfalt von Alternativen* stattfinden kann. Im Fall eines Würfels zum Beispiel werden die Alternativen von den Seiten 1 bis 6 gebildet. Ein anderes Zufallsereignis ist die Zahl der Autounfälle, die sich nächste Woche auf einem bestimmten Autobahnstück ereignen. Wenn man weiß, daß eine Lampenmaschine einen bestimmten Prozentsatz defekter Glühbirnen produziert, stellt jede einzelne Birne ein Zufallsereignis dar, denn sie könnte ja kaputt sein. Hier existieren zwei Alternativen, auch wenn eine davon, nämlich daß eine Birne defekt ist, wesentlich seltener eintritt als die andere. Kurz, Zufallsereignisse bestimmen unser tägliches Leben ebenso wie den Gang der Wissenschaft.

Bei welchen der folgenden Sachverhalte handelt es sich um Zufallsereignisse?

1) die Lebensdauer eines bestimmten Menschen;

2) die Tatsache, daß ein Körper mit einem geringeren spezifischen Gewicht als Wasser schwimmt;

3) das Ziehen einer Karte aus einem Kartenspiel;

4) die Ausdehnung eines sich erwärmenden Metalls;

5) die Voraussage eines Genetikers, daß bestimmte Lebewesen unter gewissen Umweltbedingungen charakteristische Körpermerkmale aufweisen werden;

6) die Abschätzung der Zahl der Telefongespräche einer Stadt in einem bestimmten Zeitraum;

Die Beschreibungen von 1, 3, 5 und 6 beziehen sich auf Zufallsereignisse.

Eine notwendige Klarstellung

Im Zusammenhang mit der mathematischen Logik haben wir vom Wahrheitswert von Aussagen gesprochen. Wir hatten es dort mit jener Untergruppe aller möglichen Aussagen zu tun, deren Wahrheit bzw. Falschheit ohne weitere Informationen bestimmt werden konnte. In ähnlicher Weise beschäftigt sich die Wahrscheinlichkeitstheorie nicht mit zufällig ablaufenden Ereignissen mit ungewissem Ausgang, sondern mit den Aussagen, die sie beschreiben. Insofern sich diese Aussagen auf unsichere Tatsachen beziehen, unterliegt ihre Analyse der Wahrscheinlichkeitstheorie. Wie wir uns in der mathematischen Logik mit Wahrheitswerten beschäftigten, suchen wir jetzt nach *Wahrscheinlichkeitswerten.* Aussagen über Zufallsereignisse mit ungewissem Ausgang sind selbst ungewiß. Die Wahrscheinlichkeitstheorie ist ein mathematisches Instrument zur Analyse von Aussagen, deren Wahrheit oder Falschheit unsicher oder erst nach dem beschriebenen Ereignis zu bestimmen ist. Nehmen wir ein Beispiel aus der Welt des Skats:

Beim nächsten Spiel bekomme ich vier Bauern!

Ob dieser Satz wahr ist oder nicht, kann man erst nach dem Ereignis entscheiden; vorher kann man nur feststellen, daß er einen bestimmten Wahrscheinlichkeitswert hat. Weitere Beispiele für Aussagen über Zufallsereignisse sind: *Beim nächsten Würfeln werfe ich eine Sechs* oder *Der Patient von Zimmer 15 braucht nicht länger als eine Woche im Bett zu bleiben.*

Aus Gründen der Vollständigkeit, auf die wir noch genauer eingehen werden, schließt die Wahrscheinlichkeitstheorie auch Aussagen ein, deren Wahrheit oder Falschheit schon feststeht, also die Grenzfälle.

Beim nächsten Würfeln werfe ich eine Zahl, die nicht höher als 30 sein wird.

Diese Aussage ist notwendigerweise wahr, weil ein Würfel höchstens 6 Augen hat. Solch ein Ereignis trifft mit Gewißheit ein, sein Wahrscheinlichkeitswert ist 1. Wenn wir diese Aussage mit *A* und ihre Wahrscheinlichkeit mit *p* bezeichnen, können wir formulieren:

$$p(A) = 1$$

Die Wahrscheinlichkeit von A ist gleich 1, das heißt absolut sicher. Untersuchen wir nun eine Aussage aus dem Bereich des Lottos:

Die erste Zahl, die am kommenden Samstag gezogen wird, ist die 73.

Da der Bereich der Lottozahlen aber nur bis 49 geht, ist diese Aussage notwendig falsch. Man schreibt:

$$p(B) = 0$$

Die Wahrscheinlichkeit von B ist null, oder: Dieses Ereignis ist *unmöglich.*

Mit anderen Worten: Einige Ereignisse sind *sicher,* andere sind *unmöglich.* Zwischen diesen Grenzfällen liegen die *möglichen* Ereignisse, die Gegenstand einer Wahrscheinlichkeitsabschätzung sind. Die Wahrscheinlichkeitstheorie liefert eine mathematische Methode, um akzeptable Schlüsse über mögliche Ereignisse zu ziehen.

Untersuchen Sie abschließend die beiden folgenden Schlüsse, und bestimmen Sie, welcher davon in den Aufgabenbereich der Wahrscheinlichkeitsrechnung fällt:

a) Peter ist 18 Jahre alt.
Gestern hat sich Peter den linken Knöchel verstaucht.

Also wird er morgen die 100 Meter nicht in elf Sekunden laufen.

b) Alle Tiger sind Katzen.
Alle Katzen sind Säugetiere.

Also sind alle Tiger Säugetiere.

In Beispiel b) ist die Schlußfolgerung in der Prämisse schon enthalten und wird durch das Argument nur ausgeführt. In

Argument a) hingegen folgt die Konklusion nicht zwingend aus der Prämisse. Keine Prämisse behauptet, daß ein Achtzehnjähriger mit einem verstauchten Knöchel die 100 Meter nicht in elf Sekunden laufen könnte. Auch wenn es extrem unwahrscheinlich ist, daß es ihm gelingen könnte, haftet der Schlußfolgerung ein Rest von Ungewißheit an, der sie grundsätzlich von der Schlußfolgerung in Beispiel b) unterscheidet. Man muß also solche Schlüsse, bei denen die Konklusion notwendig aus den Prämissen folgt, von jenen unterscheiden, bei denen das nicht so ist und die darum in Begriffen von Wahrscheinlichkeit bewertet werden müssen.

Die Wahrscheinlichkeitstheorie ist die mathematische Disziplin, die jene Begründungen untersucht, die mit Ungewißheit und Zufall zu tun haben. In diesem Sinn bildet sie eine eigene Logik. Wir können also feststellen, daß sich die Logik als die Wissenschaft, die die Beziehungen zwischen Prämissen und Schlußfolgerungen untersucht, in zwei Gebiete aufteilt: in die *deduktive Logik* (einschließlich der mathematischen oder formalen Logik) und die *induktive Logik* (die Wahrscheinlichkeitsrechnung).

Das Ereignisfeld

Wenn eine in die Luft geworfene Münze landet, zeigt sie entweder »Kopf« oder »Zahl«. (Wir wollen annehmen, daß sie nicht auf der Kante liegenbleibt.) Die Menge möglicher Ergebnisse des Münzwurfs ist also:

$$M = \{k, z\}$$

Wie schon bei den logischen Operationen verwendet man auch hier eine mengentheoretische Schreibweise. Bei einem Würfel mit den Seiten 1 bis 6 besteht die Menge der möglichen Ergebnisse aus:

$$S = \{1, 2, 3, 4, 5, 6\}$$

Die Menge aller möglichen Ergebnisse eines Zufallsereignisses nennt man das *Ereignisfeld.* Seine einzelnen Elemente werden auch als *Elementarereignisse* bezeichnet.

Abb. 229

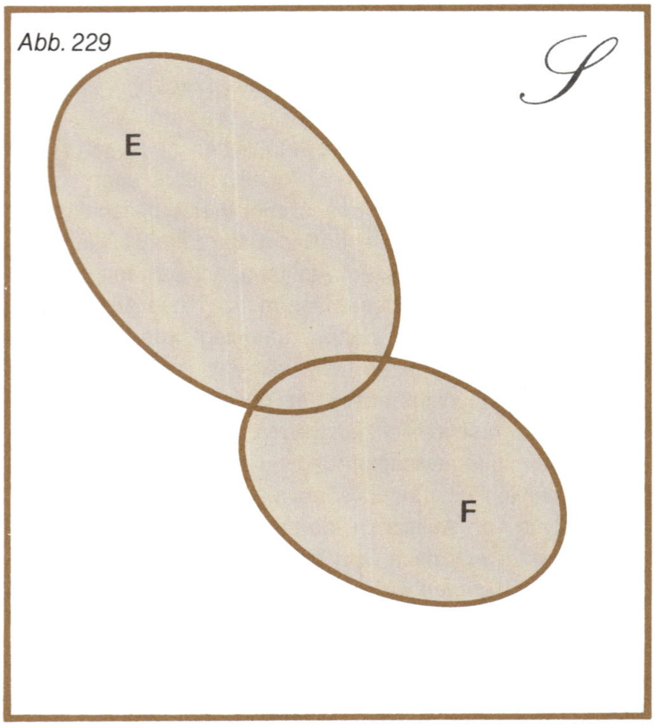

Angenommen, wir haben eine Schale mit sechs Kugeln darin: einer roten (r), einer blauen (b), einer grünen (g), einer gelben (ge), einer weißen (w) und einer schwarzen (s). Wie definiert sich das Ereignisfeld hinsichtlich der zufälligen Wahl einer dieser Kugeln? Natürlich als:

$$S = \{r, b, g, ge, w, s\}$$

Aus Gründen der Klarheit beschränken wir uns hier bei allen Beispielen auf Ereignisse, deren Ergebnisse in einem zeitlich und räumlich begrenzten Kontext stattfinden.

Das nächste Beispiel ist etwas komplizierter. Diesmal enthält die Schale 2 weiße und 4 rote Kugeln. Die beiden weißen

Abb. 230

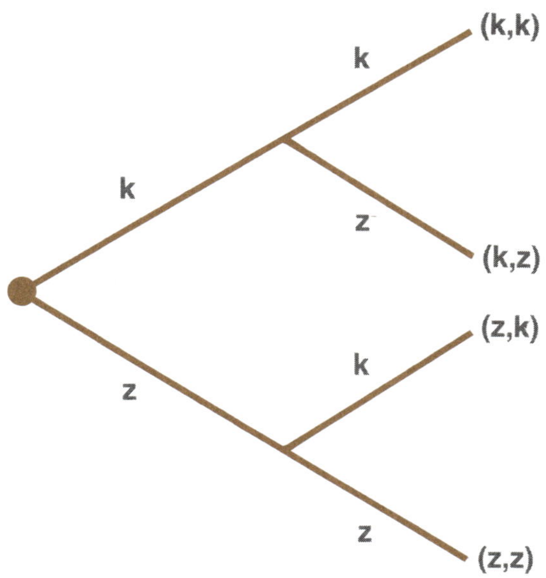

Abb. 231

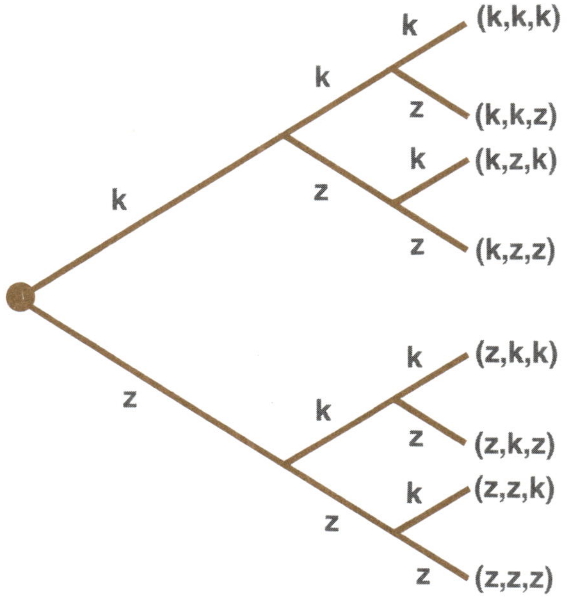

sind mit den Zahlen 5 und 6 markiert, die übrigen mit den Zahlen 1 bis 4. Das Ereignisfeld hinsichtlich des zufälligen Ziehens einer der Kugeln ist $S = \{1, 2, 3, 4, 5, 6\}$. Zwei verschiedene Ergebnisse, verstanden als Teilmengen des Ereignisfeldes, sind möglich:

a) Es wird eine weiße Kugel gezogen.

b) Es wird eine rote Kugel gezogen.

Die korrespondierenden Mengen E und F sind:

$$E = \{1, 2, 3, 4\} \quad \text{und} \quad F = \{5, 6\}$$

Im Venn-Diagramm 229 stellt das Rechteck das Ereignisfeld S, die beiden Ellipsen die Teilmengen E und F dar. Wir hatten bei früherer Gelegenheit festgestellt, daß die Leere Menge $\emptyset$ als Teilmenge in jeder anderen Menge enthalten ist. In unserem Fall entspricht der Leeren Menge das Ziehen z. B. einer violetten Kugel oder einer mit der Zahl 9. Die Leere Menge enthält die unmöglichen Ergebnisse, deren Wahrscheinlichkeit gleich null ist. Man schreibt:

$$p(\emptyset) = 0$$

Nun wollen wir das gleichzeitige Werfen von zwei Münzen betrachten. Es sei S das Ereignisfeld, E das Ergebnis, bei dem wenigstens eine Münze »Zahl« zeigt und F der Fall, daß zweimal »Kopf« oben liegt.

$$S = (k,k), (k,z), (z,k), (z,z)$$
$$E = (z,k), (k,z), (z,z)$$
$$F = (k,k)$$

In solchen Fällen ist es hilfreich, ein Baumdiagramm wie in Abbildung 230 zu zeichnen, das einem die verschiedenen Elemente eines Ereignisses zeigt. Das Baumdiagramm 231 demonstriert den Fall, daß drei Münzen nacheinander geworfen werden.

Das Maß der Wahrscheinlichkeit

Kehren wir noch einmal zum Werfen einer Münze zurück mit dem Ereignisfeld $S = \{k,z\}$. Wenn es keinen Grund gibt anzunehmen, ein Ereignis könnte öfter auftreten als das andere, dann wird das Ereignis k für »Kopf« mit der Wahrscheinlichkeit 1 zu 2 oder 1/2 bzw. 0,5 auftreten. Man schreibt:

$$p(k) = \frac{1}{2}$$

Man gelangt zu diesem Resultat, wenn man alle Möglichkeiten, in denen »Kopf« erscheinen kann, aufzählt und durch die Zahl aller Elemente des Ereignisfeldes teilt. Das ist intuitiv einleuchtend.

Für einen Würfel errechnet man die Wahrscheinlichkeit der Aussage E: *Im nächsten Wurf fällt eine 6* auf die gleiche Weise:

$$p(E) = \frac{\text{Anzahl der Möglichkeiten des Eintretens von E}}{\text{Anzahl der Elemente des Ereignisfeldes S}} = \frac{1}{6}$$

Das folgende Beispiel geht von einer Schale mit vier Kugeln aus, einer schwarzen (s), einer weißen (w), einer roten (r) und einer gelben (g). Wie groß ist die Wahrscheinlichkeit, daß die rote Kugel gezogen wird? Das Ereignisfeld S ist $\{s, w, r, g\}$, und die Wahrscheinlichkeit p(r) beträgt genau 1/4. Alle bisher untersuchten Wahrscheinlichkeitswerte lagen zwischen 0 und 1. Allgemein gilt das Gesetz:

$$0 \leq p \leq 1$$

Das bedeutet, das Maß der Wahrscheinlichkeit p ist größer oder gleich 0 und kleiner oder gleich 1. Bei $p = 1$ ist das Ereignis gewiß, bei $p = 0$ ist es unmöglich. Ein Beispiel für ein mit Sicherheit eintretendes Ereignis ist das Ereignisfeld selbst. Im Fall eines Münzwurfs mit den Seiten »Kopf« und »Zahl« gilt die Gleichung:

$$p(S) = p\{k, z\} = p(k) + p(z) = \frac{1}{2} + \frac{1}{2} = 1$$

Hier wird die Disjunktion »Kopf oder Zahl« (siehe S. 117) übersetzt in die Summe der jeweiligen Wahrscheinlichkeit.

Pferderennen

In einem Rennen starten die drei Pferde A, B und C. Ein Kenner mit Insiderwissen behauptet, A's Siegchancen seien zweimal so hoch wie B's und B's wiederum doppelt so hoch wie C's. Vorausgesetzt, das stimmt: Wie hoch sind die Siegchancen jedes Pferdes? Wir wissen:

$$p(A) + p(B) + p(C) = 1$$

Denn das Ereignisfeld selbst hat stets die Gewißheit 1. Außerdem wissen wir, daß

$$p(A) = 2p(B)$$
und $$p(B) = 2p(C),$$
so daß $$p(A) = 4p(C).$$

Darum gilt nach der ersten Formel:

$$(4 + 2 + 1)p(C) = 1$$

Für die einzelnen Pferde bedeutet das:

$$p(A) = \frac{4}{7}$$

$$p(B) = \frac{2}{7}$$

$$p(C) = \frac{1}{7}$$

Auf dieser Grundlage läßt sich nun auch ermitteln, wie hoch die Chancen sind, daß B *oder* C gewinnen.

$$p(B,C) = p(B) + p(C) = \frac{2}{7} + \frac{1}{7} = \frac{3}{7}$$

Der Begriff der Funktion

An dieser Stelle wollen wir kurz auf einen Begriff eingehen, der bisher schon unausgesprochen eine Rolle gespielt hat: der Begriff der *Funktion.* Ein einfaches Beispiel: Jedes Auto hat ein Nummernschild. Pro Auto gibt es nur eine Nummer, und jede Nummer wird nur einmal ausgegeben. Daher gibt es eine ein-eindeutige Beziehung zwischen der Menge der Autos (A) und der Menge der Nummernschilder (N), wie in Abbildung 232 zu sehen ist. Eine Operation, die jedem Element einer Menge ein und nur ein Element einer anderen Menge zuordnet, nennt man *Funktion.* Jedes Element in der linken Spalte von Abbildung 232 heißt *Argument* der Funktion; die rechte Spalte listet die entsprechenden *Werte* der Funktion auf.

Es besteht die Gewohnheit, Funktionen mit den kleinen Buchstaben f, g, h ... zu benennen. Für eine beliebige Aussage A lautet die Funktion, die A mit ihren Wahrheitswerten 0, 1 verknüpft:

$$f(A) \in \{0, 1\}$$

In der Aussagenlogik hatten wir festgestellt, daß Wahrheitswerte nicht den Tatsachen, sondern den Aussagen zugeschrieben werden. In gleicher Weise bezieht sich auch die Wahrscheinlichkeitsfunktion nicht auf Tatsachen, sondern auf die sie beschreibenden Aussagen. Ihnen ordnet sie Werte zwischen 0 und 1 zu. Wenn man die Wahrscheinlichkeitsfunktion mit p bezeichnet, kann man dies symbolisch so ausdrükken:

$$p(\ldots) \in [0, 1],$$

wobei [0, 1] das von den Zahlen 0 und 1 umschlossene Intervall meint.

Abb. 232

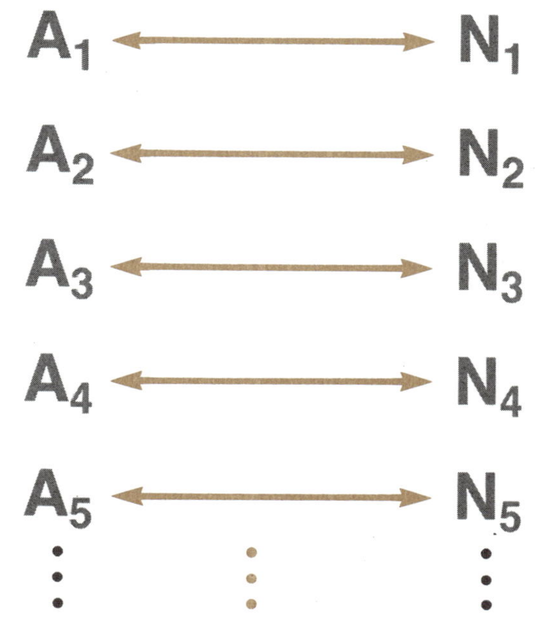

Wahrscheinlichkeitsrechnung und Zufallsspiele

Eine Verbindung von Mengentheorie und Wahrscheinlichkeitstheorie trägt wesentlich zur Analyse komplexer Sachverhalte bei. Wenn man Ereignisse als Mengen betrachtet, dann kann auch jede Aussage über Ereignisse in die Sprache der Mengen übertragen werden und umgekehrt.

Das Komplement eines Ereignisses und seine Wahrscheinlichkeit

Zu jedem Ereignis E gibt es ein Ereignis $\overline{E}$, das man sein Komplement nennt. Im Ereignisfeld S (Abb. 233) enthält $\overline{E}$ alle Elemente, die nicht in E enthalten sind.

Bei einer Münze mit $S = \{k, z\}$ ist das Ereignis, daß »Kopf« oben liegt, $E = \{k\}$, und sein Komplement ist $\overline{E} = \{z\}$. Da p(E) hier 1/2 ist, beträgt auch die Wahrscheinlichkeit $\overline{E} = 1/2$.

In diesem Beispiel haben E und $\overline{E}$ dieselbe Wahrscheinlichkeit, doch das ist eine Ausnahme. Denken Sie nur an einen Würfel und die Chance, daß die 5 oben liegt. Wir wissen, daß $p(5) = 1/6$. Um die Wahrscheinlichkeit des Komplements zu berechnen, berücksichtigen wir, daß $\overline{E}$ alle Elemente von S umfaßt, die nicht in E enthalten sind. Somit:

$$p(\overline{E}) = p(S) - p(E)$$

Im Fall des Würfels heißt das:

$$p(E) = 1 - \frac{1}{6} = \frac{5}{6}$$

Das Komplement des Ereignisfeldes ist die Leere Menge ∅ der unmöglichen Ereignisse. Somit gilt auch hier:

$$\overline{S} = \emptyset \quad \text{und} \quad p(\overline{S}) = 0$$

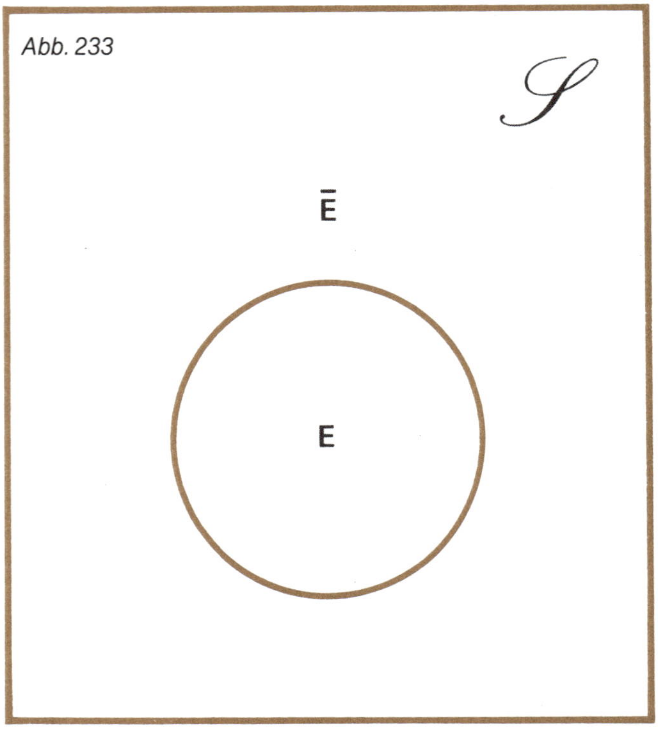

Abb. 233

Die Wahrscheinlichkeit der Vereinigung zweier Ereignisse

Die Operation der Vereinigung zweier Wahrscheinlichkeiten haben wir bereits stillschweigend eingeführt, als wir uns auf die Wahrscheinlichkeit des gesamten Ereignisfeldes bezogen. Wir wollen nun etwas systematischer darauf eingehen.

Die Vereinigung zweier Ereignisse E und F, mengentheoretisch beschrieben als $E \cup F$, umfaßt alle Ereignisse, die entweder zu E oder zu F oder zu beiden gehören. $E \cup F$ ist wahr, wenn E oder F oder beide zugleich eintreten.

Wir untersuchen wieder das Werfen eines Würfels mit dem Ereignisfeld $S = \{1, 2, 3, 4, 5, 6\}$. Es sei G die Menge der Ergebnisse mit gerader Zahl, H die Menge der ungeraden Würfe und I die Menge der Primzahlen. Daher gilt:

$$G = \{2, 4, 6\}$$
$$H = \{1, 3, 5\}$$
$$I = \{2, 3, 5\}$$

Die Verbindung der Ereignisse G und H ergibt dann:

$$G \cup H = \{1, 2, 3, 4, 5, 6\},$$

Abb. 234

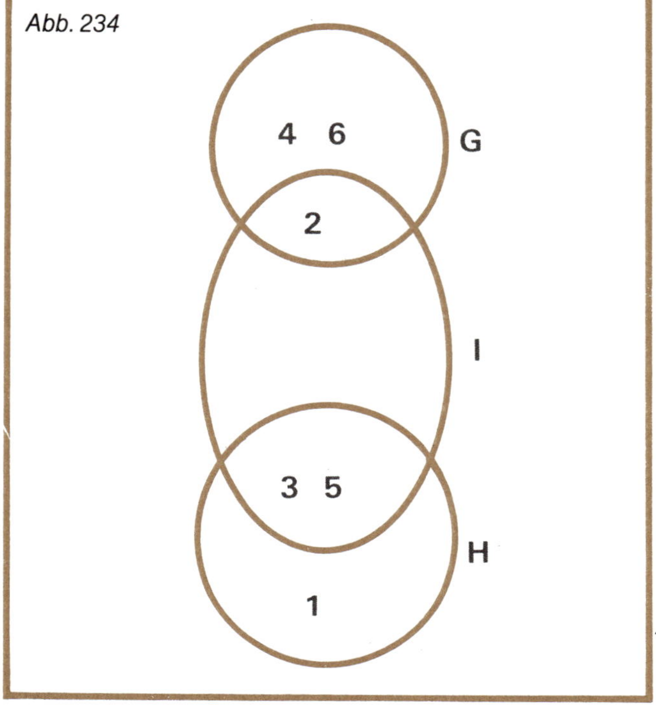

also das gesamte Ereignisfeld. Hingegen ist

$$H \cup I = \{1, 2, 3, 5\} \quad \text{und} \quad G \cup I = \{2, 3, 4, 5, 6\}$$

Das entsprechende Venn-Diagramm zeigt Abbildung 234.

Wie groß ist nun die Wahrscheinlichkeit der Verbindung von G und H, also $p(G \cup H)$? Im vorliegenden Fall gilt:

$$p(G \cup H) = p(S) = 1$$

Dies läßt sich auch ausführlicher darstellen. Allgemein läßt sich $p(G \cup H)$ zerlegen in $p(G) + p(H)$. Nach der Definition von Seite 148 ergibt sich, daß $p(G) = 3/6 = 1/2$ und daß ebenfalls $p(H) = 3/6 = 1/2$. Die Addition $p(G) + p(H)$ ergibt 1. Daß $G \cup H = S$, stellt jedoch nichts weiter als eine Besonderheit dieses speziellen Beispiels dar.

Wenden wir uns nun der Verbindung $H \cup I = \{1, 2, 3, 5\}$ zu. Da auch $p(I) = 3/6 = 1/2$, erhielten wir wie zuvor nach der Formel $p(H \cup I) = p(H) + p(I)$ den Wert:

$$p(H) + p(I) = \frac{1}{2} + \frac{1}{2} = 1$$

Jedoch sind $H \cup I$ und S nicht identisch, denn sie besitzen nicht dieselben Elemente.

$$H \cup I = \{1, 2, 3, 5\} \quad S = \{1, 2, 3, 4, 5, 6\}$$

Also müssen auch die Wahrscheinlichkeiten verschieden sein. Offenbar haben wir einen Fehler gemacht, und die Annahme, daß $p(H \cup I) = p(H) + p(I)$ sei, war nicht richtig. Wir kehren noch einmal zu unserer Definition zurück:

$$p(H \cup I) = \frac{\text{Anzahl der Möglichkeiten des Eintretens von } H \cup I}{\text{Anzahl der Elemente des Ereignisfeldes } S}$$

Nun kann $H \cup I$ auf vier Arten eintreten, denn es hat vier Elemente, während S sechs hat. Also ist $p(H \cup I) = 4/6 = 2/3$ und $p(S) = 1$. Daher gilt $p(H \cup I) \neq S$. Unser Fehler lag darin, daß $H = \{1, 3, 5\}$ und $I = \{2, 3, 5\}$ die Elemente 3 und 5 gemeinsam haben, deren Wahrscheinlichkeit wir zunächst doppelt gezählt hatten.

Die Wahrscheinlichkeit der Überschneidung zweier Ereignisse

Diejenigen Elemente, die in zwei Mengen zugleich vorkommen, bilden deren *Schnittmenge,* was grafisch mit dem Zeichen $\cap$ dargestellt wird. In unserem Beispiel mit den Mengen $H = \{1,3,5\}$ und $I = \{2,3,5\}$ wird die Schnittmenge $H \cap I$ gebildet aus den Elementen $\{3, 5\}$. Das entsprechende Venn-Diagramm zeigt Abbildung 235.

Um die Wahrscheinlichkeit $p(H \cap I)$ zu bestimmen, teilt man die Anzahl der Möglichkeiten, in denen $H \cap I$ auftreten kann, durch die Zahl der Elemente des gesamten Ereignisfeldes. Konkret heißt das:

$$p(H \cap I) = \frac{2}{6} = \frac{1}{3}$$

Nun ist es nicht schwierig, den Fehler zu korrigieren, den wir bei der ursprünglichen Berechnung von $p(H \cup I)$ gemacht hatten. Als wir $p(H)$ und $p(I)$ einfach addierten, hatten wir die Elemente $\{3\}$ und $\{5\}$ doppelt gezählt. Man muß von dieser Summe also die Wahrscheinlichkeit des Ereignisses $\{3, 5\}$ abziehen, was ja der Schnittmenge von H und I entspricht. Allgemein lautet darum die Formel für die Vereinigung der Wahrscheinlichkeit zweier Ereignisse:

$$p(H \cup I) = p(H) + p(I) - p(H \cap I)$$

Die Anwendung der Formel auf unser Beispiel ergibt:

$$p(H \cup I) = \frac{1}{2} + \frac{1}{2} - \frac{1}{3} = \frac{2}{3}$$

Zufälligerweise entsprach im vorigen Kapitel aber die Wahrscheinlichkeit $p(G \cup H)$ genau der Addition $p(G) + p(H)$. Den Grund erkennen wir nun darin, daß die Schnittmenge $G \cap H$ leer ist und ihre Wahrscheinlichkeit daher null ist (Abb. 236).

Wir wollen noch auf eine wichtige Eigenschaft der Leeren Menge hinweisen. Wenn ein Ereignis E und sein Komplement $\overline{E}$ gegeben sind, dann besteht ihre Schnittmenge aus dem unmöglichen Ereignis $E \cap \overline{E} = \emptyset$. Es ist unmöglich, daß Ereignis E und sein Komplement $\overline{E}$ gleichzeitig auftreten. Solche Ereignisse nennt man *disjunkt,* sie schließen sich gegenseitig aus.

So können zum Beispiel die Ereignisse *Er ist von gedrungener Statur* und *Er ist groß gewachsen* nicht auf ein und dieselbe Person zutreffen. Hingegen schließen sich *Er ist groß gewachsen* und *Er ist mager* gegenseitig nicht aus.

Die Wahrscheinlichkeit einer zufälligen Auswahl

Was wir bisher gelernt haben, hilft uns, Glücksspiele und Wahrscheinlichkeitsaufgaben mit größerer Klarheit und Logik zu lösen.

Wir haben eine Klasse mit zehn Jungen und zwanzig Mädchen. Die Hälfte der Jungen und die Hälfte der Mädchen haben blaue Augen. Wir möchten die Wahrscheinlichkeit p wissen, daß ein zufällig ausgewähltes Kind *ein Junge ist oder blaue Augen hat.* Zunächst bestimmen wir die einzelnen Ereignisse. Es sei A = *Das Kind ist ein Junge* und B = *Das Kind hat blaue Augen.* Wir suchen also nach der Wahrscheinlichkeit $p(A \cup B)$, die man mit der Formel

$$p(A \cup B) = p(A) + p(B) - p(A \cap B)$$

bestimmt. Das Ereignisfeld S besteht aus der ganzen Klasse. Somit ist $S = \{s_1, s_2, s_3, \ldots s_{28}, s_{29}, s_{30}\}$. Für die Wahrscheinlichkeit von A gilt daher:

$$p(A) = \frac{\text{Anzahl der Möglichkeiten von A}}{\text{Anzahl der Elemente in S}} = \frac{10}{30} = \frac{1}{3}$$

Bei $p(B)$ ist es etwas komplizierter. Die Hälfte der Kinder jeder Gruppe hat blaue Augen, also fünf Jungen und zehn Mädchen.
Somit ergibt sich:

$$p(B) = \frac{5 + 10}{30} = \frac{1}{2}$$

Es bleibt noch die Bestimmung von $p(A \cap B)$, also der Wahrscheinlichkeit eines Jungen mit blauen Augen. Dies trifft in der Klasse auf fünf Kinder zu. Daher erhalten wir:

$$p(A \cap B) = \frac{5}{30} = \frac{1}{6}$$

Nun können wir endlich unsere Ausgangsfrage beantworten.

$$p(A \cup B) = \frac{1}{3} + \frac{1}{2} - \frac{1}{6} = \frac{2 + 3 - 1}{6} = \frac{4}{6} = \frac{2}{3}$$

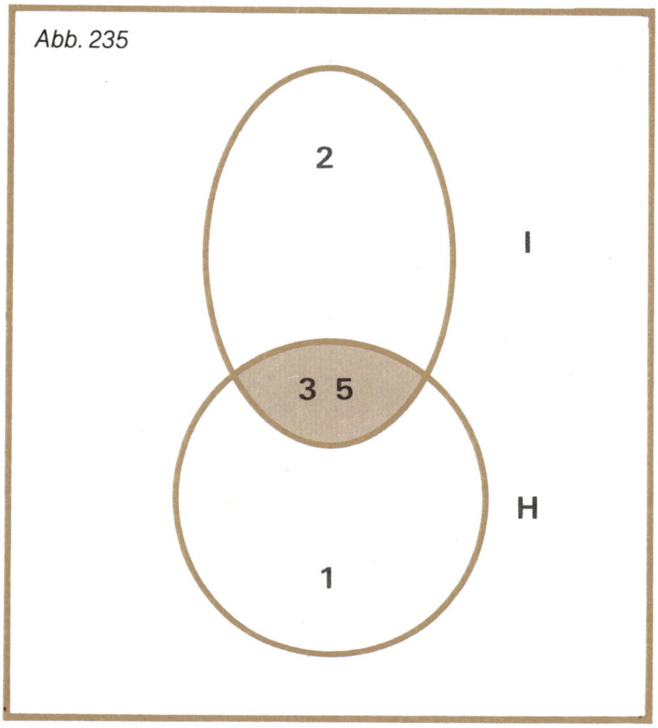

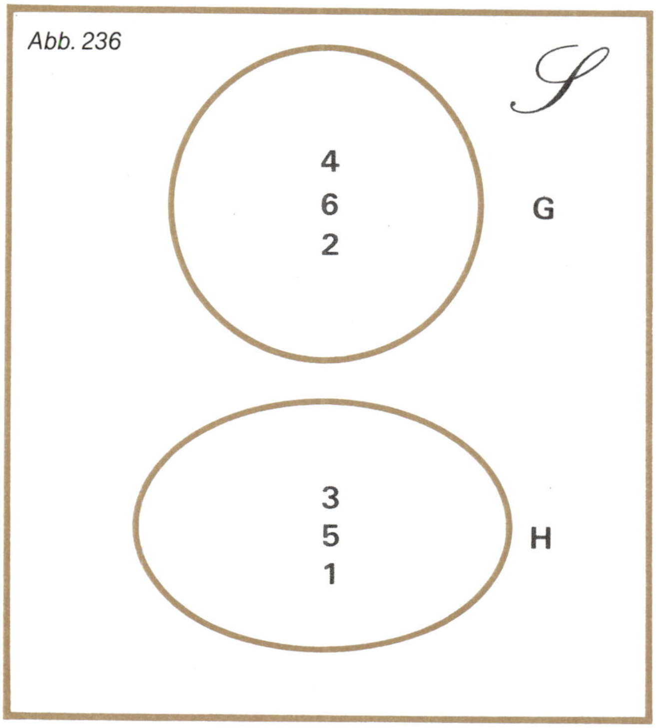

Das Ziehen einer Spielkarte

Ein normales Kartenspiel mit 52 Karten bietet die Grundlage für zahlreiche Zufallsspiele. Zum Beispiel interessiert uns die Wahrscheinlichkeit, auf Anhieb *ein As oder einen König zu ziehen.* Wir formalisieren das Problem wieder, um es auf seine wesentlichen Bestandteile zu reduzieren.

Es sei A = *Die gezogene Karte ist ein As* und K = *Die gezogene Karte ist ein König.* Wir suchen nach $p(A \cup K)$, und die bekannte Formel hierfür ist $p(A) + p(K) - p(A \cap K)$. Da in einem Kartenspiel jeweils vier Asse und vier Könige vorkommen, besitzen p(A) und p(K) dieselbe Wahrscheinlichkeit von 4/52 oder 1/13. Die Wahrscheinlichkeit von $p(A \cap B)$ ist null, denn keine Karte kann gleichzeitig ein As und ein König sein. Daher erhalten wir:

$$p(A \cup B) = \frac{1}{13} + \frac{1}{13} = \frac{2}{13}$$

Zusätzlich definieren wir nun H als das Ereignis, *daß die gezogene Karte ein Herz ist.* Wie stehen nun die Chancen, daß eine gezogene Karte *ein As oder ein Herz* ist? Wir suchen also nach $p(A \cup H) = p(A) + p(H) - p(A \cap H)$. Wie zuvor ist $p(A) = 1/13$. Es gibt 13 Herzkarten, so daß $p(H) = 13/52$ oder 1/4. Die Wahrscheinlichkeit von $(A \cap H)$ ist genau 1/52, denn es gibt nur ein Herz-As im Spiel. Für unsere Ausgangsfrage bedeutet das nun:

$$p(A \cup H) = \frac{1}{13} + \frac{1}{4} - \frac{1}{52} = \frac{16}{52} = \frac{4}{13}$$

Kombinationen von Würfel und Münze

Wir untersuchen jetzt ein etwas komplizierteres Experiment, nämlich das gleichzeitige Werfen einer Münze und eines Würfels. Das entsprechende Ereignisfeld besteht aus

$$S = \{(k,1), (k,2), (k,3), (k,4), (k,5), (k,6), (z,1), (z,2), (z,3), (z,4), (z,5), (z,6)\}$$

Es hat zwölf zwölf Elemente. Die zwei möglichen Ergebnisse des Münzwurfs werden mit den sechs möglichen Würfelergebnissen multipliziert: $2 \times 6 = 12$. Das läßt sich auch grafisch wie in Abbildung 237 darstellen.

Abb. 237

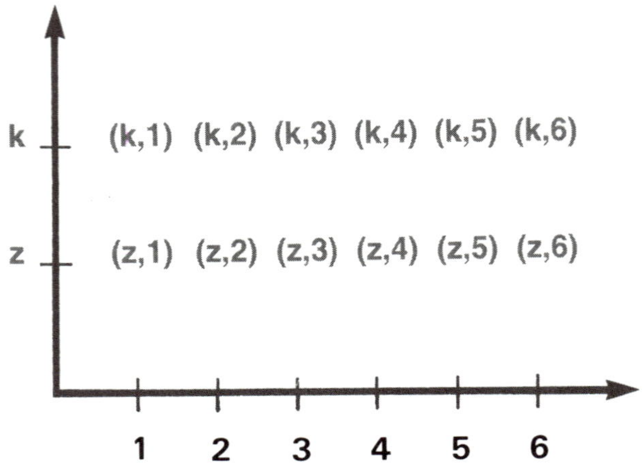

Wir interessieren uns nun für das zusammengesetzte Ereignis H: *Die Münze zeigt Kopf und der Würfel eine ungerade Zahl.* Dies stellt eine Untermenge von S dar mit den drei Elementen

$$H = \{(k,1), (k,3), (k,5)\}$$

Die Wahrscheinlichkeit p(H) beträgt daher 3/12 oder 1/4. Das zeigt, daß ein Ereignisfeld auch aus zusammengesetzten Ereignissen bestehen kann. Das Ereignis *Kopf und Drei* oder $\{k,3\}$ stellt zum Beispiel die Schnittmenge dar von *Die Münze zeigt Kopf* und *Der Würfel zeigt eine Drei.* Entsprechendes gilt für die übrigen Elemente des Ereignisfeldes.

Abhängige Ereignisse

Das folgende Experiment beginnt mit einer Schale, die drei weiße und zwei schwarze Kugeln enthält. Es sei Sch_1 das Ereignis *Beim ersten Mal wird eine schwarze Kugel gezogen* und Sch_2 *Beim zweiten Mal wird eine schwarze Kugel gezogen.* Eine einmal gezogene Kugel wird nicht mehr in die Schale zurückgelegt. Wie ist nun die Wahrscheinlichkeit, daß beim zweiten Mal eine schwarze Kugel gezogen wird, wenn schon die erste Kugel schwarz war? Für solche Probleme hat die Wahrscheinlichkeitstheorie das Konzept der *bedingten Wahrscheinlichkeit* entwickelt.

Die bedingte Wahrscheinlichkeit Sch_2 in bezug auf das Ereignis Sch_1 betrifft die Wahrscheinlichkeit, daß Sch_2 eintritt, wenn Sch_1 bereits eingetreten ist. Symbolisch schreibt man

$$p(Sch_2/Sch_1)$$

Das entsprechende Venn-Diagramm zeigt Abbildung 238.

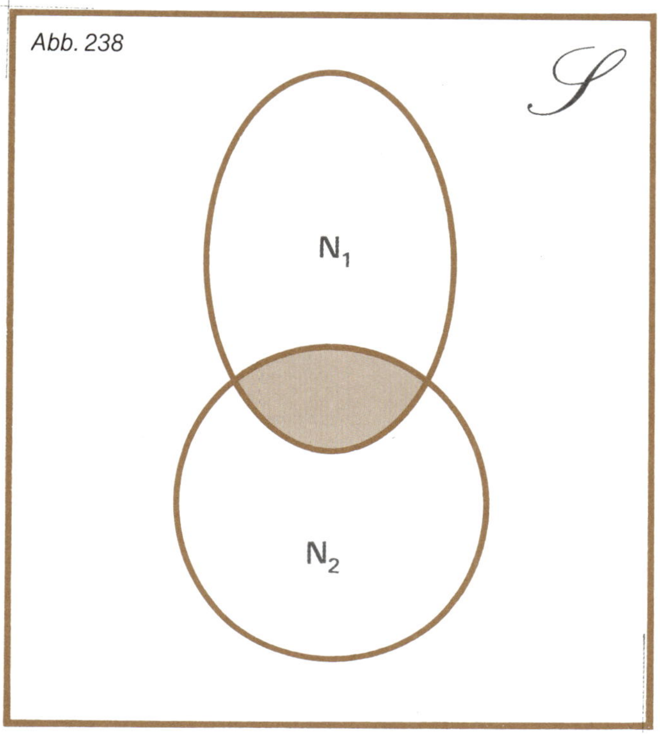

Abb. 238

Derartige Situationen können auf den verschiedensten Gebieten auftreten. Angenommen, wir hätten vor uns einen Karton mit 100 sehr zerbrechlichen Kristallgläsern, von denen 10 mit Sicherheit kaputt sind. Bereits das erste Glas ist beschädigt. Wie hoch ist nun die Wahrscheinlichkeit, daß auch das zweite Glas beschädigt ist?

Doch kehren wir zum Schalenbeispiel zurück. Uns interessiert die Wahrscheinlichkeit $p(Sch_2/Sch_1)$. Das Ereignisfeld besteht aus den fünf Kugeln. Wenn Sch_1 eintritt, wird eine schwarze Kugel entfernt, und das Ereignisfeld für Sch_2 besteht aus vier Kugeln, von denen nur eine schwarz ist. Daher beträgt die Wahrscheinlichkeit $p(Sch_2/Sch_1) = 1/4$. Dieser Wert wird davon bestimmt, daß Sch_1 bereits eingetreten ist. Wäre beim ersten Mal eine weiße Kugel gezogen worden, so wären beide schwarze Kugeln in der Schale geblieben und die Wahrscheinlichkeit von Sch_2 wäre 2/4 oder 1/2.

Die bedingte Wahrscheinlichkeit stellt keine besondere Art von Wahrscheinlichkeit dar, sondern nur die Reaktion auf eine besondere Situation. Allgemein gilt, daß alle Wahrscheinlichkeiten »bedingt« sind von bestimmten Annahmen oder der Definition der Beziehungen zwischen den Elementen des Ereignisfeldes. Äußere Ereignisse geschehen nie so einfach, wie unsere Darstellung vielleicht nahelegt. Selbst das einfachste Ereignis ist in der Realität auf komplexe Weise mit anderen Ereignissen oder Bedingungen verknüpft.

Wenn wir also behaupten, bei einem Würfel sei die Wahrscheinlichkeit, eine 5 zu werfen gleich 1/6, dann sollten wir eigentlich die bedingte Wahrscheinlichkeit aussprechen:

$$p(5/\text{der Würfel ist völlig ausgewogen}) = \frac{1}{6}$$

Das heißt: »Die Chance, eine 5 zu würfeln unter der Voraussetzung, daß der Würfel völlig ausgewogen ist, beträgt 1/6.«

Nun bleibt es Ihnen überlassen, das Problem mit den Kristallgläsern zu lösen.*

* Die Wahrscheinlichkeit, auch beim zweiten Mal ein kaputtes Glas zu erwischen, beträgt 1/11.

Voneinander unabhängige Ereignisse

Im Unterschied zu bedingten Wahrscheinlichkeiten nennt man Ereignisse voneinander *unabhängig,* wenn das Auftreten des einen Ereignisses die Wahrscheinlichkeit des anderen nicht beeinflußt. Wenn die Ereignisse A und B voneinander unabhängig sind, gelten die Formeln

$$p(B/A) = p(B) \quad \text{bzw.} \quad p(A/B) = p(A)$$

Das bedeutet, das Eintreten von A ist ohne Einfluß auf die Wahrscheinlichkeit des Eintretens von B und umgekehrt.

Allgemein läßt sich von einem abhängigen Ereignis B aussagen:

$$p(B/A) = \frac{p(A \cap B)}{p(A)}$$

Entsprechend gilt für das unabhängige Ereignis B:

$$p(B) = \frac{p(A \cap B)}{p(A)} \quad \text{bzw.} \quad p(A \cap B) = p(A) \cdot p(B)$$

In Worten: Zwei Ereignisse A und B sind voneinander unabhängig, wenn die Wahrscheinlichkeit ihres gemeinsamen Auftretens ($A \cap B$) gleich dem Produkt der einzelnen Wahrscheinlichkeiten ist. Das läßt sich sofort in die Praxis umsetzen.

Kehren wir zum Fall der Kombination der Würfe einer Münze und eines Würfels zurück. Jedes Element des Ereignisfeldes kann hier als die Schnittmenge zweier Ereignisse betrachtet werden. Da es insgesamt 12 Elemente gibt, beträgt die Wahrscheinlichkeit jedes kombinierten Ereignisses, z. B. p(k,1), genau 1/12. Dies ist zugleich die Wahrscheinlichkeit der Schnittmenge der beiden Ereignisse, also $p(A \cap B)$.

Im einzelnen beträgt die Wahrscheinlichkeit, »Kopf« zu werfen, p(k) = 1/2, und die Chance auf eine 1 im Würfeln ist 1/6. Nun wenden wir die obige Formel an und erhalten:

$$p(k) \cdot p(1) = \frac{1}{2} \cdot \frac{1}{6} = \frac{1}{12} = p(k,1) = p(k \cap 1)$$

Damit ist bewiesen, daß die beiden Ereignisse voneinander unabhängig sind.

Am Anfang der Wahrscheinlichkeitstheorie stehen Wetten und Glücksspiele mit Würfel und Karten. Schon in der griechisch-römischen Welt gab es professionelle Glücksspieler. Wenn man von Wahrscheinlichkeit spricht, meint man meistens eine Häufigkeit: die Anzahl *f* von Fällen, mit der ein Ereignis *E* in einer Gesamtzahl *n* von Fällen eintritt. Wenn das Ereignis äquiprobabel ist, also nicht vom Eintreten anderer Ereignisse beeinflußt wird, dann ist die Wahrscheinlichkeit p(E) gleich dem Verhältnis f/n von tatsächlichem Eintreten zu allen möglichen Fällen. Bei einer Münze ist es theoretisch möglich, daß sie nach jedem Wurf mit der Kopfseite nach oben liegt. In Wirklichkeit passiert das aber nur in etwa 50 % aller Fälle. Das Verhältnis zwischen der Zahl der Fälle, in denen »Kopf« oben liegt, und der Zahl aller Würfe, ist die *Häufigkeit* des Ereignisses. Ihre Bestimmung unterliegt der Statistik, die sich besonders zur Analyse solcher Zufallsereignisse eignet, die unter praktisch gleichbleibenden Umständen häufig wiederholt werden können. Neben der statistischen gibt es natürlich noch die *subjektive* Wahrscheinlichkeit, mit der der Grad der Erwartung einer Person ausgedrückt wird, daß ein bestimmtes Ereignis eintreten wird.

Dasselbe gilt für die Kombination von ungeradem Würfelergebnis und dem Ergebnis »Kopf« beim Münzwurf. Es sei U = *Der Würfel zeigt eine ungerade Zahl.* Die Wahrscheinlichkeit p(U) beträgt 3/6 oder 1/2. Die Chance, daß die Kopfseite der Münze oben liegt, beträgt ebenfalls 1/2. Auf Seite 154 zeigten wir bereits, daß die Wahrscheinlichkeit der Kombination beider Ereignisse

$$p(k \cap U) = p(H) = \frac{1}{4}$$

Dasselbe gilt für das Produkt: $p(U) \cdot p(k) = 1/2 \cdot 1/2 = 1/4$. Die beiden Ereignisse k und U sind also voneinander unabhängig.

Auch das zufällige Werfen eines Würfels läßt sich mit der Wahrscheinlichkeitsrechnung erfassen. Angenommen, wir wären interessiert an dem Ereignis F: *Das Ergebnis ist kleiner als Vier.* Wenn es nach zehn Würfen viermal eingetreten ist, dann ist seine Häufigkeit 4/10 oder 0,4.

Links sehen Sie sämtliche Möglichkeiten des komplexen Ereignisses der Kombination zweier Würfel. Das Ereignisfeld besteht aus $6 \times 6 = 36$ Fällen. Wir interessieren uns für das Ereignis S: *Das Ergebnis ist Sieben.* Dafür gibt es sechs Möglichkeiten, nämlich die Paare (1, 6), (2, 5), (3, 4), (4, 3), (5, 2), und (6, 1). Die Wahrscheinlichkeit p(S) ist also 6/36 oder 1/6.

Die Wahrscheinlichkeitsrechnung spielt in der modernen Wissenschaft wie im täglichen Leben eine nicht mehr wegzudenkende Rolle. Dazu gehören Anwendungen in der Wirtschaftswissenschaft, der Kernphysik oder der Verkehrsplanung ebenso wie die samstägliche Ziehung der Lottozahlen.

Wie wahrscheinlich ist es, daß Rolf und Sabine die Wahrheit sagen?

Die Wahrscheinlichkeitstheorie hilft oft bei solchen Problemen weiter, die sich nicht mit bloßer Intuition lösen lassen.

Rolf und Sabine sind Kinder, die manchmal gern die Unwahrheit sagen. Ihre Lehrerin hat festgestellt, daß Rolf in drei von vier Fällen die Wahrheit sagt, während das Sabine sogar in vier von fünf Fällen tut. Wie groß ist die Wahrscheinlichkeit, daß eine Aussage wahr ist, wenn sie Rolf und Sabine gleichzeitig behaupten?

Wir wollen zuerst die Wahrscheinlichkeit der Einzelereignisse und dann die ihrer Kombination bestimmen. Es sei R = *Rolf macht eine Aussage.* Da sie wahr oder falsch sein kann, hat R zwei Elemente: $R = \{W_r, F_r\}$. W_r heißt, daß Rolfs Behauptung wahr ist; F_r bedeutet, daß sie falsch ist.

Entsprechendes gilt für Sabine. Es sei S = *Sabine macht eine Aussage.* Die Menge S besteht aus den beiden Elementen $\{W_s, F_s\}$ für wahr und falsch. Außerdem kennen wir die Wahrscheinlichkeiten der einzelnen Ereignisse:

$$p(W_r) = \frac{3}{4}; \quad p(F_r) = \frac{1}{4}$$

sowie:

$$p(W_s) = \frac{4}{5}; \quad p(F_s) = \frac{1}{5}$$

Diese Ereignisse besitzen nicht alle die gleiche Wahrscheinlichkeit, doch sind sie voneinander unabhängig.

Nun wenden wir uns den Fällen zu, in denen beide gleichzeitig etwas behaupten. Das entsprechende Ereignisfeld E lautet:

$$E = \{(W_r, W_s), (W_r, F_s), (F_r, W_s), (F_r, F_s)\}$$

Wenn wir voraussetzen, daß beide unabhängig voneinander lügen oder die Wahrheit sagen, läßt sich die Wahrscheinlichkeit des ersten Elements von E nach der bekannten Formel bestimmen:

$$p(W_r, W_s) = p(W_r \cap W_s) = p(W_r) \cdot p(W_s) = \frac{3}{4} \cdot \frac{4}{5} = \frac{12}{20} = \frac{3}{5}$$

Entsprechend berechnet man die Wahrscheinlichkeitswerte der übrigen Ereignisse und erhält:

$$p(W_r, F_s) = \frac{3}{20}; \quad p(F_r, W_s) = \frac{4}{20}; \quad p(F_r, F_s) = \frac{1}{20}$$

Also ergibt sich:

$$p(E) = \frac{12}{20} + \frac{3}{20} + \frac{4}{20} + \frac{1}{20} = \frac{20}{20} = 1$$

Im nächsten Schritt interessieren uns nur noch diejenigen Fälle, in denen Rolf und Sabine dieselbe Aussage machen, sei sie nun wahr oder falsch. Das entsprechende Ereignisfeld C besteht aus den Elementen $\{(W_r, W_s), (F_r, F_s)\}$. Und dies ist die Wahrscheinlichkeit einer gemeinsamen Aussage:

$$p(C) = p(W_r, W_s) + p(F_r, F_s) = \frac{12}{20} + \frac{1}{20} = \frac{13}{20}$$

Schließlich geht es noch um die Wahrscheinlichkeit, daß beide die Wahrheit sagen, wenn ihre Aussagen übereinstimmen. Hier handelt es sich offensichtlich um eine bedingte Wahrscheinlichkeit. Hier gilt die bereits früher (siehe S. 154) eingeführte Formel:

$$p\frac{(W_r, W_s)}{C} = p\frac{(W_r, W_s) \cap C}{p(C)}$$

Das heißt, es geht um die Wahrscheinlichkeit, daß beide die gleiche Aussage machen *und* daß sie wahr ist.

$$p\frac{(W_r, W_s)}{C} = p\frac{(12/20)}{(13/20)} = \frac{12}{13}$$

Wahrscheinlichkeit und empirische Wissenschaften

Wir wollen nur kurz auf den Erklärungswert hinweisen, den so fundamentale Konzepte wie die der abhängigen und unabhängigen Ereignisse für die Statistik und die Wissenschaft im allgemeinen haben. Sie bilden ein mathematisches Modell, mit dem sich die Beziehungen zwischen den verschiedensten Ereignissen untersuchen lassen. Dadurch können wir entscheiden, ob solche Beziehungen überhaupt existieren, und wenn ja, in welchem Ausmaß. Auf keinen Fall darf man jedoch die statistische Unabhängigkeit, die wir hier behandelt haben, mit der physischen Unabhängigkeit von Ereignissen verwechseln. Wenn wir sagen, das Eintreten von Ereignis A bedingt oder verändert die Wahrscheinlichkeit von Ereignis B, dann meinen wir damit nicht, A sei im materiellen Sinn die »Ursache« von B. Die Art der hier analysierten Abhängigkeit oder Unabhängigkeit ist rein statistisch; sie hilft uns, bestimmte Beziehungen zwischen gewissen Ereignissen zu erfassen und zu mathematisieren. Die Interpretation derartiger Beziehungen ist Aufgabe des Wissenschaftlers und stellt einen konzeptuellen Sprung dar, der von vielen Faktoren abhängt, nicht zuletzt von der wissenschaftlichen Theorie, die seine Untersuchungen leitet.

Warum, zum Beispiel, suchen Ärzte im Tabak nach krebserregenden Substanzen? Weil es eine unbestreitbare statistische Beziehung zwischen Rauchen und Lungenkrebs gibt. Das macht es sinnvoll, auch nach einem medizinisch-physischen Zusammenhang zu suchen.

Kurz, die Wahrscheinlichkeitstheorie liefert ein unersetzliches Instrument der Analyse und der Orientierung der Forschung auf den verschiedensten Gebieten.

Wahrscheinlichkeit und Statistik

Die sogenannten »experimentellen« Wissenschaften verdanken ihre Fortschritte zum großen Teil der Anwendung der Wahrscheinlichkeitstheorie auf konkrete Fakten. Ein Arzt, der die Wirkung eines bestimmten Medikaments testen will, führt eine Reihe von Versuchen durch. Ähnlich ein Agrarwissenschaftler, der sich für die Qualität eines bestimmten Düngers interessiert. Er prüft ihn in einem Reihenversuch unter ansonsten gleichbleibenden Bedingungen, wie Pflanzenwahl, Standort, Bewässerung und so weiter. Die Ergebnisse derartiger Experimente lassen sich mit objektiven Techniken analysieren und ermöglichen Schlußfolgerungen über die Natur der untersuchten Sachverhalte.

Danach lassen sich die konkreten Ergebnisse vielleicht verallgemeinern und auf ähnliche Sachverhalte übertragen. Der Agrarwissenschaftler überträgt etwa seine an der Beobachtung weniger Pflanzen gewonnenen Erkenntnisse auf alle Pflanzen derselben Art, während der Arzt, von ersten positiven Ergebnissen ermutigt, die Anwendung des Medikaments auf alle Patienten mit vergleichbarem Krankheitsbild überträgt.

Das Verfahren bei derartigen Experimenten hat verschiedene Stufen. Zuerst wählt man eins oder wenige Beobachtungsobjekte aus und unterwirft sie einer Reihe von Beobachtungen, deren Zahl notwendigerweise begrenzt ist. Darauf aufbauend wird dann eine Theorie entwickelt, die die Gesamtheit der vergleichbaren Objekte betrifft.

Verschiedene Theoretiker haben einem derartigen Verfahren immer wieder die logische Berechtigung abgesprochen. Sie bestreiten, daß man von einzelnen Beobachtungen zu allgemeinen Schlußfolgerungen gelangen kann. Und es ist wahr, daß jede Verallgemeinerung, die sich auf eine begrenzte Zahl von Daten stützt, mit einer gewissen Unsicherheit behaftet ist und nur innerhalb bestimmter Grenzen Gültigkeit hat.

An diesem Punkt tritt die Wahrscheinlichkeitstheorie auf den Plan. Sie mißt der Unsicherheit einen bestimmten Wahrscheinlichkeitswert zu. Dies erklärt die enorme Bedeutung eines auf der Wahrscheinlichkeitstheorie beruhenden Forschungsansatzes: Der größte Teil unserer Aussagen über die Realität ist nur wahrscheinlich wahr, das heißt innerhalb bestimmter Grenzen und mit einem Randbereich größerer oder geringerer Unsicherheit. Die Statistik liefert die logisch-mathematischen Techniken, mit denen man die verschiedenen Grade von Gewißheit bestimmen kann.

Stichprobe und Population

In der Statistik hat der Begriff »Population« eine andere Bedeutung als im normalen Sprachgebrauch und bezieht sich auf den Bereich von Ereignissen, die beobachtet werden.

Wenn wir den Zusammenhang zwischen Gewicht und Größe der 18jährigen Schüler einer Stadt untersuchen, besteht die Population aus allen Schülern dieser Stadt. Wenn uns die Wirkung eines bestimmten Düngers interessiert, wird die Population aus allen vergleichbaren Düngern gebildet. Eine Population kann auch die unendliche Zahl von Würfen einer Münze sein, um herauszufinden,wie oft »Kopf« oben liegt.

In der Wissenschaft sucht man im allgemeinen nach Erkenntnissen, die nicht nur wenige Individuen, sondern eine ganze Population betreffen. Wenn man eine gesamte Population untersuchen könnte, wären unsere Erkenntnisse mit absoluter Sicherheit wahr. Doch häufig ist das wegen der großen Zahl ihrer Elemente nicht möglich. Also beschränkt man sich auf die Beobachtung eines kleinen Teils der Population, den man *Stichprobe* nennt. Die Ergebnisse werden dann mit besonderen statistischen Methoden auf die ganze Gruppe übertragen. Weil eine solche Übertragung aber, wie wir gesehen haben, immer mit einer gewissen Unsicherheit behaftet ist, muß die Auswahl der Stichprobe absolut zufällig sein.

Aus welchem Jahrgang stammt der Wein?

Angenommen, wir hätten einen Bekannten, der sich als großer Weinkenner ausgibt und behauptet, nicht nur die Qualität des Weins, sondern auch seinen Jahrgang, ohne hinzuschauen, bestimmen zu können. Wir wollen prüfen, ob er ein schrecklicher Aufschneider ist oder ob man ihm tatsächlich glauben kann. Wir verbinden ihm die Augen und geben ihm verschiedene Weine zu kosten. Hinter dieser Versuchsanordnung steckt folgende Annahme: Entweder ist unser Bekannter ein Angeber oder ein Kenner. Im ersten Fall werden seine Antworten, ob richtig oder falsch, rein zufällig erfolgen.

Es sei R = *Die Antwort ist richtig* und F = *Die Antwort ist falsch.* Das Ereignisfeld S der beiden Ereignisse ist

$$S = \{R, F\}$$

Die entsprechenden Wahrscheinlichkeiten sind:

$$p(R) = p(F) = \frac{1}{2}$$

Nun war seine erste Antwort richtig. Da hier eine korrekte Antwort genauso wahrscheinlich ist wie eine falsche, brauchen wir ihm noch nicht zu glauben. Darum geben wir ihm ein zweites Glas mit einem anderen Wein. Nun ist das Ereignisfeld:

$$S = \{(R, R), (R, F), (F, R), (F, F)\}$$

Die Wahrscheinlichkeit jedes Ereignisses, also zwei richtiger, zwei falscher oder einer richtigen und einer falschen Antwort, beträgt jetzt 1/4. Ist seine Antwort auch beim zweiten Mal korrekt, testen wir ihn ein drittes Mal. Nun ist das Ereignisfeld der Kombination von drei Antworten schon:

$$S = \{(R, R, R), (R, R, F), (R, F, R), (F, R, R), (R, F, F), (F, R, F), (F, F, R), (F, F, F)\}$$

Wenn auch seine dritte Antwort richtig ist, dann gab es hierfür nur noch eine Chance von 1 zu 8, und wir sollten anfangen, unserem Weinkenner Glauben zu schenken. Je weiter sich das Ergebnis von einer rein zufälligen Verteilung entfernt, desto mehr können wir ihm glauben, auch wenn immer noch ein kleiner Rest von Unsicherheit bleibt.

Wiederholen wir unsere Überlegung. Eine richtige Antwort ist genauso wahrscheinlich wie eine falsche. Zwei richtige Antworten sind schon unwahrscheinlicher, und die Chance, dreimal hintereinander die richtige Antwort zu raten, also p(R, R, R), beträgt nur noch 1/8 oder 0,125. Je unwahrscheinlicher das Eintreten eines Ereignisses, desto stärker wird die Annahme, daß hinter seinem tatsächlichen Eintreten kein Zufall steckt, sondern, wie in unserem Beispiel, echte Kennerschaft.

Schlußwort

Wir haben Sie mit einigen grundlegenden Begriffen der modernen Wahrscheinlichkeitstheorie bekannt gemacht. Zusammen mit der mathematischen Statistik bildet sie das entscheidende Hilfsmittel aller empirischen Wissenschaften und wird auf den verschiedensten Gebieten angewandt.

ANHANG: SPIELE MIT LOGIK UND ZUFALL

Der Titel dieses Buchs bestätigte sich in den ersten Kapiteln, während die letzten beiden den Leser vielleicht etwas überrascht haben. Die dort vorgestellten mathematischen Konzepte scheinen wenig mit dem Thema dieses Buchs zu tun zu haben. Die Zahlen- und Figurenspiele setzen keinerlei Kenntnisse voraus, die dem durchschnittlichen Leser nicht geläufig sein dürften. Hingegen sollten wenigstens Grundkenntnisse der mathematischen Logik und der Wahrscheinlichkeitslehre noch weitere Verbreitung finden. Darum haben wir einige elementare Ideen aus diesen Bereichen vorgestellt, wobei wir absichtlich auf erläuternde Spiele verzichtet und uns nur auf die Erklärung der Konzepte beschränkt haben. Wir waren der Ansicht, daß die Lösung selbst einfacher logischer oder statistischer Aufgaben ohne theoretische Vorbereitung sehr schwierig ist, wenn man sich nur auf die Intuition verlassen muß.

Mit diesem Anhang von Spielen, Aufgaben und Übungen bieten wir darum einen Ausgleich an für den recht abstrakten und theoretischen Charakter der vorigen Kapitel. Wir hoffen, daß der Leser, der sich intensiv damit beschäftigt, die theoretischen Erklärungen noch besser verstehen wird.

Obwohl die Aufgaben in der Reihenfolge immer schwieriger werden, setzen sie keine Informationen voraus, die bisher nicht eingeführt worden wären. Wir beginnen mit logischen Aufgaben und gehen im zweiten Abschnitt zu den Zufallsspielen über.

Anhang: Spiele mit Logik und Zufall

Logische Spiele

1.1 Welche der folgenden Aussagen lassen sich aussagenlogisch formulieren, und warum?

a) Bernd und Uwe sind Sportler.
b) Wahrscheinlich ist der Mars bewohnt.
c) Wenn das Wasser klar ist, kann man den Grund des Flusses sehen.
d) Hans glaubte, daß Maria wegen eines Motorschadens zu spät gekommen sei.
e) Die Ursache des Feuers war ein Kurzschluß oder Selbstentzündung.
f) Maria und Josef sind verheiratet.
g) Wenn es mehr Katzen als Hunde gibt, dann gibt es auch mehr Pferde als Hunde und weniger Schlangen als Katzen.
h) Giovanni und Carlo singen gern.

Antworten:

a) Ja, weil sie als Konjunktion zweier Aussagen interpretiert werden kann: Bernd ist Sportler, und Uwe ist Sportler.
b) Nein, weil eine Vermutung (Wahrscheinlich ...) keinen bestimmten Wahrheitswert hat.
c) Ja. Hier handelt es sich um eine Implikation.
d) Nein, denn es ist sinnlos zu fragen, ob »Hans glaubte, daß X« wahr oder falsch ist.
e) Ja. Dies ist eine Disjunktion.
f) Nein, weil diese Beziehung nicht als Konjunktion interpretiert werden kann. »Maria und Josef sind verheiratet« ist nicht gleichbedeutend mit »Maria ist verheiratet, und Josef ist verheiratet«.
g) Ja, es handelt sich um eine Implikation.
h) Ja, dies ist eine Konjunktion.

1.2 Drücken Sie die Aussagen von 1.1, bei denen es möglich ist, in aussagenlogischer Form mit logischen Variablen und Verknüpfungszeichen aus.

Antworten:

a) $B \wedge U$ (wobei B = *Bernd ist ein Sportler* und U = *Uwe ist ein Sportler*).
c) $K \rightarrow S$ (wobei K = *Das Wasser ist klar* und S = *Man kann den Grund des Flusses sehen*).
e) $K \vee S$ (wobei K = *Die Brandursache war ein Kurzschluß* und S = *Die Brandursache war Selbstentzündung*).
g) $K \rightarrow (P \wedge S)$ (wobei K = *Es gibt mehr Katzen als Hunde*, P = *Es gibt mehr Pferde als Hunde* und S = *Es gibt mehr Schlangen als Katzen*).
h) $S_1 \wedge S_2$ (wobei S_1 = *Giovanni singt gern* und S_2 = *Carlo singt gern*).

1.3 Bestimmen Sie den Wahrheitswert der zusammengesetzten Aussagen a), b), c) unter Voraussetzung folgender Prämissen:

W = *Galileo wurde vor Newton geboren* — wahr
F = *Newton wurde im 17. Jahrhundert geboren* — wahr
L = *Leibniz war ein Landsmann von Galileo* — falsch
T = *Newton wurde vor Kepler geboren* — falsch

a) Wenn Galileo vor Newton geboren wurde, dann wurde Newton vor Kepler geboren.
b) Wenn Leibniz ein Landsmann von Galileo war oder Newton vor Kepler geboren wurde, dann wurde Newton im 17. Jahrhundert geboren.
c) Wenn Leibniz kein Landsmann von Galileo war, dann wurde Newton vor Kepler geboren oder er wurde nicht im 17. Jahrhundert geboren.

Antworten:

a)

W	$\rightarrow$	T
1	$\underline{0}$	0

b)

(L	$\vee$	T)	$\rightarrow$	F
0	0	0	$\underline{1}$	1

c)

$\neg$	L	$\rightarrow$	(T	$\vee$	$\neg$	F)
1	0	$\underline{0}$	0	0	0	1

Also ist a) falsch, b) richtig und c) falsch.

1.4 Wenn P und Q wahr sind, R aber falsch ist, was sind dann die Wahrheitswerte der folgenden zusammengesetzten Aussagen?

a) $\neg P$
b) $\neg (P \wedge R)$
c) $\neg (P \vee Q)$
d) $P \vee (Q \wedge R)$
e) $R \rightarrow ((Q \wedge R) \vee (P \vee Q))$
f) $R \leftrightarrow (P \wedge R)$

Antworten:

a)

¬	P
0	1

b)

¬	(P	∧	R)
1	1	0	0

c)

¬	(P	∨	Q)
0	1	1	1

d)

P	∨	(Q	∧	R)
1	1	1	0	0

e)

R	→	((Q	∧	R)	∨	(P	∨	Q))
0	1	1	0	0	1	1	1	1

f)

R	↔	(P	∧	R)
0	1	1	0	0

1.5 Überprüfen Sie, ob der folgende Schluß gültig ist oder nicht (vergl. S. 124–125).

Der Zug ist kaputt, oder es ist der Strom ausgefallen.
Der Strom ist nicht ausgefallen. } Prämissen

Also ist der Zug kaputt. — Konklusion

Antwort:

Es sei K = *Der Zug ist kaputt* und S = *Der Strom ist ausgefallen.*

Prämissen					Konklusion
K	∨	S	¬	S	K
1	1	1	0	1	1
0	1	1	0	1	0
1	1	0	1	0	1
0	0	0	1	0	0

Der Schluß ist korrekt, weil im einzigen Fall, wo beide Prämissen wahr sind (Zeile 3), auch die Schlußfolgerung wahr ist. Beachten Sie, daß das Argument mit dem Schluß ¬K falsch wäre, weil es in der Wahrheitstafel keine Zeile mit wahren Prämissen und gleichzeitig wahrer Konklusion gibt:

Prämissen					Konklusion	
K	∨	S	¬	S	¬	K
1	1	1	0	1	0	1
0	1	1	0	1	1	0
1	1	0	1	0	0	1
0	0	0	1	0	1	0

1.6 Überprüfen Sie die Gültigkeit des folgenden Schlusses:

Entweder wir erhöhen die Zahl der Arbeitsplätze, oder die Kriminalität nimmt zu.
Die Kriminalität nimmt derzeit nicht zu. } Prämissen

Also gibt es mehr Arbeitsplätze. — Konklusion

Antwort:

Prämissen					Konklusion
A	∨	K	¬	K	A
1	1	1	0	1	1
1	1	0	1	0	1
0	1	1	0	1	0
0	0	0	1	0	0

Dabei ist A = *Es gibt mehr Arbeitsplätze* und K = *Die Kriminalität nimmt zu.*

1.7 Ist die folgende Schlußfolgerung richtig?

Entweder hat Klara unsere Nachricht nicht bekommen,
oder sie hatte schon etwas anderes vor.
Klara hat unsere Nachricht bekommen. } Prämissen

Also hatte sie noch nichts anderes vor. — Konklusion

Es sei N = *Klara hat unsere Nachricht nicht bekommen* und A = *Sie hatte etwas anderes vor.*

Antwort:

Prämissen					Konklusion	
N	∨	A	¬	N	¬	A
1	1	1	0	1	0	1
0	1	1	1	0	0	1
1	1	0	0	1	1	0
0	0	0	1	0	1	0

Der Schluß ist ungültig.

1.8 Begründen Sie nach dem bisher geübten Verfahren die Gültigkeit dieser Schlußfolgerung:

Wenn der Staatshaushalt nicht gekürzt wird, bleiben die Preise dann und nur dann stabil, wenn die Steuern erhöht werden.
Die Steuern werden nur dann erhöht, wenn der Staatshaushalt nicht gekürzt wird.
Wenn die Preise stabil bleiben, werden die Steuern nicht erhöht. } Prämissen

Also werden die Steuern nicht erhöht. — Konklusion

Es sei H = *Der Haushalt wird gekürzt,* P = *Die Preise bleiben stabil* und S = *Die Steuern werden erhöht.*

Antwort:

Prämissen			Konklusion
¬ H → (P ↔ S)	S → ¬ H	P → ¬ S	¬ S
0 1 1 1 1 1	1 0 0 1	1 0 0 1	0 1
1 0 1 1 1 1	1 1 1 0	1 0 0 1	0 1
0 1 1 0 0 1	1 0 0 1	0 1 0 1	0 1
1 0 0 0 0 1	1 1 1 0	0 1 0 1	0 1
0 1 1 1 0 0	0 1 0 1	1 1 1 0	1 0
1 0 0 1 0 0	0 1 1 0	1 1 1 0	1 0
0 1 1 0 1 0	0 1 0 1	0 1 1 0	1 0
1 0 1 0 1 0	0 1 1 0	0 1 1 0	1 0

Der Schluß ist korrekt, weil in allen Fällen, in denen die Prämissen wahr sind (Zeilen 5, 7, 8), auch die Konklusion wahr ist.

1.9 Überprüfen Sie die Richtigkeit dieses Schlusses:

Wenn sich bei einem chemischen Experiment eine orangefarbene Mischung bildet, enthält sie Natrium oder Pottasche.
Wenn sie kein Natrium enthält, enthält sie Eisen.
Wenn die Mischung Eisen enthält und sich orange färbt, dann enthält sie keine Pottasche. } Prämissen

Also enthält die Mischung Natrium. — Konklusion

Es sei O = *Es bildet sich eine orangefarbene Mischung,* N = *Sie enthält Natrium,* P = *Sie enthält Pottasche* und E = *Sie enthält Eisen.*

Antwort:

Man erstellt wieder eine Wahrheitstafel mit 4 Variablen und 16 Kombinationsmöglichkeiten. Die Tafel würde zeigen, daß der Schluß ungültig ist, weil es Fälle gibt, in denen sämtliche Prämissen erfüllt sind und doch die Konklusion falsch ist. Es genügt zu zeigen, daß mindestens *ein* derartiger Fall existiert, und zwar, wenn O und N falsch, P und E aber wahr sind:

O → (N ∨ P)	¬ N → E	(E ∧ O) → ¬ P	N
0 1 0 1 1	1 0 1 1	1 0 0 1 0 1	0

1.10 Veranschaulichen Sie die folgenden Aussagen mit Venn-Diagrammen:

a) Einige Katzen sind Raubtiere.
b) Kein Vogel trägt einen Schal.
c) Einige Hunde sind weiß.
d) Manche Männer sind 1,50 m groß. Sie sind alle von Beruf Jockey.

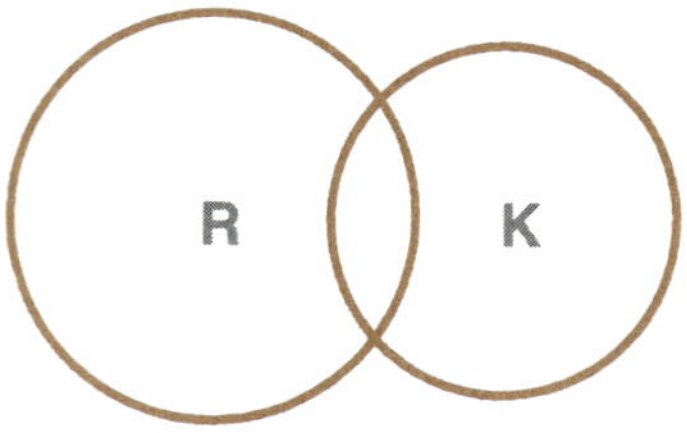

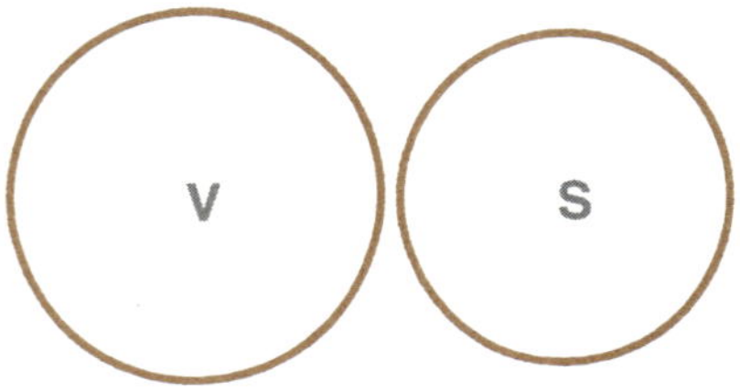

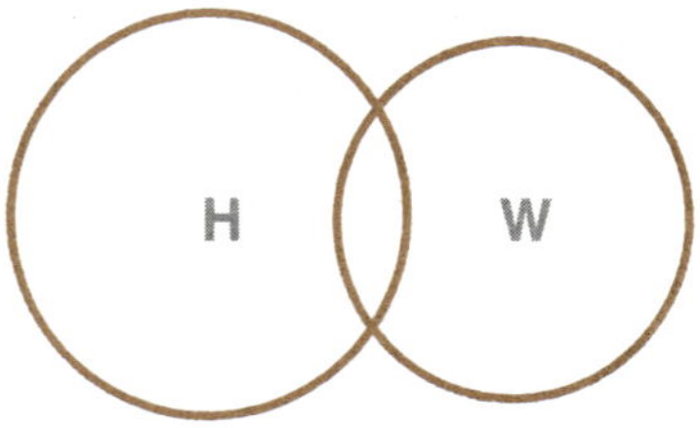

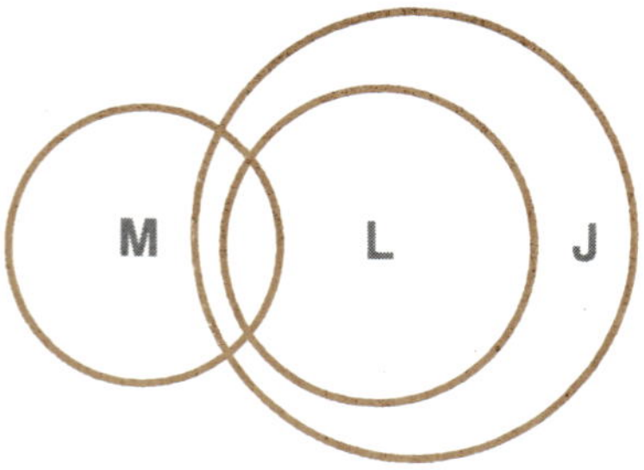

Antworten:

a) K = {Katzen}, R = {Raubtiere}
b) V = {Vögel}, S = {Schalträger}
c) H = {Hunde}, W = {weiße Lebewesen}
d) M = {Männer}, L = {Lebewesen, die 1,50 m groß sind}, J = {Jockeys}

1.11 Überprüfen Sie mit Hilfe eines Venn-Diagramms, ob der folgende Schluß gültig ist:

Wenn alle Schüler verrückt sind und alle Kriminellen verrückt sind, dann sind alle Schüler Kriminelle.

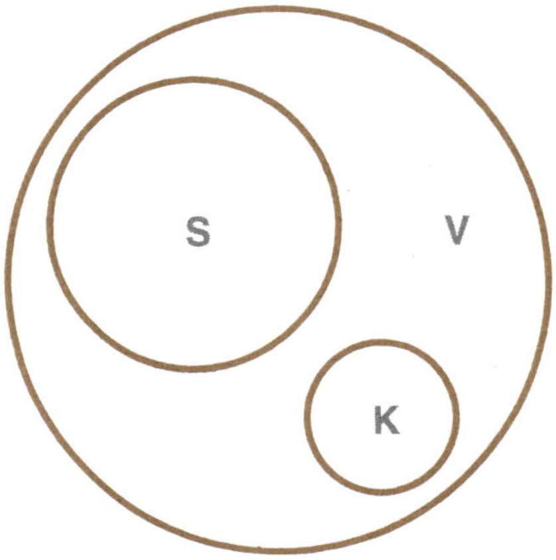

Antwort:

Es sei S = *S*chüler, V = *v*errückte Personen, K = *K*riminelle

Man braucht nicht alle Möglichkeiten darzustellen. Das Diagramm zeigt, daß es mindestens eine Darstellung gibt, die den Prämissen entspricht, bei der aber der Schluß falsch ist.

1.12 Bert und Eva wohnen in einer großen Wohnung mit einem langen Flur. Wie müssen die elektrischen Leitungen gelegt werden, damit man von jedem Flurende aus das Licht anmachen kann? Was ist der entsprechende algebraische Ausdruck (vergl. S. 138–141)?

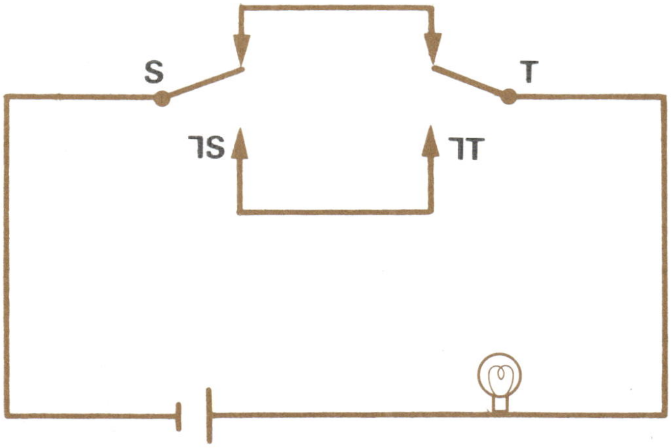

Antwort:

Die Schalter sind entweder offen (Taste nach unten) oder geschlossen (Taste nach oben). Der Strom fließt dann, wenn beide Schalter zugleich entweder offen oder geschlossen sind. Logisch entspricht das dem Bikonditional bzw. der doppelten Implikation (vergl. S. 124).

S	↔	T
1	1	1
0	0	1
1	0	0
0	1	0

(S	→	T)	∧	(T	→	S)
1	1	1	1	1	1	1
0	1	1	0	1	0	0
1	0	0	0	0	1	1
0	1	0	1	0	1	0

Spiele mit dem Zufall

2.1 Zwei Münzen werden gleichzeitig in die Luft geworfen, wobei jede Seite mit gleicher Wahrscheinlichkeit oben liegen kann. Bestimmen Sie die Wahrscheinlichkeit, daß

a) zweimal »Kopf«
b) einmal »Kopf« und einmal »Zahl« oben liegt.

Antwort:

Zunächst bestimmen wir das Ereignisfeld:

$$S = \{(k, k), (k, z), (z, k), (z, z)\}$$

Demnach ist

a) $p(k, k) = \frac{1}{4}$

b) $p((k, z), (z, k)) = \frac{1}{4} + \frac{1}{4} = \frac{1}{2}$

2.2 Es werden gleichzeitig drei Münzen geworfen. Was sind die Chancen von K = *Wenigstens eine Seite zeigt »Kopf«* und A = *Alle drei Münzen liegen mit der gleichen Seite nach oben?*

Antwort:

Das Ereignisfeld ist:

$$S = \{(k, k, k,), (k, k, z), (k, z, k), (z, k, k), (z, z, k), (z, k, z), (k, z, z), (z, z, z)\}$$

Man kann dies unter Bezug auf die oben liegenden Kopfseiten auch kürzer fassen als

$$S = \{0, 1, 2, 3\}$$

Dabei ist

$$p(0) = \frac{1}{8}; \quad p(1) = p(2) = \frac{3}{8}; \quad p(3) = \frac{1}{8}.$$

Ereignis K besteht daher aus $\{1, 2, 3\}$, das heißt, aus den Situationen, in denen wenigstens eine Kopfseite oben liegt. Also ist

$$p(K) = p(1) + p(2) + p(3) = \frac{3}{8} + \frac{3}{8} + \frac{1}{8} = \frac{7}{8}.$$

Ereignis A mit $\{0, 3\}$ hat die Chance

$$p(A) = \frac{1}{8} + \frac{1}{8} = \frac{1}{4}.$$

2.3 Eine Münze ist so verbogen, daß die Wahrscheinlichkeit von »Kopf« doppelt so hoch ist wie die von »Zahl«. Bestimmen Sie p(k) und p(z).

Antwort:

Es sei $p(z) = p$ und $p(k) = 2p$.
Wir wissen, daß $S = \{k, z\}$ und daß $p(S) = 1$.
Also ist $2p + p = 1$, so daß

$$p(k) = 2p = \frac{2}{3} \quad \text{und} \quad p(z) = p = \frac{1}{3}.$$

2.4 Christoph, Mark und Nina laufen um die Wette. Christoph und Mark haben die gleiche Chance zu siegen, während es bei beiden jeweils doppelt so wahrscheinlich ist wie bei Nina. Wie hoch ist die Wahrscheinlichkeit, daß entweder Mark oder Nina gewinnen?

Antwort:

Wir definieren:
C = *Christoph gewinnt.*
M = *Mark gewinnt.*
N = *Nina gewinnt.*

Wir wissen, daß $p(C) = p(M) = 2p(N)$.

Wir suchen $p(M \cup N) = p(M) + p(N)$.

Nun ist $p(S) = 2p(N) + 2p(N) + p(N) = 5p(N) = 1$.

Darum ist $p(N) = \frac{1}{5}$ und $p(C) = p(M) = \frac{2}{5}$.

Also gilt: $p(M \cup N) = p(M) + p(N) = \frac{2}{5} + \frac{1}{5} = \frac{3}{5}$.

2.5 Eine Schale enthält 15 Kugeln, die von 1 bis 15 numeriert sind. Jede Kugel hat die gleiche Chance, gezogen zu werden. Was ist die Wahrscheinlichkeit, daß die Zahl auf der gezogenen Kugel

a) durch 3 teilbar ist
b) gerade ist
c) ungerade ist
d) eine Quadratzahl ist?

Antworten:

Das Ereignisfeld ist
$$S = \{1, 2, 3, \ldots 13, 14, 15\}.$$
Es sei die Teilbarkeit durch 3 das Ereignis
$$A = \{3, 6, 9, 12, 15\}.$$
Das Ereignis, daß eine gerade Zahl gezogen wird, sei
$$B = \{2, 4, 6, 8, 10, 12, 14\},$$
das Ereignis einer ungeraden Zahl sei
$$C = \{1, 3, 5, 7, 9, 11, 13, 15\},$$
und die Quadratzahlen sind
$$D = \{1, 4, 9\}.$$

Daher ist

a) $p(A) = \frac{5}{15} = \frac{1}{3}$

b) $p(B) = \frac{7}{15}$

c) $p(C) = \frac{8}{15}$

d) $p(D) = \frac{3}{15} = \frac{1}{5}$

2.6 Aus einer Schale mit 6 roten, 4 weißen und 5 blauen Kugeln wird eine beliebige Kugel entnommen. Was ist die Wahrscheinlichkeit, daß die gezogene Kugel

a) rot ist
b) weiß ist
c) blau ist
d) nicht rot ist
e) rot oder weiß ist?

Antworten:

Das Ereignisfeld ist

$$S = \{r, r, r, r, r, r, w, w, w, w, b, b, b, b, b\}$$

oder

$$S = \{6r, 4w, 5b\}$$

Es sei R = *rote Kugel,* W = *weiße Kugel* und B = *blaue Kugel.*

a) $p(R) = \frac{6}{15} = \frac{2}{5}$

b) $p(W) = \frac{4}{15}$

c) $p(B) = \frac{5}{15} = \frac{1}{3}$

d) Wir suchen das Komplement zu R, also $\overline{R}$.
$p(\overline{R}) = 1 - p(R) = 1 - \frac{2}{5} = \frac{3}{5}$

e) $p(R \cup W) = p(R) + p(W) = \frac{10}{15} = \frac{2}{3}$

Alternativ dazu:

$p(R \cup W) = p(\overline{B}) = 1 - p(B) = 1 - \frac{1}{3} = \frac{2}{3}$

Die Formel für die Vereinigung zweier Ereignisse ist dieselbe wie bei sich gegenseitig ausschließenden Ereignissen (siehe S. 151).

2.7 Eine Schale enthält 200 Kugeln mit den Zahlen von 1 bis 200. Wie hoch ist die Wahrscheinlichkeit, daß die Zahl einer beliebig entnommenen Kugel durch 6 oder 9 teilbar ist?

Antwort:

Das Ereignisfeld ist

$$S = \{1, 2, 3, \ldots 198, 199, 200\}$$

Zwischen 1 und 200 gibt es $[^{200}/_{6}]$ Zahlen, die durch 6 teilbar sind. In der eckigen Klammer werden dabei die Bruchstellen hinter dem Komma weggelassen. Daher ist $[^{200}/_{6}] = 33$. Analog ist $[^{200}/_{9}] = 22$. Nun ist von den durch 6 teilbaren Zahlen jede dritte auch durch 9 teilbar, so daß man $^{33}/_{3} = 11$ von der Gesamtzahl abziehen muß. Die Wahrscheinlichkeit des fraglichen Ereignisses ist somit $^{44}/_{200}$ oder $^{11}/_{50}$.

2.8 Fritz gewinnt bei einem Spiel in 3 von 10 Fällen. Wie wahrscheinlich ist es, daß er verliert?

Antwort:

Wir suchen nichts anderes als das Komplement der Gewinnchance, mithin $1 - {}^{3}/_{10} = {}^{7}/_{10}$.

2.9 Was ist bei einem völlig ausgewogenen Würfel die Chance, daß das Ergebnis

a) eine 4
b) kleiner als 4
c) eine gerade Zahl
d) eine ungerade Zahl ist?

Antworten:

Das Ereignisfeld ist

$$S = \{1, 2, 3, 4, 5, 6\}$$

$$p(a) = p(4) = \frac{1}{6}$$

$$p(b) = p(1, 2, 3) = \frac{3}{6} = \frac{1}{2}$$

$$p(c) = p(2, 4, 6) = \frac{3}{6} = \frac{1}{2}$$

$$p(d) = p(1, 3, 5) = \frac{3}{6} = \frac{1}{2}$$

2.10 Tom und Jerry würfeln. Wenn Toms Wurf höher ist, zahlt er an Jerry eine Mark und umgekehrt. Bei gleichem Ergebnis passiert gar nichts. Wie hoch ist die Wahrscheinlichkeit, daß Tom eine Mark gewinnt?

Antwort:

Die Chance, daß Tom eine Mark gewinnt, p(T), entspricht der Wahrscheinlichkeit, daß Jerrys Wurf höher ist. Das Ereignisfeld besteht aus $6 \times 6 = 36$ Paaren von Ergebnissen, wie das Diagramm unten zeigt. Tom gewinnt, wenn die zweite Zahl eines Paars größer ist als die erste. Die entsprechenden Fälle liegen im dunklen Dreieck. Also ist $p(T) = {}^{15}/_{36} = {}^{5}/_{12}$.

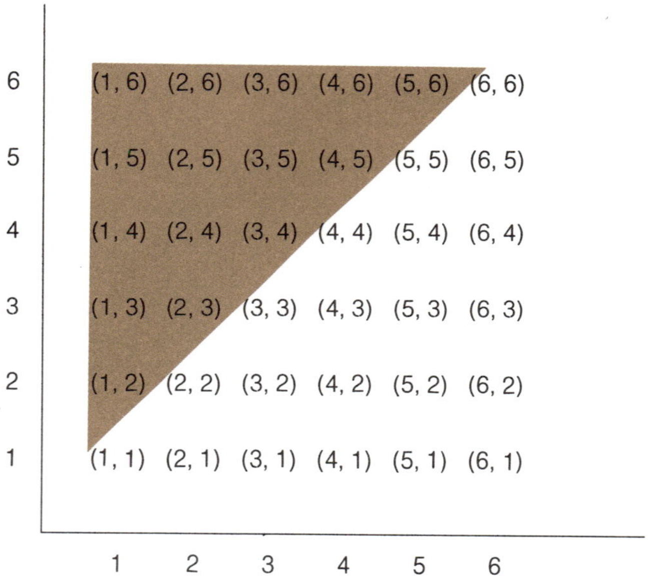

2.11 Wie hoch ist, unter denselben Bedingungen wie in 2.10, die Wahrscheinlichkeit, daß

a) die Summe beider Würfel gleich 8 ist
b) die Summe beider Würfel 7 oder 11 ist?

Antworten:

Es sei A = *Die Summe ist 8,* S = *Die Summe ist 7* und E = *Die Summe ist 11.* Diese Ereignisse werden von den dunklen Flächen im Diagramm auf S. 173 dargestellt.

Rechts und oben: Einige der Kombinationen im Poker: 1) Royal Flush, 2) Vierer mit Assen, 3) Full House, 4) Flush oder Farbenspiel, 5) Große Straße, 6) Drilling, 7) Doppelzwilling, 8) Zwilling oder Pärchen. Für jede Kombination läßt sich die relative Wahrscheinlichkeit berechnen. Ein erfahrener Spieler vertraut nicht nur seinem Glück, sondern schätzt auch die Chancen ab.

Unten: Eine Tabelle mit der Zahl und der Wahrscheinlichkeit, eine bestimmte Kombination beim ersten Austeilen bei einem Spiel mit 52 Karten zu bekommen.

Kombination	Anzahl	Wahrscheinlichkeit
Royal Flush	4	1 : 649.740
Große Straße	36	1 : 72.193
Vierer	624	1 : 4.165
Full House	3.744	1 : 694
Farbenspiel	5.148	1 : 505
Straße	10.200	1 : 255
Drilling	54.912	1 : 47
Doppelzwilling	123.552	1 : 21
Zwilling	1.098.240	1 : 2,5

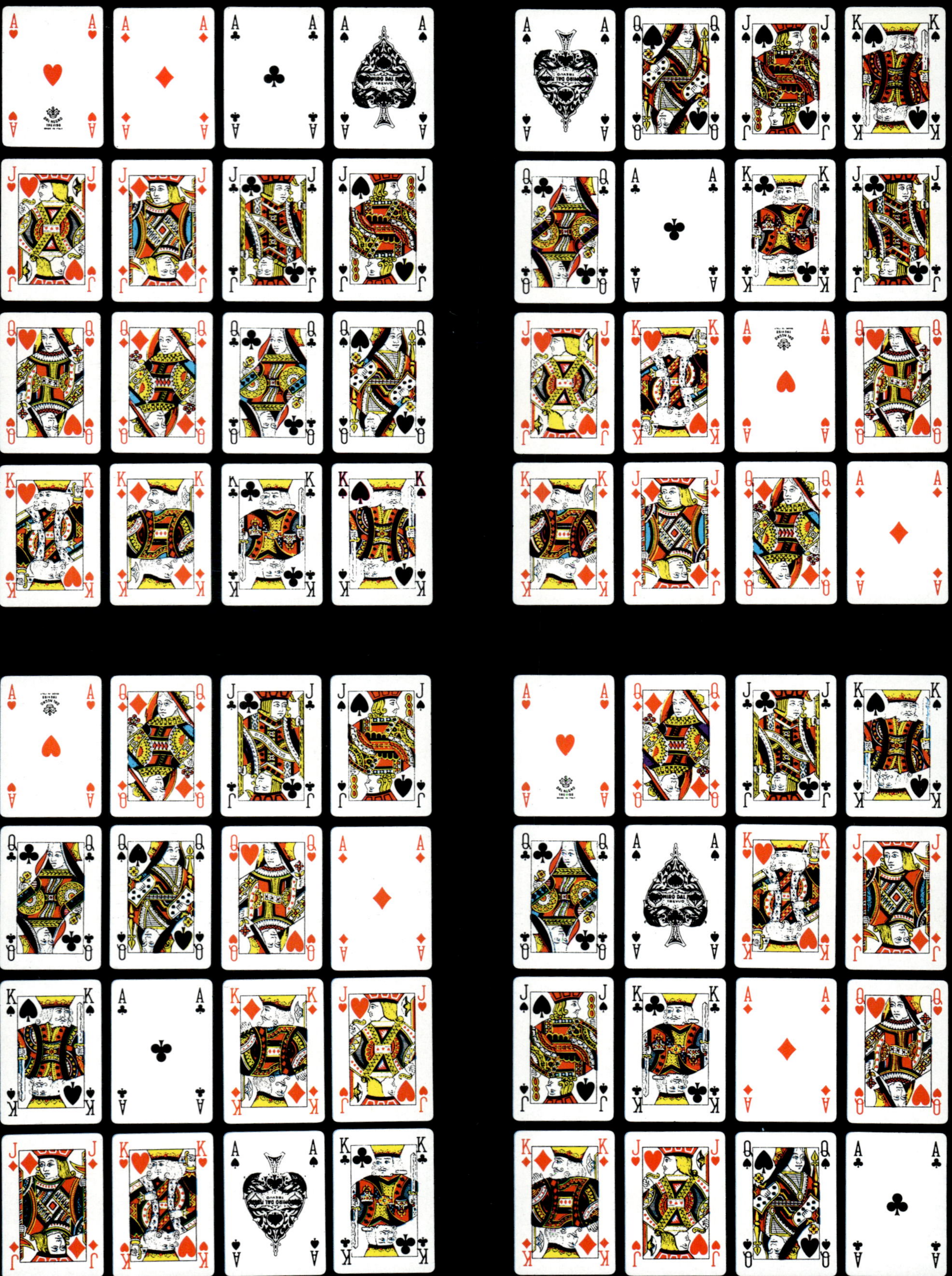

Hier ist ein Kartenspiel, das weniger mit Zufall als mit den Figuren von Kapitel Zwei zu tun hat. Man nimmt die Asse, Könige, Damen und Buben (1) und arrangiert sie so, daß jedes Bild (2) oder jede Farbe (3) oder beides (4) in jeder Reihe und Spalte vertreten ist.

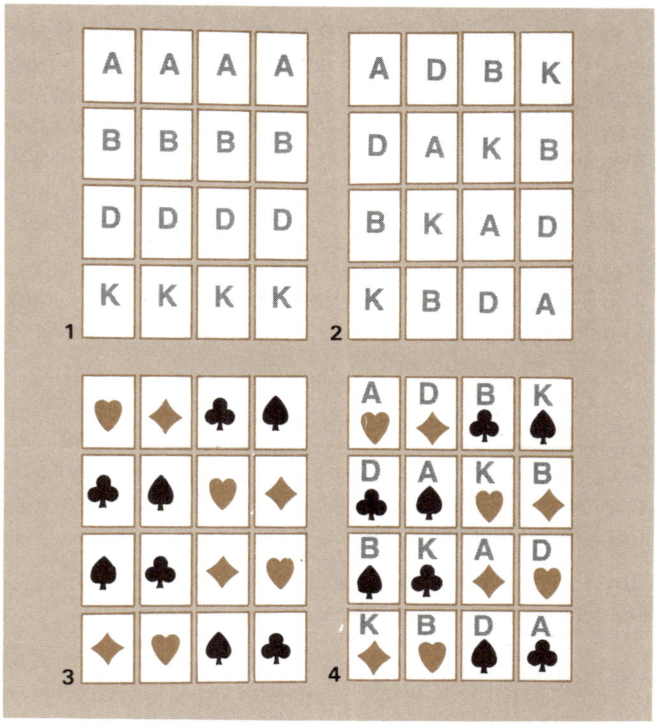

$A = \{(2, 6), (3, 5), (4, 4), (5, 3), (6, 2)\}$.
Daher ist $p(A) = 5/36$.
Entsprechend ist $p(S) = p(1, 6) + p(2, 5) + p(3, 4) + p(4, 3) + p(5, 2) + p(6, 1) = 6/36 = 1/6$.

Die Wahrscheinlichkeit $p(E)$ ist $p(5, 6) + p(6, 5) = 2/36 = 1/18$.
Jetzt läßt sich $p(S \cup E)$ bestimmen als

$$p(S) + p(E) = \frac{6}{36} + \frac{2}{36} = \frac{2}{9}$$

6	(1, 6)	(2, 6)	(3, 6)	(4, 6)	(5, 6)	(6, 6)
5	(1, 5)	(2, 5)	(3, 5)	(4, 5)	(5, 5)	(6, 5)
4	(1, 4)	(2, 4)	(3, 4)	(4, 4)	(5, 4)	(6, 4)
3	(1, 3)	(2, 3)	(3, 3)	(4, 3)	(5, 3)	(6, 3)
2	(1, 2)	(2, 2)	(3, 2)	(4, 2)	(5, 2)	(6, 2)
1	(1, 1)	(2, 1)	(3, 1)	(4, 1)	(5, 1)	(6, 1)
	1	2	3	4	5	6

2.12 Aus einer Schale mit 6 weißen und 4 roten Kugeln werden nacheinander zwei Kugeln gezogen, ohne wieder zurückgelegt zu werden. Wenn die erste Kugel rot ist, wie hoch ist dann die Wahrscheinlichkeit, daß auch die zweite Kugel rot ist?

Antwort:

Hier handelt es sich offenbar um eine bedingte Wahrscheinlichkeit. Nach dem ersten Ziehen bleiben 6 weiße und 3 rote Kugeln übrig. Die Wahrscheinlichkeit p(R) beträgt demnach $3/9$ oder $1/3$.

2.13 Aus einem Spiel mit 52 Karten werden zwei Karten gezogen. Wie groß ist die Wahrscheinlichkeit, daß zwei Asse gezogen werden, unter der Bedingung, daß

a) die erste Karte wieder zurückgesteckt wird
b) die erste Karte nicht zurückgesteckt wird?

Antworten:

Das Ereignisfeld S besteht aus den 52 Karten des Spiels, und es sei A_1 = *Die erste Karte ist ein As* und A_2 = *Die zweite Karte ist ein As.*

a) Wenn die erste Karte wieder zurückgesteckt wird, sind A_1 und A_2 voneinander unabhängige Ereignisse mit gleichem Ereignisfeld. Daher ist

$$p(A_1 \cap A_2) = p(A_1) \cdot p(A_2) = \frac{4}{52} \cdot \frac{4}{52} = \frac{1}{169}$$

b) Wenn die erste Karte nicht zurückgesteckt wird, besteht das Ereignisfeld von A_2 nur noch aus 51 Karten mit 3 Assen. Somit ist

$$p(A_1 \cap A_2) = \frac{4}{52} \cdot \frac{3}{51} = \frac{1}{221}$$

Beachten Sie, daß $p(A_2/A_1) = 3/51$ die Anwendung der Regel für abhängige Wahrscheinlichkeiten ist:

$$p(A_2/A_1) = \frac{p(A_1 \cap A_2)}{p(A_1)}$$

2.14 Aus einer Schale mit 6 roten, 4 weißen und 5 blauen Kugeln werden nacheinander drei Kugeln gezogen. Wie hoch ist die Chance der Reihenfolge rot-weiß-blau, wenn

a) gezogene Kugeln zurückgelegt werden
b) gezogene Kugeln nicht zurückgelegt werden?

Antworten:

Das Ereignisfeld S ist {r, r, r, r, r, r, w, w, w, w, b, b, b, b, b} oder {6r, 4w, 5b}. Es sei R = *Die erste Kugel ist rot,* W = *Die zweite Kugel ist weiß* und B = *Die dritte Kugel ist blau.* Wir suchen die Wahrscheinlichkeit $p(R \cap W \cap B)$.

a) Wenn gezogene Kugeln zurückgeworfen werden, sind die Ereignisse R, W und B unabhängig und es gilt

$$p(R \cap W \cap B) = \frac{6}{15} \cdot \frac{4}{15} \cdot \frac{5}{15} = \frac{8}{225}$$

b) Falls die Kugeln nicht zurückgeworfen werden, besteht das Ereignisfeld von W aus {5r, 4w, 5b} und aus {5r, 3w, 5b} für B. Jetzt gilt:

$$p(R \cap W \cap B) = \frac{6}{15} \cdot \frac{4}{14} \cdot \frac{5}{13} = \frac{4}{91}$$

Die allgemeine Formel dieser bedingten Ereignisse lautet:

$$p(R \cap W \cap B) = p(R) \cdot p(W/R) \cdot p(B/(W \cap R)).$$

2.15 Bei einem defekten Würfel haben alle geraden Zahlen die gleiche Wahrscheinlichkeit, jede von ihnen aber die doppelte einer ungeraden. Wie groß ist die Wahrscheinlichkeit, daß das Ergebnis

a) gerade
b) eine Primzahl
c) ungerade
d) eine ungerade Primzahl ist?

Antworten:

Es sei G = *gerades Ergebnis,* U = *ungerades Ergebnis,* P = *Primzahl* und Q = *ungerade Primzahl.* Wir wissen, daß p(G) = 2p(U). Nun ist $S = G \cup U = \{1, 2, 3, 4, 5, 6\}$ und

$$p(S) = p(G) + p(U) = 3p(U) = 1$$

Daher ist

$$p(U) = \frac{1}{3} \quad \text{und} \quad p(G) = \frac{2}{3}$$

Nun ist p(G) = p(2) + p(4) + p(6), so daß eine einzelne gerade Zahl die Wahrscheinlichkeit von $2/3 : 3 = 2/9$ und eine einzelne ungerade Zahl die Wahrscheinlichkeit von $1/3 : 3 = 1/9$ hat. Jetzt lassen sich auch die anderen Chancen berechnen.

$$p(P) = p(2) + p(3) + p(5) = \frac{2}{9} + \frac{1}{9} + \frac{1}{9} = \frac{4}{9}$$

$$p(Q) = p(3) + p(5) = \frac{1}{9} + \frac{1}{9} = \frac{2}{9}$$

2.16 An einer Schule haben 25 % der Schüler den Mathematikkurs nicht bestanden, 15 % den Chemiekurs nicht, und 10 % sind in beiden durchgefallen. Ein Schüler wird zufällig ausgewählt.

a) Wenn er Chemie nicht bestanden hat, wie groß ist dann die Wahrscheinlichkeit, daß er auch in Mathematik durchgefallen ist?
b) Wenn er Mathematik nicht bestanden hat, wie groß ist die Wahrscheinlichkeit, daß er auch in Chemie durchgefallen ist?
c) Wie hoch ist die Wahrscheinlichkeit, daß er in mindestens einem der beiden Fächer durchgefallen ist?

Antworten:

Es sei M = *in Mathematik durchgefallen*, C = *in Chemie durchgefallen* und M ∩ C = *in beidem durchgefallen.* Aus den Prozentzahlen können wir ableiten, daß p(M) = 0,25, p(C) = 0,15 und p(M ∩ C) = 0,10.

a) $p(M/C) = \frac{p(M \cap C)}{p(C)} = \frac{0{,}10}{0{,}15} = 0{,}6 = \frac{2}{3}$

b) $p(C/M) = \frac{p(C \cap M)}{p(M)} = \frac{0{,}10}{0{,}25} = 0{,}4 = \frac{2}{5}$

c) Beim zusammengesetzten Ereignis verwenden wir die Formel von Seite 152:

$$p(M \cup C) = p(M) + p(C) - p(M \cap C)$$
$$= 0{,}25 + 0{,}15 - 0{,}10 = 0{,}3 = \frac{3}{10}$$

2.17 Eine Münze wird dreimal hintereinander geworfen. Untersuchen Sie folgende Ereignisse:

A = Kopf im ersten Wurf
B = Kopf im zweiten Wurf
C = Zahl in den letzten beiden Würfen

Bestimmen Sie p(A), p(B) und p(C), und entscheiden Sie, ob jedes Ereignis von jedem anderen unabhängig ist.

Antwort:

Das Ereignisfeld ist
$$S = \{(k, k, k), (k, k, z), (k, z, k), (k, z, z), (z, k, k), (z, k, z), (z, z, k), (z, z, z)\}.$$
Die Chancen der einzelnen Ereignisse sind:

$$p(A) = \frac{4}{8} = \frac{1}{2}; \quad p(B) = \frac{1}{2}; \quad p(C) = \frac{2}{8} = \frac{1}{4}$$

Nun läßt sich nach der Definition von Seite 156 die Unabhängigkeit der Ereignisse überprüfen, indem wir feststellen, ob die folgenden Gleichungen stimmen:

$$p(A \cap B) = p(A) \cdot p(B)$$
$$p(A \cap C) = p(A) \cdot p(C)$$
$$p(B \cap C) = p(B) \cdot p(C)$$

a) $A \cap B = \{(k,k,k), (k,k,z)\}$, und $p(A \cap B) = \frac{2}{8} = \frac{1}{4} = p(A) \cdot p(B)$

b) $A \cap C = \{(k,z,z)\}$ und $p(A \cap C) = \frac{1}{8} = p(A) \cdot p(C)$

c) $B \cap C = \emptyset$ und $p(B \cap C) = 0 \neq p(B) \cdot p(C)$

A und B sowie A und C sind voneinander unabhängig, nicht aber B und C.

2.18 Untersuchen Sie, ob bei einem Würfel die Ereignisse A = {1,2,3,4}, B = {4,5,6} und C = {2,4,6} jeweils voneinander unabhängig sind.

Antwort:

Wir überprüfen, ob die Gleichungen gültig sind:

a) $p(A \cap B) = p(A) \cdot p(B)$
b) $p(A \cap C) = p(A) \cdot p(C)$
c) $p(B \cap C) = p(B) \cdot p(C)$

a) $(A \cap B) = \{4\}$ und $p(A \cap B) = 1/6$. Nun ist $p(A) = 4/6$ und $p(B) = 3/6$, so daß $p(A) \cdot p(B) = 12/36 = 1/3$. Daher sind A und B nicht unabhängig voneinander.
b) $(A \cap C) = \{2, 4\}$ und $p(A \cap C) = 1/3$. Nun ist $p(A) = 2/3$ und $p(C) = 1/2$, so daß $p(A) \cdot p(C) = 2/6$ oder $1/3$. A und C sind also voneinander unabhängig.
c) $(B \cap C) = \{4, 6\}$ und $p(B \cap C) = 1/3$.
Nun ist $p(B) \cdot p(C) = 1/2 \cdot 1/2 = 1/4$, so daß B und C nicht voneinander unabhängig sind.

2.19 Sascha und Luise schießen mit Pfeil und Bogen. Die Wahrscheinlichkeit p(S), daß Sascha das Ziel trifft, beträgt 1/4, während die Chance p(L), daß Luise ins Schwarze trifft, bei 2/5 liegt. Wie groß ist die Wahrscheinlichkeit, daß das Ziel getroffen wird, wenn beide zugleich schießen?

Antwort:

Da beide zugleich schießen, suchen wir die Wahrscheinlichkeit p(S ∪ L). Die Trefferquote beider Schützen ist voneinander unabhängig, so daß $p(S \cap L) = p(S) \cdot p(L)$ gilt. Nun ist

$$p(S \cup L) = p(S) + p(L) - p(S \cap L) = p(S) + p(L) - p(S) \cdot p(L)$$

$$= \frac{1}{4} + \frac{2}{5} - \left(\frac{1}{4} \cdot \frac{2}{5}\right) = \frac{1}{4} + \frac{2}{5} - \frac{1}{10} = \frac{11}{20}.$$

Die Chance, daß wenigstens einer von beiden trifft, beträgt daher $^{11}/_{20}$.

2.20 Eine Schale enthält 8 Kugeln mit den Zahlen von 1 bis 8. Untersuchen Sie, ob die Ziehungen $A = \{1, 2, 3, 4\}$, $B = \{2, 4, 6, 8\}$ und $C = \{3, 6\}$ voneinander unabhängig sind.

Antwort:

$$p(A) = 4/8 = 1/2; \quad p(B) = 1/2; \quad p(C) = 2/8 = 1/4.$$

Da $(A \cap B) = \{2, 4\}$, ist $p(A \cap B) = p(2) + p(4) = 1/8 + 1/8 = 1/4$. $p(A) \cdot p(B)$ ist ebenfalls $1/4$, so daß A und B voneinander unabhängig sind.

Da $(A \cap C) = \{3\}$, ist $p(A \cap C) = 1/8$. Da auch $p(A) \cdot p(C) = 1/8$, sind A und C voneinander unabhängig.

Da $(B \cap C) = \{6\}$, ist $p(B \cap C) = 1/8$. Da auch $p(B) \cdot p(C) = 1/8$, sind B und C voneinander unabhängig.

Die Ereignisse A, B und C sind als Paare voneinander unabhängig, aber nicht als Tripel, denn

$$(A \cap B \cap C) = \emptyset \text{ und } p(A \cap B \cap C) = 0$$

während:

$$p(A) \cdot p(B) \cdot p(C) = \frac{1}{16}$$

2.21 Bei einem Flugzeug beträgt die Wahrscheinlichkeit eines Schadens an der Landehydraulik

$$10^{-7} \quad \text{oder} \quad \frac{1}{10^7}$$

Genauso wahrscheinlich ist ein Schaden an den Triebwerken. Wie hoch ist die Wahrscheinlichkeit, daß wenigstens einer der beiden Schäden auftritt, wenn beide voneinander statistisch unabhängig sind?

Antwort:

Es sei A = *defekte Hydraulik* und B = *defektes Triebwerk.* Wir suchen die Wahrscheinlichkeit

$$p(A \cup B) = p(A) + p(B) - p(A) \cdot p(B)$$

Sie beträgt

$$10^{-7} + 10^{-7} - 10^{-14}$$

oder ungefähr

$$\frac{2}{10 \text{ Mio.}},$$

da 10^{-14} vernachlässigt werden kann.

LISTE DER WICHTIGSTEN SYMBOLE

U	Universalmenge
$\emptyset$	Leere Menge
A, B, C	logische Variablen für Aussagen
$\neg$	nicht (Negation)
A′	die zur Aussage A gehörende Menge
$\overline{A}'$	Komplementärmenge von A′, die zu A gehört
$\rightarrow$	Implikation (zwischen Aussagen): »wenn ... dann«
$\subset$	echte Teilmenge
$\subseteq$	Teilmenge
$\leftrightarrow$	doppelte Implikation oder Äquivalenz (von Aussagen)
$=$	Gleichheit (von Mengen), entspricht der Äquivalenz
$\wedge$	Konjunktion (von Aussagen): »... und ...«
$\cap$	Schnittmenge, entspricht der Konjunktion von Aussagen
$\vee$	nichtausschließliche Disjunktion (von Aussagen): »... oder ...«
$\cup$	Vereinigungsmenge, entspricht der nichtausschließlichen Disjunktion von Aussagen
$\dot{\vee}$	ausschließliche Disjunktion von Aussagen: »entweder ... oder ...«
/	Unvereinbarkeit von Aussagen
$\in$	»ist Element von«
$\{0,1\}$	Menge der Wahrheitswerte von Aussagen
$\leq$	kleiner oder gleich (bei Zahlen)
$\geq$	größer oder gleich (bei Zahlen)
$\neq$	verschieden von (bei Zahlen)
S	Ereignisfeld

REGISTER